畜禽
营养与饲料

吴显军　龙开安◎主编

四川科学技术出版社

图书在版编目（CIP）数据

畜禽营养与饲料／吴显军，龙开安主编. 一 成都：
四川科学技术出版社，2024.9
　ISBN 978-7-5727-1375-0

　Ⅰ. ①畜… Ⅱ. ①吴… ②龙… Ⅲ. ①家畜营养学②
家禽-营养学③畜禽-饲料加工 Ⅳ. ①S816

　中国国家版本馆 CIP 数据核字（2024）第 108317 号

畜禽营养与饲料

CHUQIN YINGYANG YU SILIAO

主　编　吴显军　龙开安

出 品 人　程佳月
责任编辑　文景茹
助理编辑　唐于力
责任出版　欧晓春
出版发行　**四川科学技术出版社**
　　　　　成都市锦江区三色路 238 号　邮政编码 610023
　　　　　官方微博：http：//weibo. com/sckjcbs
　　　　　官方微信公众号：sckjcbs
　　　　　传真：028-86361756
成品尺寸　**185mm × 260mm**
印　　张　14　字　数　290 千
印　　刷　成都一千印务有限公司
版　　次　2024 年 9 月第 1 版
印　　次　2024 年 9 月第 1 次印刷
定　　价　89. 80 元

ISBN 978-7-5727-1375-0

邮　　购：成都市锦江区三色路 238 号新华之星 A 座 25 层　邮政编码：610023
电　　话：028-86361758

《畜禽营养与饲料》编委会

目　录

项目一　畜禽概述 ··· 1

　　任务1　营养学中的基本概念 ································ 2

　　任务2　动、植物体的组成成分 ····························· 5

　　任务3　畜禽对饲料的消化 ································· 9

项目二　畜禽营养基础 ··· 16

　　任务1　蛋白质的营养作用 ································ 17

　　任务2　糖类的营养作用 ·································· 23

　　任务3　脂肪的营养作用 ·································· 28

　　任务4　能量与畜禽营养 ·································· 32

　　任务5　矿物元素的营养作用 ······························ 36

　　任务6　维生素的营养作用 ································ 46

　　任务7　水的营养作用 ···································· 54

　　任务8　各种营养物质在畜禽体内的相互关系 ················ 59

项目三　畜禽营养需要 ··· 67

　　任务1　畜禽的营养需要 ·································· 68

　　任务2　畜禽的生产需要 ·································· 73

　　任务3　畜禽饲养标准 ···································· 85

项目四　饲料及加工 ··· 93

　　任务1　饲料的概念与分类 ································ 94

　　任务2　粗饲料 ··· 99

　　任务3　青绿饲料 ······································ 105

　　任务4　青贮饲料 ······································ 110

　　任务5　能量饲料 ······································ 117

任务 6　蛋白质饲料 ……………………………………………………… 129

任务 7　矿物质饲料 ……………………………………………………… 142

任务 8　饲料添加剂 ……………………………………………………… 148

任务 9　饲料的加工调制 ………………………………………………… 152

项目五　配合饲料及配方设计 …………………………………………… 162

任务 1　配合饲料 ………………………………………………………… 163

任务 2　全价配合饲料配方设计 ………………………………………… 169

任务 3　浓缩饲料配方设计 ……………………………………………… 178

任务 4　预混料配方设计 ………………………………………………… 184

项目六　饲料营养成分的分析 …………………………………………… 192

任务 1　饲料样本的采集与制备 ………………………………………… 193

任务 2　饲料中粗蛋白质的测定 ………………………………………… 204

任务 3　饲料中粗脂肪的测定 …………………………………………… 210

任务 4　饲料中粗纤维含量的测定 ……………………………………… 215

项目一

畜禽概述

项目导入

　　据某校畜牧专业王同学回忆,他小时候每天放学回家的第一件事不是完成家庭作业,而是牵着自家饲养的那头大黄牛到处找草吃,他就纳闷儿了,为什么家里喂养的猪、牛、羊、鸡、鸭、鹅每天都要吃很多的东西,它们怎么不像山坡上的树木一样自己长大呢?并且,他发现家里的牛、羊好像还比较"友好",不怎么吃家里的粮食,吃点稻草、玉米秸、青草就行,而家里的猪和鸡就有点"过分"了,不吃稻草和玉米秸,却要吃家里的粮食。这些让他百思不得其解。其后,他了解到植物能自己利用环境中的太阳光、二氧化碳、水合成其所需的养分,而动物却不具有这方面的能力,一般动物只能通过从外界获取养分以供生长发育的需要。通过畜禽解剖与生理的学习,他了解到畜禽的消化系统的解剖生理特点是不同的,牛、羊有4个胃,而且它们的瘤胃中含有能够降解粗纤维的微生物;猪、鸡是单胃畜禽,能大量利用淀粉,而不能大量利用粗纤维。由于畜禽的解剖生理特点不同,造成畜禽主要的消化方式不同,从而使不同畜禽对各种饲料的消化率有所不同。畜禽在生长、发育、繁殖的过程中,都需要营养物质,这些营养物质主要由植物提供。动、植物体在元素组成和化合物组成上存在着许多异同点。

　　本项目有3个任务：(1) 了解营养学的相关概念。

　　　　　　　　　　　(2) 了解动、植物体的组成成分。

　　　　　　　　　　　(3) 了解畜禽对饲料的消化。

任务1　营养学中的基本概念

任务目标

▼ **知识目标**　（1）了解营养、营养学的概念。
（2）掌握营养物质的概念。
（3）了解动物营养学的发展历程和研究现状。

▼ **技能目标**　能识别配合饲料中的营养物质。

▼ **素质目标**　树立可持续发展理念。

任务准备

一、营养及营养物质的概念及作用

营养指机体从外界环境提取食物，经过消化吸收和代谢，用以供给能量，构成和修补身体组织，以及调节生理功能的整体过程。

自然界中累计发现的植物约有 50 万种，动物约有 150 万种。丰富的生物维持着自然界的发展，也是人类赖以生存和发展的基础。根据生物的营养特性，可将其分为两类。一类是自养生物（也称生产者），如植物和大多数微生物。这类生物能够利用阳光、二氧化碳、水，以及无机盐、硝态氮或氨态氮，通过光合作用、固氮作用等合成自身需要的各种有机物。另一类是异养生物，如高等动物。这类生物必须从环境中直接获得所需的有机物。自养生物的代谢产物构成了异养生物的主要食物，异养生物在生命活动中的排泄物和死后尸体，经自养生物分解后重新形成无机物，成为自养生物的食物来源。作为自然界中两大生物类型，它们在营养的作用下相互制约、相互依存，维持着生态系统的平衡。

食物中能够被有机体用以维持生命或生产产品的一切化学成分称为营养物质，又称营养素或养分。营养物质可以从化学元素的角度分析，包括如碳、氢、氧、钙、磷、钾、钠、氯、镁、硫、铁、铜、锰、锌、硒、碘等，也可以从化合物的角度分析，包括如糖类（也称碳水化合物）、脂肪、蛋白质、维生素等。这些营养物质不仅是动物体每一个组织、器官如骨骼、肌肉组织、皮肤组织、结缔组织、牙齿、羽毛、角等的构成物质，还提供了动物生命和生产过程中所需的能量；更是形成动物产品的重要原料物质。

二、营养学概念及作用

营养学是研究生物体营养过程的学科。根据研究的对象不同，营养学分为动物营养学、植物营养学和微生物营养学。动物营养学和植物营养学分别是动物生产和植物生产的支柱学科，微生物营养学不但可为动物生产和植物生产服务，而且可直接为人类健康和食

物生产服务。营养物质在"土壤—植物—动物—人"链中的流向与转移，不但是农业生产的基础，也是农业生产的最终目的。现代农业的最大特点就是营养物质在上述链中快速高效地转移与回流。要利用好这一特点，就必须研究和掌握动物营养学、植物营养学和微生物营养学。因此，营养学是农业生产及其可持续发展的理论基础。

三、动物营养学的发展历程与研究现状

1. 发展历程

动物营养学是在生产实践和科学实验中产生的，并在实践中不断地检验、修正、丰富和发展。动物营养学的发展历程大体分为三个阶段。

第一阶段，18 世纪中叶到 19 世纪中叶，为动物营养学的缓慢探索阶段。法国化学家 Antoine-Laurent de Lavoisier（1743—1794 年）创立了燃素学说，奠定了营养学的理论基础。Lavoisier 把豚鼠装在自己设计的小室中，用仪器测量了豚鼠的体热损失、消耗的氧气和呼出的二氧化碳。他从中得出结论：动物养分代谢和呼吸过程与体外物质燃烧具有相似的燃烧过程，动物产热与氧的消耗直接有关。

第二阶段，19 世纪中叶到 20 世纪 30 年代，为有机营养阶段。此阶段的主要成就是科学家们逐渐认识到了蛋白质、脂肪和糖类这三大有机物是动物的必需养分。该阶段的大部分研究集中在这三大养分及能量利用率上，并开始积累有关矿物元素的资料。1875 年，美国成立了全球第一家饲料厂，这标志着动物营养学已进入实际应用阶段，但其产品只考虑了干物质和总消化养分两项质量指标。

第三阶段，20 世纪 30 年代起至今，为现代动物营养学的形成与发展阶段。从 20 世纪 30 年代开始，维生素、氨基酸、必需脂肪酸、无机元素、能量代谢、蛋白质代谢、动物营养需要及养分互作关系的研究取得了巨大进展。特别是在 20 世纪三四十年代，在科学家们分离并阐明了维生素的化学结构以后，微量养分的营养初步形成。1937 年，美国 Maynard 所著的《动物营养学》出版，这标志着动物营养学正式成为一门独立的学科。到 20 世纪 50 年代，科学家们对微量元素、维生素、氨基酸这些微量养分的营养功能和需要量进行了大量研究，同时发现了低剂量的抗生素具有促进动物生产和提高饲料利用率的功效。这些研究成果表明，在天然饲料中加入这些微量的营养性物质（微量元素、维生素和氨基酸）以及非营养性的抗生素，可使动物生产潜力得到最大化的发挥，并由此诞生了"饲料添加剂"的概念。到 20 世纪 60 年代，维生素、氨基酸、抗生素的人工合成取得成功，养殖业开始向规模化、集约化方式发展，这极大地促进了动物营养学在生产实际中的应用。与此同时，饲料工业进入快速发展期，应用已知的动物营养学知识生产的配合饲料能够促使养殖生产水平和饲粮利用率大幅度提高，这标志着现代动物营养学已经形成。从 20 世纪 60 年代至今，现代动物营养学得到了迅速发展。

2. 动物营养研究现状

在前期研究的基础上，动物营养学研究现阶段有了巨大的突破。目前国际上主要集中在动态模型、营养调控技术、新饲养技术、生态畜牧、绿色饲料添加剂、氨基酸营养这几个研究方向，并取得了较大进展。

阅读配合饲料说明书

1. 目的和要求

学会辨别饲料中的营养物质。

2. 材料准备

白纸、笔。

3. 阅读配合饲料说明书

表1-1所示为某饲料企业仔猪膨化配合饲料的成分分析保证值。

表1-1 成分分析保证值

指标	保证值/%	指标	保证值/%
粗蛋白质	≥16.70	水分	≤13.00
粗纤维	≤7.00	粗灰分	≤9.00
总磷	≥0.50	钙	0.50~1.20
氯化钠	0.30~0.80	赖氨酸	≥1.17

注：该产品中氧化锌形式的锌的添加量不超过1 600 mg/kg，饲料检测结果判定的允许误差按GB/T18823—2010执行。

原料组成：玉米、豆粕、豆油、多种氨基酸、多种维生素、磷酸氢钙、石粉、硫酸铜、硫酸亚铁、硫酸锌及微量元素、丙酸型防霉剂、乙氧基喹啉等。

饲养阶段：15~25 kg。

使用说明：

（1）直接饲喂，定时定量，禁止高温、蒸煮；应补充足够的清洁用水，供仔猪自由饮用。

（2）保持栏内干燥通风，夏季注意防暑降温。

（3）若发现饲料有发热、结块、霉变、酸败等现象，禁止饲喂。

4. 学习效果评价

阅读配合饲料说明书的学习效果评价如表1-2所示。

表1-2 阅读配合饲料说明书的学习效果评价

序号	评价内容	评价标准	分数/分	评价方式
1	团队合作意识	有团队合作精神，积极与小组成员合作，共同完成学习任务	10	小组自评30% 组间互评35% 教师评价35%
2	沟通精神	成员之间能沟通解决问题的思路	30	
3	正确快速识别出营养物质	能在规定时间内说出该饲料中含有的营养物质	50	
4	记录与总结	能完成全部任务，记录详细、清晰	10	
	合计		100	100%

（1）名词解释：营养、营养物质、营养学。

（2）简述动物营养学的发展历程和研究现状。

任务2　动、植物体的组成成分

任务目标

知识目标　（1）了解动、植物体的化学元素组成。

（2）掌握动、植物体的化合物组成。

（3）掌握饲料中的营养物质。

技能目标　能比较动、植物体组成成分的差异。

素质目标　培养严谨的科学态度。

任务准备

一、动、植物体的化学元素组成

自然界中各种物质都是由化学元素组成的，在动、植物体内已发现60多种化学元素。按化学元素在动、植物体内含量的多少可分为两大类，即常量元素和微量元素。动、植物体内含量不低于0.01%的化学元素称为常量元素，如碳、氢、氧、氮，矿物元素钙、磷、钠、氯、镁、硫、钾、硅等；动、植物体内含量低于0.01%的化学元素称为微量元素，如铁、铜、钴、锰、锌、碘、硒等。实验证明：组成动、植物体的化学元素的种类基本相同，但含量略有差异。

二、动、植物体的化合物组成

动、植物体的化合物组成成分主要为：水分、蛋白质、脂类、糖类、矿物质和维生素。这些化合物除水和矿物质外，绝大多数都是有机物，如图1-1所示。这些有机物在动、植物体内进行着一系列的化学变化，维持生物体内新陈代谢的正常进行。

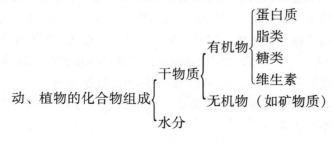

图1-1　动、植物体的化合物组成

（1）动、植物体内的水分一般有两种存在状态：一种含于动、植物体细胞内，与细胞结合不紧密，可以自由移动，容易挥发，称为游离水或自由水；另一种与细胞内胶体物质紧密结合，难以移动及挥发，称为结合水。水分在动、植物体内的含量较多，是生命活动的重要物质，动、植物体内各种营养物质的消化、吸收、运输、转化等几乎都需要水的参与。

（2）动、植物体内的有机物主要是蛋白质、脂类和糖类。这三类有机物主要由碳、氢、氧三种化学元素组成，蛋白质中还含有磷、氮、硫等元素。糖类在动物体内的存在形式主要是葡萄糖和糖原，在植物体内的存在形式主要是淀粉、纤维素等。

（3）动、植物体内的无机物主要有钙、磷、钾、钠、硫、氯、镁、铁、碘、氟、铜、钴、硒、锌、锰等元素，这些元素在机体内含量虽然不高，但均是生命活动所必需的物质。

三、饲料中的营养物质

实验室中，由常规营养成分分析可知，构成饲料的营养物质为水分、粗蛋白质、粗灰分、粗脂肪饲料、粗纤维和无氮浸出物。其关系可用图 1-2 表示。

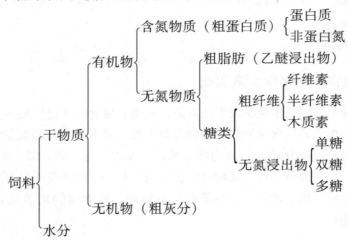

图 1-2　饲料中的营养物质的关系

（1）水分。水分是动、植物体内的重要组成成分，是各种畜禽生命活动中绝不可缺少的营养物质。畜禽的消化、吸收，以及循环等生理作用，都是靠水的参与才能进行。

（2）粗蛋白质（CP）。蛋白质是构成动物的肌肉、皮、毛等的主要成分。动、植物体内一切含氮物质总称为粗蛋白质，它包括真蛋白质和非真蛋白质含氮化合物（NPN）。非蛋白质的含氮化合物又称为氨化物，如氨基酸、硝酸盐、铵盐、氨及尿素等。

（3）粗脂肪（EE）。动、植物体内的脂类物质总称为粗脂肪。在饲料常规营养成分分析中通常用乙醚来提取脂类物质，所以粗脂肪又称为乙醚浸出物。

（4）粗纤维（CF）。粗纤维包括纤维素、半纤维素（多缩戊糖、聚乙糖）、木质素，是植物细胞壁的主要组成成分。

（5）无氮浸出物（NFE）。无氮浸出物是单糖（如葡萄糖）、双糖（如蔗糖）、多糖

（如淀粉）等物质的总称。

（6）粗灰分。粗灰分是动、植物体内所有有机物在550～600 ℃高温电炉中全部氧化后剩余的残渣，主要为矿物质氧化物、盐类等无机物，也包括混入其中的砂石、土等。

四、动、植物体内的营养物质

动物体内的营养物质见表1-3；植物体内的营养物质见表1-4。

表1-3　动物体内的营养物质

动物种类	水分/%	粗蛋白质/%	粗脂肪/%	粗灰分/%
犊牛（初生）	74	19	3	4.1
幼牛（肥）	68	18	10	4.0
阉牛（瘦）	64	19	12	5.1
阉牛（肥）	43	13	41	3.3
绵羊（瘦）	74	16	5	4.4
绵羊（肥）	40	11	46	2.8
猪（体重8 kg）	73	17	6	3.4
猪（体重30 kg）	60	13	24	2.5
猪（体重100 kg）	49	12	36	2.6
母鸡	57	21	19	3.2
兔子	69	18	8	4.8
马	61	17	17	4.5
小鼠	66	17	13	4.5
大鼠	65	22	9	3.6
豚鼠	64	19	12	5.0

表1-4　植物体内的营养物质

种类		水分/%	粗蛋白质/%	粗脂肪/%	糖类/%	粗灰分/%	钙/%	磷/%
植株 （新鲜）	玉米	66.4	2.6	0.9	28.7	1.4	0.09	0.08
	苜蓿	64.1	5.7	1.1	16.8	2.4	0.44	0.07
	猫尾草	62.1	3.5	1.2	20.7	2.2	0.16	0.10
植物产品 （风干）	苜蓿叶	10.6	22.5	2.4	55.6	8.9	0.22	0.24
	苜蓿茎	10.9	9.7	1.1	74.6	3.7	0.82	0.17
	玉米籽实	14.6	8.9	3.9	71.3	1.3	0.02	0.27
	玉米秸	15.6	5.7	1.1	71.4	6.2	0.50	0.08
	大豆籽实	9.1	37.9	17.4	30.7	4.9	0.24	0.58
	猫尾草	11.4	6.3	2.3	75.6	4.5	0.36	0.15

动、植物体内所含营养物质的种类大致相同，植物饲料基本上能满足动物的营养需要。但是，动、植物体中各种营养物质的含量和组成有很大差异（表1-5）。

表1-5　动、植物体中营养物质含量比较

内容	动物	植物
水分	在成年动物体内含量稳定，一般占动物体质量的45%~60%	在植物体内含量差异较大，一般占植物体质量的5%~95%
粗蛋白质	含量稳定，一般占13%~19%，真蛋白质含量较高，非蛋白氮含量较低	含量差异较大，一般占1%~36%，非蛋白氮含量较高
粗脂肪	动物脂肪多由饱和脂肪酸组成，其粗脂肪中含有脂肪酸、醇类和磷脂	植物脂肪多由不饱和脂肪酸组成，其粗脂肪中除含有脂肪酸、醇类和磷脂外，还有蜡质和色素
糖类	不含粗纤维，无氮浸出物主要是葡萄糖和糖原，且含量小于1%	含有粗纤维，无氮浸出物主要是淀粉

各种植物体间所含营养物质的量差别较大，而动物体间差别相对较小。要想充分利用植物体所含营养物质，满足动物的生存、生长和繁衍后代的，就要进一步了解各种营养物质在植物体内的存在方式及其对动物体的营养作用。

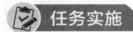 任务实施

饲料中无氮浸出物含量的计算

1. 目标要求

学会计算饲料中无氮浸出物含量。

2. 材料准备

计算器、白纸、中性笔。

3. 计算方法

饲料厂验收玉米，发现玉米的水分含量为14%，粗蛋白质含量为8.6%，粗脂肪含量为4%，粗纤维含量为2%，粗灰分含量为1.4%。按下列公式计算该批次玉米的无氮浸出物含量。

饲料中无氮浸出物含量（%）= 100%-水分含量（%）-粗蛋白质含量（%）-粗脂肪含量（%）-粗纤维含量（%）-粗灰分含量（%）

= 100%-14%-8.6%-4%-2%-1.4%

= 70%

4. 学习的效果评价

饲料中无氮浸出物含量计算的学习效果评价如表1-6所示。

表 1-6　饲料中无氮浸出物含量计算的学习效果评价

序号	评价内容	评价标准	分数/分	评价方式
1	合作意识	有团队合作精神，积极与小组成员合作，共同完成学习任务	10	小组自评 20% 组间互评 30% 教师评价 30% 企业评价 20%
2	沟通精神	成员之间能沟通解决问题的思路	30	
3	正确快速计算	能在规定时间内计算出无氮浸出物的含量	40	
4	记录与总结	能完成全部任务，记录详细、清晰、计算正确结果	20	
合计			100	100%

任务反思

（1）简述动、植物体的元素组成和化合物组成。

（2）动、植物体内的营养物质有哪些差异？

任务3　畜禽对饲料的消化

任务目标

知识目标　（1）理解消化、物理性消化、化学性消化、微生物消化的概念。

（2）了解吸收、畜禽的消化力、饲料的可消化性、消化率的概念。

（3）了解影响消化率的因素。

技能目标　会计算饲料中养分的消化率。

素质目标　培养分析问题、解决问题的能力。

任务准备

一、消化和吸收的概念

饲料在消化管内经过物理、化学和微生物的作用，将大分子化合物分解成可溶性的小分子化合物的过程叫消化。饲料中营养物质经消化后，通过消化管壁上皮细胞进入血液和淋巴液的过程称为吸收。可以说，消化是吸收的准备，吸收是机体新陈代谢的前导。

二、消化方式

由于畜禽的种类不同，饲料在消化系统中消化的部位不同，消化方式也不一样。一般情况下，饲料的分子结构往往极为复杂，难溶解的大分子化合物只有经过物理、化学、微生物的消化过程，才能变为可溶性的有利于畜禽消化吸收的小分子化合物。

（1）物理性消化。畜禽采食饲料后，经咀嚼、吞咽、胃肠运动等活动，把饲料切短、撕烂、压扁、磨碎，使食物的表面积增加，易于与消化液充分混合，并把食糜从消化管的一个部位运送到另一个部位，这个过程为物理性消化。这种消化方式虽然改变了饲料的物理性质，但并没有改变饲料的化学性质。饲料在畜禽口腔内的消化方式主要是物理性消化。猪、家禽、单胃草食性家畜、反刍家畜的物理性消化过程及饲喂方式如下。

①猪。猪是单胃杂食性动物，其牙齿对饲料的咀嚼比较细致，但盲肠不发达，消化管的容量也有限。其食物消化主要依靠化学性消化的作用，而微生物消化的作用较小。因此用适当的精饲料饲喂猪比用大量粗饲料更为适宜。

②家禽。家禽靠喙采食饲料，可以撕碎大块食物。在生产中常采用中等粉碎程度的饲喂家禽，其目的是降低养殖成本，同时也有助于保持畜禽正常的咀嚼功能及撕切饲料的能力。

③单胃草食性家畜。家兔主要靠门齿切断饲料，臼齿磨碎饲料，之后将磨碎的饲料与唾液充分混合而吞咽。马属动物主要靠上唇和门齿采食饲料，靠臼齿磨碎饲料，其咀嚼比猪更为细致。该类动物胃容积相对较小，但肠道长且容积大，盲肠和结肠特别发达，盲肠内有大量的微生物。因此，在饲喂前应适当切短饲料，这有助于单胃草食性家畜的采食和咀嚼。

④反刍家畜。牛、羊等采食饲料后，不经过充分咀嚼就吞咽到瘤胃，饲料在瘤胃内受胃液的浸润而软化，之后饲料再被逆呕至口腔重新咀嚼，这种现象叫反刍。反刍是复胃动物特有的生理现象。经反刍后的食糜，颗粒很细，有利于被前胃内的微生物进一步消化。

饲料在家畜胃、肠内的物理性消化，主要靠消化管壁肌肉的收缩对食物进行研磨和搅拌；家禽则主要靠强有力的肌胃壁及少许砂石把饲料磨碎。

（2）化学性消化。动物消化腺分泌的消化液含有能分解饲料的多种酶。在酶的作用下，各种营养物质被分解为易吸收的物质，这一消化过程称为化学性消化。此外，饲料中也含有相应的酶，在畜禽消化管中的适宜环境下，也参与消化作用。

高等动物的消化系统分化比较完全。在消化管的不同部位能分泌不同的消化液，消化液中酶的种类也不相同，动物消化管中的主要酶类如表1-7所示。

表1-7　动物消化管中的主要酶类

来源	酶	前体物	致活物	底物	终产物
唾液	唾液淀粉酶			淀粉	糊精、麦芽糖
胃液	胃蛋白酶	胃蛋白酶原	盐酸	蛋白质	肽
	凝乳酶	凝乳酶原	盐酸、活化钙	乳中酪蛋白	凝结乳

续表

来源	酶	前体物	致活物	底物	终产物
胰液	胰蛋白酶	胰蛋白酶原	肠激酶	蛋白质	肽
	糜蛋白酶	糜蛋白酶原	胰蛋白酶	蛋白质	肽
	羧肽酶	羧肽酶原	胰蛋白酶	肽	氨基酸、小肽
	氨基肽酶	氨基肽酶原		肽	氨基酸
	胰脂酶			脂肪	甘油、脂肪酸
	胰麦芽糖酶			麦芽糖	葡萄糖
	蔗糖酶			蔗糖	葡萄糖、果糖
	胰淀粉酶			淀粉	糊精、麦芽糖
	胰核酸酶			核酸	核苷酸
肠液	氨基肽酶			肽	氨基酸
	双肽酶			肽	氨基酸
	麦芽糖酶			麦芽糖	葡萄糖
	乳糖酶			乳糖	葡萄糖、半乳糖
	蔗糖酶			蔗糖	葡萄糖、果糖
	核酸酶			核酸	核苷酸碱
	核苷酸酶			核苷酸	磷酸、核苷

畜禽饲料主要来源于植物。饲料中的蛋白质、脂肪和糖类在畜禽体内分别被相应的蛋白酶、脂肪酶、糖酶和淀粉酶等消化。不同的动物在不同的生长发育阶段所分泌的酶的种类、数量不同。因此，供给的饲料种类和加工调制方法也应不同。

（3）微生物消化　反刍家畜的瘤胃和马、兔等家畜的盲肠、结肠内栖居着大量的微生物。这些微生物能分泌的多种酶将饲料中的营养物质分解，这一过程称为微生物消化。畜禽消化腺本身并不分泌分解饲料粗纤维的酶，只有寄生在消化管内的微生物能分泌纤维素酶、半纤维素酶等。因此，微生物对粗纤维在畜禽消化管中的消化分解起着关键作用。

物理性消化、化学性消化和微生物消化这三种消化方式彼此不是孤立的，口腔和胃肠内的物理性消化为后段的化学性消化和微生物消化做准备，后段的化学性消化和微生物消化使营养物质分解更为彻底。它们三者共存，相互联系，共同作用，只是某种消化方式在消化管的某一部位、某一消化阶段或某种消化过程中居于主导地位而已。

三、畜禽的消化力与饲料的可消化性

畜禽因畜别、年龄、生理状态等的不同，对饲料消化吸收的能力不同。畜禽消化、利用饲料中营养物质的能力叫作畜禽的消化力。由于饲料的来源、加工制作方式等不同，饲料被消化的水平也有所不同。饲料可被畜禽消化的程度称为饲料的可消化性。

在评定饲料的营养价值时，不仅要看饲料养分含量的多少，还要看畜禽对饲料养分的消化程度，两者结合起来考虑后才能评定某种饲料对某种畜禽营养价值的高低。消化率是指饲料中可消化养分占食入养分的百分率，是衡量饲料可消化性和动物消化力的统一指

标。其计算公式如下。

饲料中可消化某养分=食入饲料中某养分-粪中某养分

饲料中某养分的消化率（%）=饲料中可消化某养分/食入饲料中某养分×100%

=（食入饲料中某养分-粪中某养分）/食入饲料中某养分×100%

因粪中某养分并非全部来自饲料，还有少量来自消化管中的物质，如残存的消化液、肠管脱落细胞及肠管微生物等，故上述公式计算的消化率为表观消化率。真消化率的计算如下。

饲料中某养分的真消化率（%）=［食入饲料中某养分-（粪中某养分-消化管来源物中某养分）］/食入饲料中某养分×100%

畜禽的消化力因诸多因素影响而有所不同。畜禽的种类、品种、年龄与个体是影响畜禽消化力的主要因素。

饲料的可消化性同样也受许多因素的影响，诸如饲料的组成、收获时期、贮藏加工技术的水平、适口性、各类营养物质配比，以及饲料所用植物生长所处的环境等。

反刍家畜和单胃畜禽对富含粗纤维的饲料的消化力较强，而杂食家畜对粗纤维的消化能力则相对较弱，肉食家畜的最差；幼小、体弱多病及老龄的家畜的消化力弱，高产畜禽对饲料的要求严格，消化吸收能力强。所以，想要搞好畜禽生产，就必须观察饲养对象，了解其消化特点，然后按需配料，这样才能获得最佳经济效益。

要搞好畜禽生产，不仅要研究畜禽的消化力，还要研究饲料的可消化性，从饲料的种植管理、收获贮藏、加工制作、营养配比等诸方面入手，供给畜禽所需的养分，以期获得最好的经济效益。

任务实施

饲料中养分消化率的计算

1. 目的和要求

学会计算饲料中养分的消化率。

2. 材料准备

计算器、白纸、笔。

3. 计算方法

体重为 50 kg 的生长育肥猪的饲料中粗蛋白质含量为 16%，其每天的采食量为 2 kg，排出的粪便中粗蛋白质的含量为 7%，每天排出粪便的量为 1 kg。试计算 50 kg 的生长育肥猪对粗蛋白质的消化率是多少？

（1）计算 50 kg 生长育肥猪每天摄入粗蛋白质的量：2 kg×16%=0.32 kg，即 320 g。

（2）计算每天排出粪便中粗蛋白质的量：1 kg×7%=0.07 kg，即 70 g。

（3）计算 50 kg 生长育肥猪对粗蛋白质的消化率：（320-70）/320×100%=78.125%。

4. 学习效果评价

饲料中养分消化率的计算的学习效果评价如表 1-8 所示。

表 1-8　饲料中养分消化率的计算的学习效果评价

序号	评价内容	评价标准	分数/分	评价方式
1	合作意识	有团队合作精神，积极与小组成员协作，共同完成学习任务	10	小组自评 20% 组间互评 30% 教师评价 30% 企业评价 20%
2	沟通精神	成员之间能积极沟通解决问题	30	
3	准确快速计算	能在规定时间内计算出养分的消化率	40	
4	记录与总结	能完成全部任务，记录详细、清晰，计算结果正确	20	
合计			100	100%

任务反思

（1）名词解释：消化、物理性消化、化学性消化、微生物消化。
（2）动物的消化方式可分为哪几类？
（3）影响消化率的因素有哪些？

项目小结 ▶▶▶

畜禽营养基础小结如表 1-9 所示。

表 1-9　畜禽营养基础小结

畜禽营养基础	动物营养相关概念及研究现状	任务准备	营养及营养物概念及作用
			营养学概念及作用
			动物营养学的发展历程与研究现状
		任务实施	阅读配合饲料说明书
	动物与植物的组成成分	任务准备	动、植物体的化学元素组成；动、植物体的化合物组成；饲料中的营养物质；动、植物体内的营养物质
		任务实施	饲料中无氮浸出物含量的计算
	畜禽对饲料的消化	任务准备	消化和吸收的概念；消化方式；畜禽的消化力与饲料的可消化性
		任务实施	饲料中养分消化率的计算

================= 项 目 测 试 =================

一、单项选择题

1. 微生物消化主要靠细菌和 （   ）
   A. 细菌　　　　　　B. 纤毛虫　　　　　C. 真菌　　　　　　D. 放线菌

2. 化学性消化的起始部位在 （   ）
   A. 口腔　　　　　　B. 胃　　　　　　　C. 小肠　　　　　　D. 大肠

3. （   ）是反刍家畜特有的消化现象
   A. 咀嚼　　　　　　B. 胃肠运动　　　　C. 压扁　　　　　　D. 反刍

4. 家禽喜欢采食（   ）饲料
   A. 大块饲料　　　　B. 粗饲料　　　　　C. 细粉碎粒度　　　D. 中等粉碎粒度

5. 反刍家畜消化粗纤维的主要场所是 （   ）
   A. 瘤胃　　　　　　B. 皱胃　　　　　　C. 盲肠　　　　　　D. 结肠

6. 对粗纤维消化能力最差的动物是 （   ）
   A. 猪　　　　　　　B. 牛　　　　　　　C. 鸡　　　　　　　D. 马

7. 微量元素在动、植物体中的含量低于 （   ）
   A. 0.1%　　　　　　B. 0.01%　　　　　　C. 0.001%　　　　　D. 0.000 1%

8. 下列选项中，属于常量元素的是 （   ）
   A. 锌　　　　　　　B. 磷　　　　　　　C. 硒　　　　　　　D. 铜

9. 下列选项中，属于微量元素的是 （   ）
   A. 钙　　　　　　　B. 氯　　　　　　　C. 铁　　　　　　　D. 钠

10. 常量元素在动、植物体中的含量不低于 （   ）
   A. 0.1%　　　　　　B. 0.01%　　　　　　C. 0.001%　　　　　D. 0.000 1%

二、多项选择题

1. 畜禽的消化方式有 （   ）
   A. 生物消化　　　　B. 物理性消化　　　C. 化学性消化　　　D. 微生物消化

2. 属于胃内分泌的消化酶有 （   ）
   A. 蔗糖酶　　　　　B. 氨基肽酶　　　　C. 胃蛋白酶　　　　D. 凝乳酶

3. 影响畜禽消化力的因素主要有 （   ）
   A. 畜禽种类　　　　B. 个体差异　　　　C. 年龄　　　　　　D. 品种

4. 消化率是衡量（   ）的统一指标。
   A. 饲料可消化性　　B. 畜禽消化力　　　C. 表观消化率　　　D. 真消化率

5. 下列选项中，属于常量元素的是 （   ）
   A. 钙　　　　　　　B. 磷　　　　　　　C. 硒　　　　　　　D. 铜

6. 下列选项中，属于微量元素的是 （   ）
   A. 钙　　　　　　　B. 铁　　　　　　　C. 硒　　　　　　　D. 钠

7. 动物体组织中不含有 （   ）
   A. 粗纤维　　　　　B. 粗脂肪　　　　　C. 淀粉　　　　　　D. 氨基酸

三、判断题

（　　）1. 表观消化率往往大于真消化率。

（　　）2. 微生物消化对粗纤维的消化分解起关键作用。

（　　）3. 家禽饲料中适当添加少许砂石可提高饲料的消化率。

（　　）4. 粗纤维消化能力最强的动物是牛，其次是猪和兔。

（　　）5. 老龄动物对营养物质的消化能力较成年动物强。

☼ 项|目|链|接 ▶ ▶ ▶ ▶

影响消化的原因

1. 动物原因

（1）种类。不同种类的动物，它们消化器官的结构、功能、容积不同，对饲料的消化率也不同，尤其是粗饲料消化率差异较大，其中牛＞羊＞马＞，兔＞猪＞禽。不同动物对精饲料的消化率差异较小。

（2）品种。高度培育的动物品种对粗饲料的消化率极低，耐粗饲性差。

（3）年龄。幼小、老龄动物的消化率低。伴随年龄增加，动物的消化器官不断发育、完善，对粗纤维、粗脂肪、粗蛋白质的消化率提高，但无氮浸出物和有机物的消化率改变不大。伴随衰老，动物的消化机能随之衰退，消化率降低。

（4）体质。健康动物消化率高，病态动物消化率低，所以，保持动物健康是确保高产的基础条件。

2. 饲料原因

（1）种类。青绿饲料的消化率大于干草的，籽实类饲料的消化率大于秸秆的。

（2）化学成分。饲料中粗蛋白质含量提高，动物消化率提高，对反刍家畜尤其显著；粗纤维含量与消化率呈负相关，对单胃畜禽尤为显著；淀粉含量过高，反刍家畜对粗饲料的消化率降低；饲料中含有一定量的脂肪有利于消化，但过多则不利于消化，尤其对钙、粗纤维的消化不利；增加维生素、平衡补充微量元素可促进消化。

（3）饲料中抗营养因子。饲料中含有的抗营养因子增加，消化率降低。

3. 饲养管理技术

（1）适当合理加工处理饲料可提高饲料消化率。如适当粉碎精饲料，对粗饲料进行碱化、氨化、微贮、膨化。

（2）饲料颗粒化可提高饲料适口性；延长饲料在消化管中的停留时间，可提高消化率；过分粉碎的饲料不利于消化。

（3）饲料搭配技术与养分平衡情况也影响着饲料的消化率。平衡设计日粮、添加酶制剂可提高饲料消化率。

（4）饲喂技术。饲喂方式、投喂时间（尤其是高温季节）等都会影响饲料消化率。

（5）畜舍环境。畜舍的温度、通风状况和喂养密度等都会影响饲料消化率。

项目二
畜禽营养基础

项目导入

　　某养殖场采用高床养猪，近日该养殖场一批 10 日龄仔猪出现精神不振、喜卧嗜睡、体温下降、食欲减退等情况，同时它们呼吸轻度加快，生长不良，背毛粗乱，个体生长不均匀。检查发现该批仔猪脸结膜苍白、心跳加快。经综合分析，兽医认为这些仔猪患缺铁性贫血。原因有三：①本批仔猪采用高床饲养，不与土壤直接接触而不能获取土壤中的铁。②母乳中的铁含量低，不能满足仔猪生长需要。③仔猪生长快速，对铁需求量大而体内铁贮存量低。于是，兽医给患病仔猪口服 0.25% 硫酸亚铁和 0.1% 硫酸铜混合水溶液，严重者颈部肌内注射铁制剂，之后该仔猪不良症状逐渐消失，恢复健康。

　　上述案例中，仔猪因未摄入足够的铁而导致缺铁性贫血，这影响了仔猪的健康和生长。本项目通过阐述畜禽对营养物质的利用，旨在提高饲料中营养物质的利用率，以达到节省饲料，降低成本，提高畜禽生产效率和提高经济效益的目的。

　　本项目有 8 个任务：（1）了解蛋白质的营养作用。

　　　　　　　　　　　　（2）了解糖类的营养作用。

　　　　　　　　　　　　（3）了解脂肪的营养作用。

　　　　　　　　　　　　（4）了解能量与畜禽营养。

　　　　　　　　　　　　（5）了解矿物元素的营养作用。

　　　　　　　　　　　　（6）了解维生素的营养作用。

　　　　　　　　　　　　（7）了解水的营养作用。

　　　　　　　　　　　　（8）了解各种营养物质在畜禽体内的相互关系。

任务1　蛋白质的营养作用

任务目标

▼ **知识目标**　（1）了解蛋白质、氨基酸的概念；掌握蛋白质、氨基酸的营养。
（2）掌握单胃畜禽与反刍家畜对蛋白质消化吸收的异同。
（3）掌握反刍家畜对非蛋白氮的利用方式。
（4）掌握过瘤胃蛋白生产工艺。

▼ **技能目标**　（1）会合理配制满足畜禽对蛋白质需要的日粮。
（2）会采取科学有效措施提高畜禽对蛋白质的利用率。
（3）会过瘤胃蛋白生产工艺操作。

▼ **素质目标**　培养良好的职业道德，树立"三农"意识。

任务准备

一、概述

蛋白质是一种大分子有机化合物，主要由碳、氢、氧、氮等元素组成，有的还含有硫、磷、铁、铜等元素。各类蛋白质的含氮量不同，但总的来说，饲料中蛋白质的平均含氮量为16%，故可用饲料中的总含氮量来估算饲料中的粗蛋白质含量，具体计算公式如下：

饲料中粗蛋白质含量＝饲料中总含氮量÷16%＝饲料中总含氮量×6.25

蛋白质是生物体的重要组成成分，是维持生命体生命活动的重要物质基础。饲料中蛋白质含量不足是影响畜禽生长的主要因素之一，蛋白质营养对动物来说是一个重要的营养过程。

二、蛋白质的营养作用

1. 蛋白质是构成动物体内组织器官的基本原料

动物的组织和器官，如心、肺、脾、肾、肠、胃等，都以蛋白质为主要组成成分。这些组织和器官在生命活动中担负着重要的生理功能，共同构成一个完整的有机体，所以蛋白质是动物生长发育必需的营养物质。

2. 蛋白质是动物体内生物重要的功能物质

在动物生命活动和代谢过程中起催化作用的蛋白酶、多数起调节和控制作用的激素、具有免疫和防疫功能的抗体等活性物质，均为蛋白质。同时，蛋白质还参与维持体液正常的渗透压，为动物正常生命活动提供一个相对稳定的内环境。蛋白质不仅是结构物质，也是维持生命活动的功能物质。

3. 蛋白质是组织更新、修补的必需物质

动物体生命活动的基本特征是新陈代谢，即使在体重不变的情况下，其体内的新陈代谢也没有停止，在这过程中旧组织细胞不断地分解，新组织细胞不断地形成。这些组织的自我更新都以蛋白质的分解与合成为基础。据示踪原子法测定，动物机体全部蛋白质每6~7个月就有一半更新。动物损伤组织的修补也需要蛋白质参与。

4. 蛋白质可分解供能和转化为糖类脂肪

当动物体内糖类和脂肪不足时，蛋白质可在体内分解、氧化产能，以维持机体正常代谢活动。当摄入蛋白质过多或日粮氨基酸不平衡时，多余的蛋白质也可在体内转化为糖类和脂肪。在实践中，为了降低饲料成本，应尽可能避免将蛋白质直接作为能源物质。

5. 蛋白质是形成畜禽产品的主要成分

肉、蛋、奶、皮、毛等畜禽产品的主要成分是蛋白质。为增加畜禽产品的产量，提高经济效益，必须满足畜禽蛋白质的供给量。

三、氨基酸的营养作用

蛋白质在酶、酸或碱的作用下水解生成氨基酸，氨基酸是蛋白质的基本构成单位。常见的氨基酸有20多种，根据氨基酸对畜禽的营养作用，通常将氨基酸分为必需氨基酸和非必需氨基酸。

1. 必需氨基酸

必需氨基酸是指畜禽体内不能合成或合成数量很少不能满足畜禽营养需要，必须由饲料中供给的氨基酸。成年猪维持生命需要8种必需氨基酸，即赖氨酸、色氨酸、蛋氨酸（又称甲硫氨酸）、缬氨酸、苏氨酸、苯丙氨酸、亮氨酸、异亮氨酸。生长猪还需组氨酸和精氨酸，共10种必需氨基酸。雏禽除需生长猪的必需氨基酸外，还需要胱氨酸、甘氨酸和酪氨酸，共13种必需氨基酸。成年反刍家畜因瘤胃中微生物可以利用饲料中的含氮化合物合成机体所需的几乎全部的氨基酸，故必需氨基酸对反刍家畜的营养意义小于单胃畜禽，但是高产奶牛还应适当补充必需氨基酸，尤其是蛋氨酸。

2. 非必需氨基酸

非必需氨基酸是指在畜禽体内能够合成或可由其他氨基酸转化而成，不必由饲料中专门供给的氨基酸，如丙氨酸、谷氨酸、天门冬氨酸等。

从饲料营养供给角度考虑，氨基酸有必需与非必需之分。从畜禽营养需要的角度考虑，所有组成机体蛋白质的氨基酸都是畜禽必需的营养物质。如果日粮中缺少非必需氨基酸，机体在合成蛋白质时将把必需氨基酸转化为非必需氨基酸，这会引起必需氨基酸的缺乏。因此，为畜禽提供的日粮中应尽可能做到各种氨基酸数量足、种类全、比例适当。

3. 限制性氨基酸

限制性氨基酸是指饲料中含量较少、低于畜禽的需要量、限制其他氨基酸利用率的必需氨基酸。常用饲料中，赖氨酸、蛋氨酸、色氨酸不能满足畜禽的需要，这三种氨基酸称为限制性氨基酸。通常将饲料中最缺乏的氨基酸称为第一限制性氨基酸，以后依次类推为第二、第三……限制性氨基酸。限制性氨基酸的种类及顺序对于不同的畜禽和不同的日粮是不同的。例如，对大多数玉米—豆粕型日粮而言，猪的第一限制性氨基酸为赖氨酸，第二限制性氨基酸为蛋氨酸，而对于禽类来说蛋氨酸则是第一限制性氨基酸。

四、短肽的营养作用

蛋白质在消化吸收的过程中，不仅以游离氨基酸形式，还以短肽形式被吸收进入血液中，它们被转运至机体的各个组织器官参与蛋白质和矿物质的代谢。短肽的吸收因动物消化管结构不同而存在很大差异：反刍家畜以短肽吸收为主，以氨基酸吸收为辅；单胃畜禽以氨基酸吸收为主，以短肽吸收为辅。短肽吸收的主要部位是瓣胃、瘤胃等非肠系膜系统，以小肠为代表的肠系膜系统也吸收一定数量的短肽。

短肽对畜禽有着重要的营养作用，具体如下。

（1）与游离氨基酸相比，短肽具有吸收速度快、耗能低、离子浓度较低、不易饱和、各种肽之间运转无竞争性与抑制性的特点，可以避免由于离子浓度高而引起的腹泻，有利于畜禽健康。

（2）短肽可使幼小畜禽的小肠提早成熟，促进小肠绒毛的生长。有些短肽如胸腺肽能促进淋巴细胞分化成熟，提高机体的消化吸收以及免疫功能，增强断奶仔猪的应激能力，提高血浆中甲状腺激素的浓度，从而促进畜禽的生长，提高饲料的转化率。

（3）短肽能促进氨基酸的吸收，提高蛋白质的沉积率。哺乳动物乳腺组织可直接利用短肽中的氨基酸合成乳蛋白。

（4）短肽能提高畜禽的生产性能，其原因可能与肽链的结构及氨基酸的残基序列有关。一些肽在消化酶的作用下降解产生具有特殊生理活性的短肽，这些短肽能够直接被畜禽吸收，参与机体生理活动和代谢调节，从而提高其生产性能。如在猪的饲料中添加少量肽类可显著提高其生产性能和饲料利用率。

（5）短肽可提高瘤胃微生物的生长繁殖速率，缩短细胞分裂周期，特别是能刺激发酵糖和淀粉的微生物生长，从而提高粗纤维的消化利用率，节省精料的喂量。

五、蛋白质缺乏与过量的危害

1. 饲料中蛋白质供给缺乏的危害

饲料中蛋白质不足或蛋白质品质低劣，都会影响畜禽的健康，导致其生产性能降低，主要表现为以下几个方面。

（1）消化机能紊乱。日粮中蛋白质供给不足，会影响畜禽消化管组织的正常代谢和消化液的正常分泌，畜禽会出现食欲下降、采食量减少、慢性腹泻及营养不良等现象。

（2）幼龄畜禽生长发育受阻。幼龄畜禽正处于生长发育的旺盛时期，体内蛋白质代谢旺盛，对蛋白质的需求量大。若供应不足，可导致幼龄畜禽生长减缓、停滞，甚至死亡。

（3）易患贫血及其他疾病。畜禽若缺乏蛋白质，可导致机体内不能合成足够的血红蛋白和血球蛋白等而出现贫血症状。另外，由于蛋白质的缺乏会导致家禽机体内的抗体数量减少，会使其抗病力下降，容易引起各种疾病。

（4）生产性能下降。蛋白质供给不足，会使生长畜禽增重缓慢，甚至体重下降；会使泌乳畜禽泌乳量下降；使产毛畜禽产毛量减少；会使家禽产蛋量减少。同时畜禽产品的质量也会下降。

（5）畜禽繁殖能力降低。饲料中蛋白质含量不足，会使公畜精液品质下降，精子数目减少；母畜性周期失常，排卵数减少，卵子质量差，受胎率低；产蛋家禽产蛋率、受精率、孵化率和雏禽成活率均降低。

2. 饲料中蛋白质供给过量的危害

饲料中蛋白质供给过量，不仅会造成营养物质利用不合理和浪费，还会给畜禽带来不利影响。多余的氨基酸会在肝脏中参与代谢产生尿素，由肾脏以尿液的形式排出体外，从而加重肝、肾的负担，严重时会引起肝、肾疾病。

六、反刍家畜对非蛋白氮的利用

（一）反刍家畜利用非蛋白氮的机制

反刍家畜主要靠瘤胃及大肠中的细菌对非蛋白氮进行降解。以尿素为例，尿素含有碳、氢、氧、氮四种化学元素，溶解度极高，在瘤胃中可以很快转化成氨。氨在瘤胃中微生物的作用下与酮酸结合形成菌体蛋白，这些菌体蛋白随食糜进入后段消化管后被消化吸收。其具体过程如下：

$$尿素 \xrightarrow{细菌脲酶} 氨 + 二氧化碳$$

$$糖类 \xrightarrow{细菌酶} 挥发性脂肪酸 + 酮酸$$

$$氨 + 酮酸 \xrightarrow{细菌酶} 氨基酸 \xrightarrow{细菌酶} 菌体蛋白 \xrightarrow{胃肠消化酶} 氨基酸$$

（二）反刍家畜对饲料用尿素的利用

尿素含氮量在46%左右，在成年反刍家畜的日粮中添加尿素，可替代一定量的蛋白质，并可降低饲料成本。但是，如果在反刍家畜日粮中添加的尿素量太多，或者饲喂方法不当，则很容易引起氨中毒。为了提高尿素的利用率，防止氨中毒，在饲喂尿素时应注意以下事项。

1. 在补加尿素的日粮中必须有一定量易消化的糖类

瘤胃微生物在利用氨合成菌体蛋白的过程中，需要有能量和酮酸的供应，这些可由可溶性糖来供给。

2. 补加尿素的日粮中需要有一定比例的蛋白质

蛋白质中的某些氨基酸如赖氨酸、蛋氨酸是瘤胃细菌生长、繁殖所必需的营养，它们不仅能合成菌体蛋白，还具有调节细菌代谢的作用，可进一步提高尿素的利用率。一般情况下，在补加尿素的日粮中，蛋白质的供给水平可控制在10%~12%。

3. 供给微生物活动所必需的矿物质

钴元素是维生素 B_{12} 的成分，能调节蛋白质的代谢。硫元素是蛋氨酸、胱氨酸等含硫氨基酸的成分，而这些氨基酸是合成菌体蛋白的原料。此外，还要保证微生物活动所必需的钙、磷、镁、铜、铁、锌、碘等矿物质的供给。

4. 控制尿素饲喂量

反刍家畜尿素饲喂量为日粮粗蛋白质含量的20%~30%或日粮干物质的1%，也可以按成年反刍家畜体重的0.02%~0.05%计算。一般成年牛每头每天饲喂60~100 g，成年羊饲喂6~12 g。如果尿素饲喂量过大，它会在瘤胃中迅速分解成大量氨，然后被大量吸收进入血液，当吸收量超过肝将其转化为尿素的能力时，氨就会在血液中积蓄，导致被饲动物出现典型的氨中毒症状。如不及时治疗，被饲动物会很快死亡。3月龄以下的幼龄反刍家畜，由于瘤胃机能尚不健全，不能饲喂尿素。

5. 尿素的饲喂方法

一是不能单独饲喂尿素或将其溶于水中饲喂；二是严禁把生豆类等脲酶含量高的饲料掺在含尿素的谷物饲料里一起饲喂。尿素正确的饲喂方法如下。①在补加尿素的日粮中加入脲酶抑制剂，如脂肪酸盐、四硼酸钠等，以抑制脲酶的活性。②饲喂尿素衍生物，如双缩脲、磷酸脲、脂肪酸脲等，其降解速度慢，效果好。③对尿素进行包被处理，将糊化淀粉与尿素均匀混合后再饲喂。可把玉米糊或高粱面糊制成糊化淀粉。④合理配比饲料，粉碎的谷物（70%~75%）、尿素（20%~25%）和膨润土（3%~5%）混合后经高温高压喷爆处理。⑤饲喂尿素舔砖。将尿素、糖蜜、矿物质压制成块状，供牛、羊舔食。

七、饲料中蛋白质的利用原理

1. 单胃畜禽蛋白质的消化

饲料中的蛋白质进入动物胃后，被蛋白酶分解为大分子的多肽和少量的游离氨基酸。未被消化的蛋白质与消化分解生成的肽和氨基酸一同进入十二指肠，被胰蛋白酶和糜蛋白酶进一步分解。吸收氨基酸的主要部位是十二指肠。被肠壁吸收的氨基酸进入血液，随同血液的流动被送到全身组织器官。其中大部分氨基酸被合成为蛋白质，少部分氨基酸被脱去氨基后，转化为脂肪或糖类，或彻底分解为水和二氧化碳，并提供能量。小肠中未被消化的蛋白质进入大肠后，部分蛋白质受大肠内微生物的作用分解为氨基酸，然后进一步被合成为菌体蛋白。

2. 反刍家畜蛋白质的消化

反刍家畜具有复胃，特别是具有容量较大的瘤胃，这是反刍家畜消化系统的特点。瘤胃内具有大量的细菌和纤毛虫等。饲料进入瘤胃后，瘤胃中的微生物将饲料中的蛋白质分解为肽、氨基酸和氨，然后再利用这三种物质合成菌体蛋白。菌体蛋白进入真胃后的消化代谢特点同单胃畜禽相似。在瘤胃中，被微生物分解的蛋白质称为"瘤胃降解蛋白质"，未被微生物分解的蛋白质称为"过瘤胃蛋白质"。进入瘤胃的蛋白质大部分被分解为氨，氨与酮酸相结合，在瘤胃微生物的作用下，合成氨基酸。因此，日粮中的蛋白质和作为碳源的物质如糖类的含量应充足。

瘤胃降解蛋白质和过瘤胃蛋白质都是反刍家畜所需要的饲料蛋白质。前者供应不足会影响瘤胃微生物的生长繁殖，从而引起家畜饲料采食量及消化力的下降；后者供应不足，则不能满足反刍家畜自身对蛋白质的需要。因此，饲喂反刍家畜时既要保证蛋白质在瘤胃中具有一定的降解率，又要采取一定的保护措施，保证过瘤胃蛋白质有一定的数量。

饲料中粗蛋白质在瘤胃中被分解为氨，这些氨除一部分被合成菌体蛋白外，还有一部分被瘤胃壁吸收，被吸收的氨随血液进入肝脏，合成尿素。大部分尿素由肾脏排出体外，少部分尿素经唾液和血液返回瘤胃被重新利用，周而复始。上述这种现象被称为瘤胃氮素循环。这一过程不仅可以提高氮的利用率，还可以避免反刍家畜氨中毒。

八、饲料中蛋白质的合理供应

一种饲料的蛋白质品质是用其各种必需氨基酸的总含量来表示的，或者由那些最易缺乏的必需氨基酸表示。当饲料中蛋白质所含氨基酸齐全、搭配比例适合时，该蛋白质的品质好，利用率高。在畜禽生产中，由于谷类籽实占非反刍家畜与家禽日粮的大部分，因此，在配合该类日粮时，必须补充谷类籽实中所缺乏的必需氨基酸，如赖氨酸和蛋氨酸，使日粮中氨基酸的配比"理想化"，即蛋白质中氨基酸的组成和比例恰好符合畜禽生长的需要。此种蛋白质被称为"理想蛋白质"，它不需要靠替换氨基酸来改善蛋白质的品质。饲料中理想蛋白质的含量是用蛋白质的化学分数乘以总蛋白质含量而得出的。蛋白质中第一限制性氨基酸的实际浓度与其理想浓度的比值为蛋白质的化学分数。如 1 kg 蛋白质中应含有 70 g 赖氨酸，如果只含有 40 g，则 $40 \div 70 \approx 0.57$，假设赖氨酸又是这种蛋白质的第一限制性氨基酸，则这种饲料中蛋白质的化学分数为 0.57，那么理想蛋白质的含量应为所用饲料中蛋白质的含量乘以 0.57。

各种畜禽在各个生长阶段和不同的生产水平下对氨基酸的需要量不同，因此对理想蛋白质的具体要求不同。理想蛋白质不允许过量供给任何一种氨基酸。如果过量供给，在某些情况下则可能有害。对于家禽，其饲料中的蛋白质要求赖氨酸、色氨酸、蛋氨酸和精氨酸这 4 种主要限制性氨基酸配比平衡。应用理想蛋白质饲喂畜禽，既节省蛋白质，又可获得较好的经济效益。

✓ 任务实施

过瘤胃蛋白生产工艺

1. 目的和要求

学会过瘤胃蛋白生产工艺和相关要点。

2. 材料准备

胃部取样容器、消化液样品、胃液样品、高速离心机、离心管、丙酮、苯酚、盐酸、镁离子含量测定试剂盒。

3. 操作步骤

（1）取样。使用胃部取样容器采集胃液样品，并将其存贮在离心管中；使用消化液样品进行胃内容物采样，可在不同时间进行多次采样，以获取更多的蛋白质样本。

（2）离心。使用高速离心机对采集到的样品进行离心，以分离其固体部分和液体部分。

（3）分离蛋白质。将离心后的液体部分倒入新的离心管中；然后加入适量的丙酮，使其与蛋白质结合，形成不溶性沉淀；使用离心技术对蛋白质沉淀进行离心，之后倒出上清液。

（4）净化。将蛋白质沉淀溶解在适量的盐酸中；加入苯酚使得杂质与蛋白质发生反应并生成不溶性沉淀；使用离心技术对蛋白质沉淀进行离心，之后倒出上清液。

（5）检测。使用镁离子含量测定试剂盒对蛋白质样本中的镁离子进行测定，以评估蛋白质的纯度和含量；根据测定结果进行必要的调整和改进。

4. 学习效果评价

过瘤胃蛋白生产工艺的学习效果评价如表 2-1 所示。

表 2-1　过瘤胃蛋白生产工艺的学习效果评价

序号	评价内容	评价标准	分数/分	评价方式
1	合作意识	有团队合作精神，积极与小组成员协作，共同完成学习任务	10	小组自评30% 组间互评30% 教师评价40%
2	取样、离心	根据要求合理采集样品，离心操作正确	10	
3	分离蛋白质	分离蛋白质操作正确	20	
4	净化	操作正确	20	
5	检测	检测结果准确，及时调整参数	10	
6	安全意识	有安全意识，未出现不安全操作	10	
7	记录与总结	能完成全部任务，记录详细、清晰，总结报告及时上交	20	
合计			100	100%

任务反思

（1）名词解释：理想蛋白质、非蛋白氮、必需氨基酸、非必需氨基酸、限制性氨基酸。
（2）简述蛋白质不足或过量对畜禽的危害。
（3）短肽的营养作用有哪些？
（4）什么叫瘤胃氮素循环？
（5）在饲喂反刍家畜尿素时，应注意哪些问题？如何合理利用尿素饲喂反刍家畜？
（6）提高非反刍家畜对蛋白质利用率的措施有哪些？

任务 2　糖类的营养作用

任务目标

知识目标　（1）了解糖类的组成；掌握糖类的营养作用。
（2）了解反刍家畜、单胃畜禽对糖类的消化特点。
（3）了解粗纤维的营养作用及影响粗纤维；消化利用率的因素。
（4）了解饲料中酸性洗涤木质素的测定方法。

技能目标　会合理配制出满足畜禽对糖类需求的日粮。

素质目标　培养良好的职业道德，树立科学、严谨、实事求是的理念。

一、概述

糖类是植物性饲料的主要成分，一般占植物性饲料干物质重的 50%~80%。糖类是畜禽采食量最大、吸收利用最多的营养物质。

二、糖类的组成和分类

糖类的成分中均含有碳、氢、氧三种元素，其组成中氢、氧原子数之比恰好与水分子的相同，即 $n_H : n_O = 2 : 1$，故又称为碳水化合物。在常规营养成分分析中，糖类包括粗纤维和无氮浸出物（见图 2-1）。粗纤维包括纤维素、半纤维素和木质素等，它们均存在于植物细胞壁中，不易溶于水，一般情况下不易被畜禽消化和吸收。纤维素、半纤维素在反刍家畜的瘤胃中易被消化管中的微生物消化利用，但木质素难被其消化。日粮中粗纤维含量越高，饲料的消化率就越低，同时也会影响其他营养物质的消化吸收。无氮浸出物包括单糖、双糖和多糖等物质，易溶于水，有利于畜禽的消化与吸收。

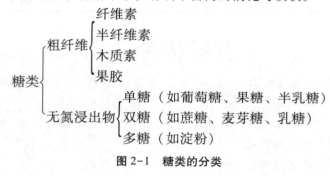

图 2-1　糖类的分类

三、糖类的营养作用

（1）糖类是畜禽体内能量的主要来源。糖类，特别是葡萄糖，在酶的作用下彻底分解为二氧化碳和水，产生大量能量以维持畜禽的体温、生命活动等。少量糖类形成糖原后被贮存于肝脏和肌肉中，但存量很少，一般不超过畜禽体重的 1%。因此，在生产中必须保证糖类的正常供给。

（2）糖类是形成体脂的主要原料。饲料中的糖类除了氧化供能外，多余的还可转化为脂肪贮存在畜禽体内。一般是在肝脏和肌肉中贮积了足够的糖原后，多余的葡萄糖才被转化为脂肪。

（3）糖类是形成体组织和非必需氨基酸的原料。糖类普遍存在于畜禽体内各组织中，同时为畜禽提供合成非必需氨基酸的碳架。

（4）糖类为泌乳家畜合成乳糖、乳脂提供原料。乳糖是初生仔畜的主要能量来源。乳糖在肠道内的吸收速率较其他糖类慢，它可促进胃肠蠕动，也可促进钙质的吸收。

四、单胃畜禽对糖类的消化

猪、兔唾液中含有 α-淀粉酶，饲料中的淀粉首先在唾液淀粉酶的作用下分解为麦芽糖,麦芽糖和未分解的淀粉到达小肠后,在麦芽糖酶和胰淀粉酶的作用下转变为葡萄糖而被小肠吸收,进而参加体内代谢。猪属于单胃杂食性动物,对粗纤维的消化利用率很低。但成年猪对青绿饲料中的粗纤维消化率较高,可达 55%,所以成年猪可以放牧饲养。当饲料秕壳中的粗纤维含量超过 5% 时,猪消化管内有益微生物的生长繁殖就受到抑制,失去消化粗纤维的能力。粗纤维增多既影响猪对粗纤维的消化,也降低了对其他营养物质的消化。

禽类对粗纤维的消化能力也较差,但其对青绿饲料中粗纤维的消化率明显高于对秕壳等粗饲料中的粗纤维的消化率。故可以全用青草喂鹅,也可以用幼嫩青草喂育成鸡,但不要用稻壳喂鸡。

马属动物具有体积较大且发达的盲肠和结肠,盲肠和结肠是消化粗纤维的主要器官。粗纤维在这些部位中被分解为挥发性的脂肪酸及其他气体,挥发性的脂肪酸被吸收利用。因此,饲料中的粗纤维对此类动物有一定的营养作用。马属动物对粗纤维的消化能力比牛差,比猪强。

五、反刍家畜对糖类的消化

除前胃外,反刍家畜消化管各部分对糖类的消化方式与非反刍家畜相同。

饲料中的糖类在反刍家畜口腔内基本不发生化学变化,瘤胃是反刍家畜消化饲料中糖类,特别是消化粗纤维的主要器官。饲料中的粗纤维在瘤胃中发酵分解为乙酸、丙酸、丁酸三种挥发性脂肪酸。这三种挥发性脂肪酸被吸收后可直接进入三羧酸循环而彻底氧化分解供能。乙酸、丁酸还可以合成短链脂肪酸,乳中的脂肪约有 75% 是以糖类在瘤胃中发酵产生的乙酸和丁酸为原料合成的。丙酸可转变为葡萄糖,进而转化为乳糖。所以,乳牛适当多喂粗饲料可以提高乳脂率。

六、畜禽对粗纤维的利用

1. 粗纤维的营养作用

粗纤维可填充胃肠道,促进胃肠蠕动和粪便的排泄,不仅使畜禽有饱感,还保证了消化的正常进行。牛、兔如果只吃精料,将导致严重的消化不良,甚至死亡。当乳牛日粮中粗纤维含量降低到 13% 时,其瘤胃中乳酸菌会发酵,产生的大量乳酸使 pH 值下降至 5 时,有益微生物活动受到限制;若吸收乳酸过多,会导致畜禽酸中毒,表现为前胃弛缓、食欲丧失、腹泻、表情呆滞,严重的会死亡。牛日粮中粗纤维含量不能低于 15%,兔日粮中粗纤维含量不能低于 3%。

2. 影响粗纤维利用率的因素

1)畜禽的种类

不同种类的畜禽对粗纤维的消化能力不同,草食家畜牛、羊、兔对粗纤维的消化利用率较高,杂食畜禽对粗纤维的消化利用率较低。一般幼猪、鸡日粮中的粗纤维含量不能超过 5%,生长猪的不能超过 8%。

2)日粮中营养成分的含量

日粮中粗蛋白质含量过少,会影响瘤胃微生物的增殖,这时如果增加蛋白质的含量,甚至只增加尿素的饲喂量，便可以促进瘤胃中微生物的增殖，从而提高粗纤维的消化利用率。日粮中粗纤维含量过少或过多，均不利于畜禽对能量的利用，而且影响畜禽对饲料中其他营养成分的消化吸收。另外，日粮中适当添加钙、磷、食盐等矿物质，可提高畜禽对粗纤维的消化吸收。

3）饲料加工调制技术

粗饲料粉碎过细，轻则会影响反刍家畜对粗纤维的消化吸收，重则引起酸中毒、蹄叶炎、皱胃移位等。若将粗饲料加工成颗粒饲料，则可造成饲料在瘤胃内停留时间过长，瘤胃中 pH 值降低，从而导致粗纤维消化利用率降低。

 任务实施

饲料中酸性洗涤木质素的测定

1. 目的和要求

学会饲料中酸性洗涤木质素含量的测定方法，能够在规定的时间内测定某饲料中酸性洗涤木质素的含量。

2. 材料准备

1）仪器设备

①粉碎设备：能将样品粉碎，使其能完全通过筛孔为 1 mm 的筛。

②分样筛：孔径 0.42 mm（40 目）。

③分析天平：感量 0.0001 g。

④电热恒温箱：可控制温度在（130±2）℃。

⑤高温电炉：可通风，温度可调控，可控制温度在 500~600 ℃。

⑥30 mL 玻璃砂漏斗（G_2）。

⑦消煮器：有冷凝球的 500 mL 高型烧杯或有冷凝管的锥形瓶。

⑧抽滤装置：抽真空装置、吸滤瓶及漏斗。滤器使用 200 目不锈钢或锦纶滤布。

⑨干燥器：以无水氯化钙或变色硅胶为干燥剂。

⑩浅搪瓷盘或 50 mL 烧杯。

2）化学试剂和溶液

使用的试剂均为分析纯，水应为符合 GB/T 6682—2008 的三级水。

①硫酸（$\rho=1.84$，96%~98%）。

②酸洗石棉：将市售酸洗石棉在 800 ℃高温电阻炉内灼烧 1 h，冷却后用 12.0 mol/L 硫酸洗涤溶液浸泡 4 h，过滤，用水洗至中性，在 105 ℃温度下烘干备用。

③12.0 mol/L 硫酸洗涤溶液：准确移取 666.0 mL 或称取 1 235.5g 硫酸（$\rho=1.84$，96%~98%）慢慢倒入内装 300 mL 蒸馏水的烧杯内，注意不断搅拌和冷却，并用水定容至 1 000 mL，必要时用 1.0 mol/L 标准氢氧化钠溶液标定（按 GB/T 601—2016）。

④十六烷基三甲基溴化铵。

⑤酸性洗涤剂（2%十六烷基三甲基溴化铵溶液）：称取 20 g 十六烷基三甲基溴化铵溶于 1 000 mL 1.0 mol/L 硫酸溶液中，搅拌溶解，必要时过滤。

⑥ 1.0 mol/L 硫酸溶液：将 27.87 mL 硫酸慢慢倒入内装 500 mL 水的烧杯中，搅拌冷却后用水定容至 1 000 mL，必要时可用 1.0 mol/L 氢氧化钠标准溶液标定（GB/T 601—2016）。

⑦正辛醇（消泡剂）。

⑧α-高温淀粉酶（活性 100 kU/g，105 ℃，工业级）。

3. 操作步骤

（1）准备试样。称取 1.000~2.000 g 制备好的试样（m），准确至 0.1 mg。

（2）消煮。将试样放入 600 mL 高型烧杯中，用量筒加入 100 mL 酸性洗涤剂和 2~3 滴正辛醇。

将烧杯放在消煮器上，盖上冷凝球，开冷却水冷却，快速加热至沸，并调节功率保持微沸状态，消煮 1 h。（如果样品中脂肪含量大于 10%，应先用乙醚进行脱脂后再消煮；如果饲料样品中淀粉含量高，可加 0.3 mL α-高温淀粉酶再消煮测定）。

（3）酸洗。将 G_2 玻璃砂漏斗（内铺 1.000 g 酸洗石棉）预先在 105 ℃电热恒温箱中恒量，趁热将消煮液倒入抽滤，抽干后将玻璃砂漏斗放在浅搪瓷盘或 50 mL 烧杯中，加入 15 ℃12.0 mol/L 硫酸洗涤溶液至半满，用玻璃棒打碎结块，搅成均匀糊状。

根据硫酸流出量，随时加入 12.0 mol/L 硫酸洗涤溶液，保持在 20~25 ℃，消解 3 h。立即抽滤，并用热水洗至中性（用 pH 值试纸检验）。

（4）干燥、称量。将玻璃砂漏斗和残余物放入 105 ℃电热恒温箱中干燥 4 h 至恒量，在干燥器内冷却 30 min 后称量（m_1）；再将玻璃砂漏斗移入 500 ℃高温电阻炉内灼烧 3~4 h，至无炭粒为止；冷却至 100 ℃后放入干燥器内冷却 30 min 再称量（m_2）；再将玻璃砂漏斗放入 500 ℃高温电阻炉内再灼烧 30 min，冷却称量直至两次称量之差小于 0.002 g 为恒量。

（5）空白。按同样步骤称取 1.000 g 酸洗石棉测定空白值（m_0）。如果空白值小于 0.002 g，则该批的酸洗石棉的空白值可以不再测。

（6）计算。酸性洗涤木质素的质量分数以 w 表示，数值以%计算，计算公式如下。

$$w = \frac{(m_1 - m_2 - m_0)}{m} \times 100$$

式中：

m_1——硫酸洗涤后玻璃砂漏斗和残余物质的总质量，g。

m_2——灰化后玻璃砂漏斗和灰分质量，g。

m_0——1.000 g 酸洗石棉空白值，g。

m——试样质量，g。

每个试样做两个平行测定，取平均值为分析结果，方法允许相对偏差≤10%。

4. 记录与总结

记录实验数据，总结实验中出现的问题，并书写实验报告。

5. 学习效果评价

饲料中酸性洗涤木质素含量测定的学习效果评价如表 2-2 所示。

表 2-2　饲料中酸性洗涤木质素含量测定的学习效果评价

序号	评价内容	评价标准	分数/分	评价方式
1	合作意识	有团队合作精神，积极与小组成员协作，共同完成学习任务	10	小组自评30% 组间互评30% 教师评价40%
2	试样预处理	操作正确，能根据脂肪的含量正确选择处理方法	10	
3	消煮	操作正确	20	
4	酸洗	操作正确	10	
5	干燥	操作正确，干燥至恒重	10	
6	结果计算	计算结果正确	10	
7	安全意识	有安全意识，未出现不安全操作	10	
8	记录与总结	能完成全部任务，记录详细、清晰，总结报告及时上交	20	
	合计		100	100%

任务反思

（1）名词解释：糖类。
（2）糖类的营养作用有哪些？
（3）粗纤维有哪些营养作用？影响粗纤维消化利用率的因素有哪些？

任务3　脂肪的营养作用

任务目标

知识目标
（1）了解脂肪的组成、性质；掌握脂肪的营养作用。
（2）理解脂肪与畜体脂肪品质、畜产品品质的关系。
（3）掌握饲料中添加油脂的注意事项。
（4）掌握饲料中脂肪酸的测定方法。

技能目标
（1）能够合理配制出满足畜禽对脂肪需求的日粮。
（2）能够测定饲料中脂肪酸的含量。

素质目标　培养良好的职业道德，树立科学、严谨、实事求是的理念。

一、概述

脂肪是动物的组成部分，也是动物能量的重要来源。动物体内的脂肪在脂肪酶的作用下被彻底氧化分解，产生大量的能量，供机体利用，同时脂肪还可以转变为糖类和蛋白质。

二、脂肪的组成与性质

脂肪由碳、氢、氧三种元素组成。与糖类、蛋白质相比较，脂肪的碳、氢含量较多，氧的含量较少。脂肪的能值约为糖类的两倍，故饲料的能值主要取决于脂肪含量的高低。根据脂肪的结构，可分为真脂肪和类脂肪。真脂肪由脂肪酸与甘油化合而成，故又称为甘油三酯或三酸甘油酯，如一般植物油、动物油。类脂肪包括磷脂、蜡、固醇等。这些物质均由脂肪酸、甘油及其他不含氮的有机物化合而成。磷脂广泛存在于动物细胞中，如动物的脑、心脏和肝脏中磷脂含量较多。蜡无营养价值，主要存在于动物的毛、羽之中，具有防水性。脂肪在空气中易发生氧化反应（即酸败现象），产生恶臭味。酸败后的脂肪不能饲喂动物，否则将导致代谢紊乱。

三、脂肪的营养作用

（1）脂肪是构成畜禽机体组织的重要成分。畜禽机体除各器官含有脂肪外，神经、肌肉、骨骼、皮肤及血液等组织中也含有脂肪。这些脂肪多属于磷脂和固醇等。

（2）脂肪是畜禽的热能来源和贮存能量的最好方式。同等质量下脂肪是含能量最高的营养物质。畜禽体内贮积的脂肪，体积小而产热量高，是贮存能量的最好方式。畜禽生产中由于脂肪适口性好、含能量高，所以常用添加脂肪的高能日粮以提高其消化率。肉仔鸡的高能日料中加有脂肪。

（3）提供必需脂肪酸。脂肪中的亚油酸、亚麻油酸及花生四烯酸在畜禽体内不能合成，必须从饲料中供给，故称为必需脂肪酸。它们是细胞膜的组成成分，也参与构成多种激素，如前列腺素等。调节脂类的正常代谢，可影响动物的繁殖性能。当幼畜日粮中缺乏必需脂肪酸时，皮肤常发生鳞片性皮炎，生长停滞。如仔猪皮肤发疹，尾部坏死，白猪可看出耳后、腋区分泌有棕黄色胶样物。一般植物油中含有必需脂肪酸较多，大豆油中含亚麻油酸52%。现多在肉仔鸡饲料中补充豆油或用大豆代替豆饼以增加能量和脂肪酸含量。成年反刍家畜瘤胃微生物可合成这些必需脂肪酸，饲料中不必单独供给。

（4）供作脂溶性维生素的溶剂。饲料中的维生素 A、维生素 D、维生素 E、维生素 K 及胡萝卜素必须溶于脂肪中才能被畜禽吸收利用。当缺乏脂肪时，这些维生素不易被吸收，畜禽将发生脂溶性维生素代谢障碍。因此，畜禽日粮中需含有一定数量的脂肪，这有利于脂溶性维生素的吸收。

（5）脂肪是畜产品的组成成分。在肉、乳、卵黄中都含有较多的脂肪，这些脂肪可由糖类转化而成，不必为此单独供应脂肪。

（6）脂肪对畜体有保护作用。脂肪存在于内脏器官周围，可固定器官。脂肪的导热性能差，冬季动物的皮下脂肪可起到防止热量散失，维持体温的作用。

四、饲料中脂肪对畜禽产品的影响

饲料中的脂肪在反刍家畜体内和单胃畜禽体内的转化有所不同。反刍家畜采食了含不饱和脂肪酸较多的饲料后，饲料经瘤胃中微生物的作用水解成甘油、脂肪酸。其中不饱和脂肪酸在瘤胃中经氢化作用，变为饱和脂肪酸，然后经小肠吸收形成体脂肪。反刍家畜体脂肪的性质并不受饲料中脂肪性质的影响。

单胃畜禽如猪、鸡、马。体脂肪中不饱和脂肪酸较多。饲料中脂肪的性质直接影响此类畜禽体脂肪的性质。猪、鸡采食含不饱和脂肪酸较多的饲料后会形成软脂，屠体不易保存。玉米含脂肪较多，因此，为保证得到较好的屠体品质，猪日粮中含玉米量不应超过 50%。

五、饲料中添加脂肪的作用

脂肪属高能营养物质。在饲料中添加脂肪，除了可以直接供给能量外，还可改善饲料的适口性，延长饲料在消化管的停留时间，有利于其他营养物质的消化吸收，在高温季节还可减轻动物由于应激反应造成的不良影响。实验表明，饲料中添加脂肪能显著地提高动物的生产性能，并降低饲养成本，尤其对肉用畜禽或生产性能高的畜禽效果更为显著。奶牛饲料中添加脂肪，可以使奶牛产奶量提高，乳脂率提高；妊娠期和泌乳期母猪饲料中添加脂肪，可增加经产母猪的产奶量，提高初、经产母猪的乳脂含量，并提高仔猪的成活率和加快其生长速度。另外，加工生产复合预混料时，为避免产品吸湿结块，减少粉尘，也可在原料中加少量的脂肪。

生产中，主要在家禽饲料中添加脂肪，肉鸡饲料中脂肪的添加量为 1%~5%，产蛋鸡饲料中，冬、夏季脂肪的添加量为 1%~3%。脂肪在生产母猪和生长猪的日粮中也常有添加，但应注意控制添加量。

目前畜禽生产中常利用的脂肪主要有动物油、大豆油、玉米油、椰子油和棕榈油等，可根据情况选择使用。同时应注意脂肪的品质，以免造成畜禽中毒。

六、饲料中添加脂肪的注意事项

在饲料中添加脂肪时应注意以下几点。

（1）添加脂肪后饲料的能量水平变化不能太大，尤其是代谢能。若添加脂肪过多会降低畜禽的采食量。

（2）脂肪要均匀地混合在配合饲料中，并在短期内投喂，以防止脂肪的氧化酸败而发生变质，可在饲料中添加一些抗氧化剂。

（3）增加微量元素、维生素和含硫氨基酸等的供给量，特别注意维生素 E 和硒的供给。

（4）控制粗纤维水平，肉鸡的粗纤维含量控制在最低量，蛋鸡可略高于标准。

 **任务实施**

饲料脂肪对畜禽产品脂肪的影响

1. 目的和要求

了解饲料脂肪对畜禽产品脂肪的影响，并合理在饲料中添加脂肪。

2. 材料准备

（1）相关图片、课件、视频等。

（2）养殖场畜禽。

3. 操作步骤

到养殖场观察畜禽，综合所学知识，总结归纳饲料脂肪对畜禽产品脂肪的影响，并合理在饲料中添加脂肪。

（1）了解饲料脂肪对肉类脂肪的影响，并合理在饲料中添加脂肪。

（2）了解饲料脂肪对乳脂肪的影响，并合理在饲料中添加脂肪。

（3）了解饲料脂肪对蛋黄脂肪的影响，并合理在饲料中添加脂肪。

4. 记录与总结

记录饲料脂肪对畜禽产品脂肪的影响，撰写观察报告，合理在饲料中添加脂肪。

5. 学习效果评价

饲料脂肪对畜禽产品脂肪的影响的学习效果评价如表2-3。

表2-3　饲料脂肪对畜禽产品脂肪的影响的学习效果评价

序号	评价内容	评价标准	分数/分	评价方式
1	合作意识	有团队合作精神，积极与小组成员协作，共同完成学习任务	10	小组自评20%组间互评30%教师评价30%企业评价20%
2	饲料脂肪对畜禽产品脂肪的影响的学习情况	掌握饲料脂肪对畜禽产品脂肪的影响，并合理在饲料中添加脂肪	60	
3	安全意识	有安全意识，未出现不安全操作	10	
4	记录与总结	能完成全部任务，记录详细、清晰，总结报告及时上交	20	
	合计		100	100%

任务反思

（1）名词解释：必需脂肪酸。

（2）脂肪对畜禽有哪些营养作用？

（3）饲料中添加脂肪应注意什么？

（4）简述饲料中脂肪与畜禽品质的关系。

任务4　　能量与畜禽营养

任务目标

知识目标　(1) 掌握饲料能量的概念。
(2) 掌握饲料能量在畜禽体内的转化过程。
(3) 掌握日粮中能量水平在畜禽生产中的意义。

技能目标　能根据畜禽的种类、生长发育时期、生产力水平等合理调整日粮的能量水平。

素质目标　培养良好的职业道德，树立科学、严谨、实事求是的理念。

任务准备

一、概述

畜禽活动和维持生命过程均需能量，没有能量，畜禽就不能存活。畜禽维持生命利用的能量是化学能。化学能是物质在化学反应中吸收或放出的能量，营养物质所释放出的化学能一部分被畜禽用于新陈代谢，另一部分以热能的形式散发掉。

二、能量的来源与能量单位

1. 能量的来源

畜禽在生命活动和生产过程中所需的能源主要来源于饲料中的糖类、脂肪和蛋白质。糖类中的单糖、双糖及多糖是单胃畜禽的主要能量来源，反刍家畜除从以上这些物质中得到能量外，还可以从纤维素、半纤维素中得到所需的能量。饲料中脂肪和脂肪酸是高能营养物质。蛋白质和氨基酸在畜禽体内不能完全氧化，用来提供能量不够经济，不仅造成对营养物质的浪费，还会产生过多的氨，对畜禽机体有害。

2. 能量单位

过去用"卡值"来衡量营养的能量，常用的单位有卡（cal）、千卡（kcal）、兆卡（Mcal）。由于用卡值单位来衡量能量在有些方面不够确切，有关国际组织建议用焦耳（J）作为营养、代谢和生理研究中的能量单位。在营养研究中以 1 J 作单位度量太小，常用千焦耳（kJ）、兆焦耳（MJ）。卡值与焦耳的换算关系如下。

1 cal = 4.184 J　　1 kcal = 4.184 kJ　　1 Mcal = 4.184 MJ

三、饲料能量在畜禽体内的转化

畜禽摄入的饲料能量经过消化代谢，部分通过粪、尿、气体及体增热排出体外，剩余的用于维持生命和生产。根据物质和能量守恒定律，饲料能量在畜禽体内的转化情况如图2-2所示。

（1）总能（GE）。总能即燃烧热，是饲料完全燃烧所产生的全部能量，是饲料所含能量的总和，单位为 kJ/g 或 MJ/kg。每种饲料只有一个总能值，脂肪含量高的饲料总能值也高。

（2）消化能（DE）。饲料可消化营养物质中所含的能量，即畜禽摄入饲料的总能减去粪能（FE）后剩余的能量，称为消化能。消化能中的蛋白能量部分在机体内不能全部氧化利用，其中部分能量通过尿排出，称为尿能（UE）。

（3）代谢能（ME）。代谢能指消化能减去尿能和可燃气体能（Eg）之后的参与了物质代谢的能量。它表示饲料中真正参与畜禽体内代谢的能量，故又称为生理有效能。另外消化能还包括部分消化管发酵产生的可燃气体能。

（4）净能（NE）。净能指完全用于畜禽维持生命和生产产品的能量，是代谢能减去体增热（HI）后剩余的能量。净能分为维持净能和生产净能。体增热是指绝食动物采食饲料后短时间内体内产热高于绝食代谢产热的那部分热能，它由体表散失，也称为热增耗。产生体增热的原因有两个：小部分体增热是因咀嚼、吞咽及消化管蠕动产生的或消化道中的微生物发酵下产生的；大部分体增热是营养物质代谢产生的如体内葡萄糖转化为三磷酸腺苷、氨基酸分子产结合成蛋白质，释放出许多能量，这是营养转化散失的能量。

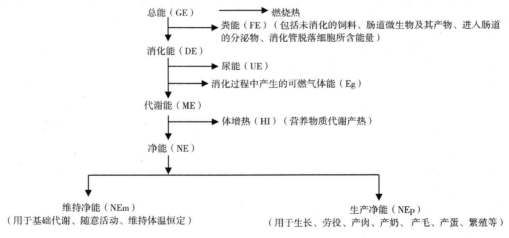

图 2-2　饲料能量在畜禽体内转化示意图

（5）各种能量的换算。

①消化能。根据消化能的定义，可得出饲料干物质中的消化能计算公式如下。

$$DE = GE - FE$$

式中：

DE——消化能，kJ；

GE——总能，kJ；

FE——粪能，kJ。

由于粪能包括未被消化的饲料、肠道微生物及其产物、消化管分泌物、消化管脱落细胞所包含的能量，所以上述计算公式所得出的消化能实为表观消化能（ADE）。从粪中扣除非饲料来源的那部分能量（代谢粪能 FmE）后所得出的消化能称为真消化能（TDE）。TDE 的计算公式如下。

$$TDE = GE - (FE - FmE)$$

式中：

TDE——真消化能，kJ；

GE——总能，kJ；

FE——粪能，kJ；

FmE——代谢粪能，kJ。

②代谢能。代谢能的计算公式如下。

$$ME = DE - UE - Eg \ 或 \ ME = GE - FE - UE - Eg$$

式中：

GE——总能，kJ；

FE——粪能，kJ；

UE——尿能，kJ；

Eg——消化管可燃气体能，kJ。

饲料中可利用营养物质中所含的能量，是消化能减去尿能和消化管可燃气体能之后的参与物质代谢的能量，即表现代谢能（AME）。饲料的表观代谢能受畜禽种类、饲料种类以及外界环境等的影响，如果考虑粪中和尿中非饲料来源的那部分能量，则为真代谢能（TME）。TME 的计算公式为如下。

$$TME = GE - (FE - FmE) - (UE - UeE) - Eg$$

式中：

TME——真代谢能，kJ；

GE——总能，kJ；

FE——粪能，kJ；

FmE——代谢粪能，kJ；

UE——尿能，kJ；

UeE——代谢尿能，kJ；

Eg——消化管可燃气体能，kJ。

③净能。代谢能减去体增热即为净能。计算公式如下。

$$NE = ME - HI = GE - FE - UE - Eg - HI$$

四、影响饲料能量利用效率的因素

1. 动物种类、品种、性别及年龄

动物种类、品种、性别及年龄影响同种饲料的能量利用效率。代谢能用于生长育肥的效率，猪禽等非反刍家畜高于反刍家畜。有资料表明，同种饲料代谢能对于肉鸡的生长效率，母鸡高于公鸡。产生这些差异的原因在于各种动物有其不同的消化生理特点、生化代谢机制及内分泌特点。

2. 生产目的

大量研究结果表明：能量用于不同的生产目的时利用效率不同。能量利用效率的高低顺序为维持>产奶>生长、肥育>妊娠、产毛。例如：代谢能用于反刍家畜生长肥育的效率为40%～60%，用于妊娠的效率为10%～30%；而代谢能用于猪生长的效率为71%，用于猪妊娠的效率为10%～22%。能量用于动物维持的效率较高，主要是由于动物能有效地利用体增热来维持体温。当动物将饲料能量用于生产时，除随着采食量增加，饲料消化率下降外，能量用于产品形成时还需消耗大部分能量。因此，能量用于生产的效率较低。

3. 饲养水平

大量实验表明，在适宜的饲养水平范围内，随着饲喂水平的提高，饲料有效能用于维持部分相对减少，用于生产的净效率增加。在适宜的饲养水平以上，随采食量的增加，由于消化率下降，饲料消化能和代谢能均减少。

4. 饲料成分

不同营养物质体增热不同，蛋白质体增热最大，饲料中蛋白质过高或氨基酸不平衡，会导致氨基酸脱氨合成尿素由尿排出，降低能量利用效率。纤维素水平及饲料形状可影响体增热的产生。日粮中添加油脂可提高能量利用效率。饲料缺乏钙、磷或维生素会使HI大，净能减少。

5. 环境因素

影响饲料能量利用效率的温度、湿度、气流、光照、饲养密度、应激等。主要因素是温度，温度适宜，用于维持的能量最少，用于生产的能量最多，效率最高。

6. 疾病

疾病影响动物采食、营养物质消化吸收利用，同时也影响能量转化，会降低能量利用效率。

7. 群体效率

除考虑个体效率外，还需考虑群体效率，如产仔少，增重慢，雄性动物多及群居间骚扰降低能量利用效率。

任务实施

饲料能量利用率的调查

1. 目的和要求

了解不同畜禽能量需要，掌握生产中常用的提高饲料能量利用率的措施。

2. 材料准备

当地养殖场（鸡场、猪场、牛场等）、饲料加工厂。

3. 操作步骤

通过与养殖场、饲料加工厂技术人员交谈和实地观察等方式，调查不同畜禽能量需要及生产中常用的提高饲料能量利用率的措施。

汇总收集的相关资料，分析并撰写调查报告。

4. 学习效果评价

饲料能量利用率的调查的学习效果评价如表2-4所示。

表2-4　饲料能量利用率的调查的学习效果评价

序号	评价内容	评价标准	分数/分	评价方式
1	合作意识	有团队合作精神，积极与小组成员协作，共同完成学习任务	10	小组自评30% 组间互评30% 教师评价40%
2	资料收集	积极主动与相关人员交流，客观收集相关资料	30	
4	结果分析	根据所学知识，合理分析养殖场实行的相关措施能否有效提高饲料能量的利用率	30	
5	安全意识	有安全意识，未出现不安全操作	10	
6	记录与总结	能完成全部任务，记录详细、清晰，总结报告及时上交	20	
合计			100	100%

任务反思

（1）名词解释：总能、消化能、代谢能、净能、体增热。

（2）简述饲料能量在体内的转化过程。

（3）日粮中的能量水平在饲养实践中有什么意义？

任务5　矿物元素的营养作用

任务目标

知识目标
（1）理解各种矿物元素的主要营养作用。
（2）掌握矿物元素不足或过量对畜禽的危害。
（3）理解影响钙、磷吸收的因素。
（4）掌握畜禽缺乏钙、磷及微量元素的典型症状。
（5）掌握饲料中的粗灰分、钙、总磷的测定方法。

技能目标
（1）能够识别动物的矿物元素典型缺乏症。
（2）能够测定畜禽中粗灰分的含量。
（3）能够测定饲料中钙的含量。
（4）能够测定饲料中总磷的含量。

素质目标　培养良好的职业道德，树立科学、严谨、实事求是的理念。

任务准备

一、概述

矿物元素是动物营养中的一类无机营养元素。迄今为止，在动物组织器官中已发现有60余种矿物元素的存在，其中有45种参与动物体的组成。

矿物元素虽不产生能量，但参与畜禽生命过程的每一个环节。矿物元素可构成畜禽体的组织，如其骨骼和牙齿中富含钙、磷及镁等矿物质元素。矿物元素还参与调节细胞的渗透压，维持机体的正常生理功能，是生命必需的物质。

矿物元素在体内不能相互转化或代替，必须从饲料或水中摄取，当日粮中矿物元素不足或过量时，都会影响畜禽健康，严重时畜禽会出现中毒、疾病或死亡。

二、常量矿物元素的营养作用及不足或过量时对畜禽的危害

（一）钙、磷

钙、磷是畜禽体内含量最多的常量矿物元素，钙占畜禽体重的 1%～2%。98%～99%的钙和80%的磷存在于骨骼和牙齿中，其余的存在于软组织和体液中。

钙除了作为骨骼和牙齿的主要成分外，对维持神经、肌肉的正常功能，激活多种酶的活性，调节内分泌等起着重要作用。磷除了参与骨骼和牙齿的构成外，还有多方面的营养作用。如参与体内能量代谢；促进脂类物质的吸收和转运；是细胞膜的重要组成成分；同DNA、RNA辅酶的合成有关。另外，蛋白质的合成过程和畜禽产品生产也缺少不了磷。

畜禽对钙、磷的吸收受多种因素的影响。影响其吸收的主要因素有：

（1）钙、磷比例。日粮中应保持适宜的钙、磷比例。在一般畜禽日粮中，钙、磷比例为（1~2）∶1；产蛋期的家禽日粮中钙、磷比例应为（5~6）∶1。

（2）维生素 D。提供充足的维生素 D，可增进钙、磷的吸收。

（3）乳糖。乳糖对钙的吸收有促进作用，因为钙与乳糖螯合可形成可溶、易吸收的低分子量配合物。

（4）蛋白质。日粮中若蛋白质含量充足，有利于钙的吸收。

（5）饲料中磷的存在形式是影响机体对磷吸收的重要因素，单胃畜禽对植酸磷的利用率为30%左右，而对无机磷的利用率高。植物性饲料中的磷大部分以植酸磷的形式存在。

畜禽体内钙或磷不足都会出现相应的缺乏症，尤其是猪、禽最易表现出对应缺乏症，其表现形式为：

（1）食欲不振，生长缓慢，生产力下降，特别是繁殖力下降。

（2）异食癖，指家禽啄食鸡蛋壳、羽毛，家畜啃食泥土、砖、石等异物的现象。

（3）幼畜出现佝偻病，正在生长的骨端软骨不能钙化，骨端变粗，四肢关节肿大，骨骼弯曲变形，个别的脊柱也弯曲。

（4）成年家畜出现骨质疏松症；哺乳母猪缺钙和缺磷易瘫痪；高产乳牛缺钙容易生产后瘫痪等。

（5）家禽缺钙会引起蛋壳变薄、粗糙、脆弱，甚至产软壳蛋，产蛋量明显下降。

（6）水牛缺磷后会出现血红蛋白尿，多发生在冬季哺乳母水牛上。

由于各种矿物元素之间有相互拮抗作用，畜禽若摄入过多的钙、磷均会影响锌、镁、铜等其他矿物元素的吸收和利用，从而引起代谢障碍或其他继发性功能异常。

谷类籽实含磷较多，含钙较少，大豆、豆科干草含钙较多，动物性饲料中富含钙、磷。通常把日粮中各种饲料的钙、磷含量统一算出，不足的部分用骨粉、鱼粉、石灰石、贝壳粉等补充。

（二）钠、氯

钠、氯主要分布在动物体体液及软组织中，可维持体液的渗透压，调节酸碱平衡，控制水的代谢。

钠、氯缺乏时易导致畜禽生长减慢或失重、食欲降低、生产力下降、饲料利用率低等。猪缺钠时可能出现相互咬尾等现象。产蛋鸡缺钠时易形成啄食癖，同时也伴随产蛋率下降、蛋重减轻等现象。

生产中常用食盐供应钠和氯。但食盐过多而缺乏饮水时，鸡、猪易发生食盐中毒，表现为拉稀、口渴、步态失调、抽搐等症状，严重时可导致死亡。

（三）镁、硫

镁的主要作用是构成骨骼和牙齿；参与某些酶的组成，如磷酸酶、肽酶等；参与遗传物质 DNA、RNA 和蛋白质的合成；调节神经、肌肉兴奋性，保证神经、肌肉的正常功能。

畜禽体内缺镁时神经、肌肉兴奋性增高，会发生痉挛，同时也伴随厌食、生长受阻等。嫩青草中镁的吸收率低，早春放牧可造成家畜发生缺镁性痉挛，常称"青草痉挛"。故对早春放牧的家畜应补充硫酸镁。生产中镁使用过量也可使畜禽中毒。表现为昏睡，运动失调，食欲下降，生产力降低，甚至死亡。鸡日粮中镁高于 1% 时会导致生产力降低，产蛋率下降，蛋壳变薄。

硫在畜禽体内主要以有机形式存在于蛋氨酸、胱氨酸和半胱氨酸三种含硫氨基酸中。维生素中的硫胺素、生物素也含有硫元素。毛、羽中含硫量高达 4%。牛、羊瘤胃中的微生物可合成含硫氨基酸，但需供给硫元素。

畜禽体缺硫时表现消瘦，角、蹄、爪、毛、羽生长缓慢；反刍家畜利用纤维素的能力降低，食欲下降。

植物性饲料中含镁较多，动物性饲料中含硫较多，且动物体对镁、硫的需要量又较少，一般情况下不必单独补充。在缺乏镁、硫的地区或饲喂非蛋白氮的反刍家畜，应补充富含镁、硫的添加剂饲料。生产中常用硫酸盐来补充镁、硫，如硫酸镁等。

（四）钾

畜禽体内的钾与很多代谢有关，与钠、氯协同发挥营养作用，共同维持体液的渗透压，调节酸碱平衡。平常的植物性饲粮中，钾的含量超过了动物的需要量，因此，常食草的动物不会缺钾。对于大量饲喂酒糟、甜菜渣的反刍家畜，由于酒糟、甜菜渣中的钾含量十分有限，有可能发生缺钾症状。

三、微量矿物元素的营养作用及不足或过量时对畜禽的危害

微量矿物元素主要包括铁、铜、钴、锰、锌、碘、硒等，它们在畜禽体内的含量虽然

很少，但却有着非常重要的营养作用，不足或过量都会不同程度地危害畜禽。

（一）铁

铁在畜禽体内主要的营养作用是形成载体，如形成血红蛋白、肌红蛋白等，为畜禽体内组织运载氧，以保证细胞内生化反应的正常进行。其次，铁还参与体内物质代谢，如参与形成的多种酶催化各种生化反应，在氧化反应中充当电子传递体。最后，铁还参与形成转铁蛋白，该蛋白除了有运载作用外，还起一定的预防机体感染疾病的作用。

畜禽体内缺铁会引起缺铁性贫血或营养性贫血，表现为生长缓慢、昏睡、黏膜变白，严重时引起死亡。哺乳期小猪易发生缺铁性贫血，因此在生产中要注意补铁，常用硫酸亚铁或右旋糖酐铁钴合剂。实践证明：仔猪生后 2~3 d 及时注射右旋糖酐铁钴合剂，对预防仔猪贫血非常有效。畜禽对过量的铁有一定的耐受性，但过多也会导致中毒现象的发生，症状如腹泻、生长受阻等。

（二）铜

铜在畜禽体内主要存在于肝脏、脑、肾脏、心脏、眼、皮、毛中。铜能促进血红素的合成及红细胞的成熟，以维持铁的正常代谢；铜促进骨骼的正常发育，参与形成细胞色素氧化酶、氨基酸氧化酶等多种酶体，调节体内物质代谢。铜还能提高被毛品质，与畜禽的中枢神经、繁殖也有关。

畜禽体内缺铜时会影响铁的吸收与利用，从而也会导致贫血。缺铜可使血清中的钙、磷不易在软骨基质上沉积，从而导致畜禽发生骨质疏松症或佝偻病，严重缺铜时可引起孕畜胎儿死亡、家禽孵化率降低。毛用畜禽缺铜会降低毛的品质。

缺铜地区可通过补饲硫酸铜以满足畜禽对铜的需要。在生产中畜禽如果过量采食铜易造成铜中毒，单胃畜禽表现为生长受阻、贫血、肌肉营养不良等，反刍家畜可产生严重溶血现象。国内外的研究表明，大剂量的铜（125~250 mg/kg）可促进生长肥育猪的生长，使其体重增加，饲料的利用率提高。

（三）钴

钴在畜禽体内分布比较均匀，反刍家畜瘤胃中的微生物可利用钴作为合成维生素 B_{12} 的原料，参与体内氨基酸的代谢，所以，钴供给不足时，将会导致维生素 B_{12} 的缺乏。对于猪、鸡来说，只要维生素 B_{12} 能满足需要，就不会出现缺钴现象。钴、铜、铁在畜禽体内主要参与造血功能。因此，体内缺钴也可导致畜禽贫血。

各种畜禽对钴都有耐受性，但体内钴含量过高会产生中毒现象。单胃畜禽表现为红细胞增多，反刍家畜表现为食欲降低、消瘦、贫血等。缺钴地区可通过在放牧地使用钴肥间接满足动物体的需要。

（四）锰

锰与骨骼生长和繁殖有关，还有维持大脑正常代谢功能的作用。饲养中难得发现反刍家畜的缺锰现象，而猪、鸡以玉米为主食时则可能缺锰。缺锰时幼畜生长受阻，软骨组织增生，腕关节肿大；雏禽则发生滑腱症，症状为腿骨变粗短，胫关节肿胀，严重者跟腱脱出而不能站立；母禽缺锰可导致体重减轻、产蛋减少、孵化率降低等；母畜缺锰则繁殖力下降，受胎后易发生流产。

（五）锌

锌能催化畜禽体内的多种生化反应，如蛋白质、氨基酸、核酸、脂肪、糖类、维生素及微量元素等的代谢。锌能维持上皮细胞和被毛的正常形态，保证生物膜的正常结构和功能。锌是许多激素的组成成分与激活剂。在猪体内，锌不仅参与 DNA、RNA、蛋白质等物质的代谢，而且与胰岛素、前列腺素等的功能和活性有关，所以锌对猪的生长发育、繁殖、免疫等生理功能都有着极其重要的作用。

畜禽缺锌时，最初表现为食欲减退和生长受阻，随之发生皮肤不全角化症。幼龄畜禽，尤其是 2~3 个月龄的仔猪发病最多。症状表现是：初时皮肤出现红斑，上覆皮屑；继之皮肤变得干燥粗厚，并逐渐形成污垢状痂块，尤其是头、颈、背、腹侧、臀和腿部最为明显。其中，有的仔猪有痒感，常因擦拭而致皮肤溃破，少数仔猪可能出现腹泻。缺锌还影响畜禽繁殖能力，导致公畜睾丸发育不良，不能形成精子；孵化时易导致畸形雏鸡出现。

（六）碘

碘在畜禽体内主要存在于甲状腺中。其主要营养作用是形成甲状腺素，以调节代谢和维持体内热平衡；对繁殖、生长、发育、红细胞生成和血液循环等起调控作用。

畜禽体内缺乏碘时，表现为甲状腺增生肥大；幼畜生长迟缓，体质衰弱，死亡率增加；母畜易流产，易出现死胎或无毛仔畜。

（七）硒

硒参与谷胱甘肽过氧化物酶的形成而发挥抗氧化作用，对细胞的正常功能起保护作用。硒能影响脂类和维生素 A、维生素 D、维生素 K 的消化吸收，对畜禽的生长发育有促进作用，并可保护细胞膜的结构完整。

缺硒可导致畜禽生长受阻、心肌和骨骼肌萎缩、肝细胞坏死、出血、水肿、贫血、腹泻等。雏鸡的渗出性素质病是一种硒和维生素 E 缺乏综合征。渗出性素质病的症状为在病鸡的胸腹部皮下有蓝绿色的体液聚集，皮下脂肪变黄，心包积水。此外，缺硒还明显影响繁殖性能。硒摄入过量易导致畜禽出现硒慢性或急性中毒，慢性中毒表现为消瘦、贫血、被毛脱落、关节变形、采食量减少；急性中毒表现为瞎眼、肺部充血、感觉迟钝等。畜禽缺硒时可投喂或肌内注射亚硒酸钠补充。

任务实施

一、饲料中粗灰分含量的测定

1. 目的和要求

学会饲料中粗灰分含量的测定方法，能够在规定的时间内测定某饲料中粗灰分的含量。

2. 材料准备

①实验室用样品粉碎机或研钵。
②分样筛：孔径 0.425 mm。
③分析天平：感量 0.0001 g。
④高温炉：有高温计，可控制炉温在 550~600 ℃。

⑤电热干燥箱：可控制温度在（103±2）℃。

⑥电热板或煤气喷灯。

⑦煅烧盘：铂或铂合金或在实验条件下不受影响的其他物质（如瓷质材料），最好是表面积20 cm²、高约2.5 cm的长方形容器。对于易膨胀的糖类样品，煅烧盘最好是表面积约为30 cm²、高为3.0 cm的容器。

⑧干燥器：以氯化钙或变色硅胶为干燥剂。

3. 操作步骤

将煅烧盘放入高温炉中，于550 ℃下灼烧至少30 min，移入干燥器中，冷却至室温，称量（m_0），准确至0.001 g。称取约5 g试样，精确至0.001 g，置于煅烧盘中，称重（m_1）。

将盛有试样的煅烧盘放在电热板或煤气喷灯上小心加热至试样炭化，转入预先加热到550 ℃的高温炉中灼烧3 h，观察是否有炭粒，如无炭粒，继续于高温炉中灼烧1 h，如果有炭粒或怀疑有炭粒，就将煅烧盘冷却并用蒸馏水润湿，然后使其在（103±2）℃的电热干燥箱中仔细蒸发至干，之后再将煅烧盘置于高温炉中灼烧1 h，取出置于干燥器中，冷却至室温，迅速称量（m_2），准确至0.001 g。

4. 结果计算

$$粗灰分含量（\%）=\frac{m_2-m_0}{m_1-m_0}\times100\%$$

式中：

m_0——空煅烧盘的质量，g。

m_1——煅烧盘装有试样后的质量，g。

m_2——灰化后煅烧盘加粗灰分的质量，g。

5. 记录与总结

记录实验数据，总结实验中出现的问题，并书写实验报告。

6. 学习效果评价

饲料中粗灰分含量的测定的学习效果评价如表2-5所示。

表2-5　饲料中粗灰分含量的测定的学习效果评价

序号	评价内容	评价标准	分数/分	评价方式
1	合作意识	有团队合作精神，积极与小组成员协作，共同完成学习任务	10	小组自评30% 组间互评30% 教师评价40%
2	试样称量	天平使用正确，称量准确	20	
3	灰化	操作正确，称量准确	30	
4	结果计算	结果计算正确	10	
5	安全意识	有安全意识，未出现不安全操作	10	
6	记录与总结	能完成全部任务，记录详细、清晰，总结报告及时上交	20	
	合计		100	100%

二、饲料中钙含量的测定

1. 目的和要求

学会饲料中钙含量的测定方法，能够在规定的时间内测定某饲料中钙的含量。

2. 材料准备

（1）仪器设备。

①实验室用样品粉碎机或研钵。

②分析天平：感量 0.000 1g。

③高温炉：有高温计，且可控制温度在（550±20）℃。

④电炉。

⑤坩埚：瓷质，50 mL。

⑥容量瓶：100 mL。

⑦滴定管：酸式，25 mL 或 50 mL。

⑧玻璃漏斗：直径 6 cm。

⑨移液管：10 mL，20 mL。

⑩烧杯：200 mL。

⑪凯氏烧瓶：250 mL 或 500 mL。

⑫定量滤纸：中速，直径 7~9 cm。

（2）化学试剂。

实验用水应符合 GB/T 6682—2008 中三级用水规格，使用的试剂除特殊规定外均为分析纯。

①浓硝酸。

②高氯酸：70%~72%。

③盐酸液（1+3）。

④硫酸液（1+3）。

⑤氨水液（1+1）。

⑥氨水溶液（1+50）。

⑦草酸铵溶液（42 g/L）：称取 4.2 g 草酸铵溶于 100 mL 水中。

⑧高锰酸钾标准溶液。$c(1/5\ KMnO_4)$ = 0.05 mol/L，配制方法按《化学试剂 标准滴定溶液的制备》（GB/T 601—2016）规定。

⑨甲基红指示剂：1 g/L，称取 0.1 g 甲基红溶于 100 mL 95%乙醇中。

3. 操作步骤

（1）试样分解液制备。

①干法。称取试样 0.5~5 g 于坩埚中，精确至 0.000 1 g，在电炉上小心炭化，再放入高温炉于 550 ℃下灼烧 3 h，取出冷却，在盛试样坩埚中加入盐酸溶液 10 mL 和浓硝酸数滴，小心煮沸，冷却至室温，将此溶液无损转入 100 mL 容量瓶中，用蒸馏水稀释至刻度，摇匀，为试样分解液。

②湿法。称取试样 0.5~5.0 g 于 250 mL 凯氏烧瓶中精确至 0.000 2 g，加入浓硝酸 10 mL，小火加热煮沸，至二氧化氮黄烟逸尽，冷却后加入高氯酸 10 mL，小心煮沸至溶液无色，不得蒸干，冷却后加水 50 mL，并煮沸驱逐二氧化氮，冷却后移入 100 mL 容量瓶中用水定容至刻度摇匀，为试样分解液。

注意：小火加热煮沸过程中如果溶液变黑需立刻取下，冷却后补加高氯酸，小心煮沸至溶液无色；加入高氯酸后，溶液不得蒸干，蒸干可能发生爆炸。

（2）沉淀准确移取 10~20 mL 试样分解液（含钙量 20 mg 左右）于 200 mL 烧杯中，加 100 mL 蒸馏水、2 滴甲基红指示剂，滴加氨水溶液至溶液橙色，再滴加盐酸溶液使溶液呈粉红色（pH 值为 2.5~3.0），小心煮沸，慢慢滴加入草酸铵溶液 10 mL，且不断搅拌，如溶液变橙色应补加盐酸溶液，至溶液呈红色，煮沸 2~3 min，放置过夜使沉淀陈化（或在水浴上加热 2 h）。

（3）洗涤用定量滤纸过滤，用氨水溶液洗沉淀 6~8 次，至无草酸根离子（检查：接滤液数毫升加硫酸溶液数滴，加热至 80 ℃，再加高酸钾标准溶液 1 滴后呈微红色，且30 s 不褪色）。

（4）滴定。将沉淀和滤纸转入原烧杯中，加 10 mL 硫酸溶液，50 mL 水，加热至 75~80 ℃，用高锰酸钾标准溶液滴定，以溶液呈粉红色且 30 s 不褪色为终点。

（5）空白测定。同时进行空白溶液的测定。

（6）结果计算。试样中钙的含量 X，以质量分数表示（％），按下式计算。

$$X=\frac{(V-V_0)\times c\times 0.02}{m\times \dfrac{V'}{100}}\times 100$$

式中：

V——试样消耗高锰酸钾标准溶液的体积，mL；

V_0——空白测定消耗高锰酸钾标准溶液的体积，mL；

c——高锰酸钾标准溶液的浓度，mol/L；

V'——滴定时移取试样分解液体积，mL；

m——试样的质量，g；

0.02——与 1.00 mL 高锰酸钾标准溶液 [c（1/5 KMnO₄）= 0.05 mol/L] 相当的以克表示的钙的质量。

测定结果用平行测定的算术平均值表示，结果保留三位有效数字。

4. 记录与总结

记录实验数据，总结实验中出现的问题，并书写实验报告。

5. 学习效果评价

饲料中钙含量的测定的学习效果评价如表 2-6 所示。

表 2-6　饲料中钙含量的测定的学习效果评价

序号	评价内容	评价标准	分数/分	评价方式
1	合作意识	有团队合作精神，积极与小组成员协作，共同完成学习任务	10	小组自评30% 组间互评30% 教师评价40%
2	制备试样分解液	制备步骤正确，定容准确	10	
3	沉淀、洗涤	操作正确，洗涤彻底	30	
4	滴定	操作正确，滴度终点把握准确	10	
5	结果计算	计算结果正确	10	
6	安全意识	有安全意识，未出现不安全操作	10	
7	记录与总结	能完成全部任务，记录详细、清晰，总结报告及时上交	20	
	合计		100	100%

三、饲料中总磷含量的测定

1. 目的和要求

学会饲料中总磷含量的测定方法，能够在规定的时间内测定某饲料中总磷的含量。

2. 材料准备

（1）仪器设备。

①实验室用样品粉碎机或研钵。

②分样筛：孔径 0.425 mm。

③分析天平：感量 0.000 1g。

④高温炉：可控制温度在（550±20）℃。

⑤电炉。

⑥坩埚：瓷质，容积 50 mL。

⑦容量瓶：50 mL、100 mL、1 000 mL。

⑧凯氏烧瓶。

⑨紫外-可见分光光度计：有 1 cm 比色皿，可在 400 nm 下进行比色测定。

⑩刻度移液管：1.0 mL、2.0 mL、3.0 mL、5.0 mL、10.0 mL。

⑪可调温电炉：1 000 W。

（2）化学试剂。

①盐酸溶液：盐酸+水 = 1+1（体积）。

②硝酸。

③钒钼酸铵显色剂：称取偏钒酸铵 1.25 g，加水 200 mL 加热溶解，冷却后加硝酸 250 mL；另称取钼酸铵 25g，加水 400 mL，加热溶解，在冷却条件下，将两种溶液混合，用水稀释至 1 000 mL，避光保存，如生成沉淀，则不能使用。

④高氯酸。

⑤磷标准贮备液：将磷酸二氢钾在 105 ℃干燥至恒重，在干燥器中冷却后称 0.219 5 g，溶解于水中，定量转入 1 000 mL 容量瓶中，加 3 mL 硝酸，用水稀释至刻度，摇匀，即为 50 μg/mL 的磷标准贮备液。磷标准贮备液置于聚乙烯瓶中 4 ℃下可储存 1 个月。

3. 操作步骤

1）试样的前处理

①干灰化法。称取 2~5 g 试样，精确至 1 mg，置于坩埚中，在电炉上小心炭化，再放入高温炉于 550 ℃灼烧 3 h，取出冷却，加盐酸溶液 10 mL 和磷酸数滴，小心煮沸约 10 min，冷却后转入 100 mL 容量瓶中，用水稀释至刻度，摇匀，为试样分解液。

②湿法消解法。称取试样 0.5~5.0 g，精确至 1 mg，置于凯氏烧瓶中，加入硝酸 30 mL，小火加热煮沸至黄烟逸尽，稍冷，加入高氯酸 10 mL，继续加热至高氯酸冒白烟，溶液基本无色，冷却，加水 30 mL，加热煮沸，冷却后移入 100 mL 容量瓶中，用水定容至刻度，摇匀，为试样分解液。

③盐酸溶解法（适用于微量元素预混料）。称取试样 0.2~1.0 g，精确到 0.1 mg，置于 100 mL 烧杯中，缓缓加入盐酸溶液 10mL，使其全部溶解，冷却后转入 100 mL 容量瓶中，加水稀释至刻度，摇匀，为试样分解液。

2）磷标准工作曲线的绘制

准确移取磷标准贮备液 0 mL、1 mL、2 ml、5 mL、10 mL 、15 mL（相当于含磷量为 0 μg、50 μg、100 μg、250 μg、500 μg、750 μg）于 50 mL 容量瓶中，各加入 10 mL 钒钼酸铵显色剂，用稀释至刻度，摇匀，室温下放置 10 min 以上。以 0 mL 磷标准贮备液为参比，用 1 cm 比色皿，在 400 nm 波长下，用紫外—可见分光光度计测定各溶液的吸光度。以磷含量为横坐标，吸光度为纵坐标，绘制工作曲线。

3）试样的测定

准确移取 1~10 mL 试样分解液（含磷量 50~750 μg）于 50 mL 容量瓶中，加入 10 mL 钒钼酸铵显色剂，用水稀释至刻度，摇匀，室温下放置 10 min，用 1 cm 比色皿，在 400 nm 波长下，用紫外-可见分光光度计测定试样分解液的吸光度，通过工作曲线计算试样分解液的磷含量。若试样分解液中磷含量超过磷标准工作曲线范围，应对试样分解液进行稀释。

4）结果计算

计算公式如下。

$$w = \frac{m_1 \times V}{m \times V_1 \times 10^6} \times 100\%$$

式中：

w——试样中磷的含量；

m——试样的质量，g；

m_1——通过工作曲线计算出试样溶液中磷的含量，μg；

V——试样溶液的总体积，mL；

V_1——测定时移取试样溶液的体积，mL；

10^6——换算系数。

4. 记录与总结

记录实验数据，总结实验中出现的问题，并书写实验报告。

5. 学习效果评价

饲料中总磷含量测定的学习效果评价如表2-7所示。

表2-7　饲料中总磷含量测定的学习效果评价

序号	评价内容	评价标准	分数/分	评价方式
1	合作意识	有团队合作精神，积极与小组成员协作，共同完成学习任务	10	小组自评30% 组间互评30% 教师评价40%
2	试样前处理	操作正确，容量瓶定容准确	10	
3	磷标准工作曲线的绘制	操作正确，标准曲线相关系数高	30	
4	试样的测定	操作正确	10	
5	结果计算	计算结果正确	10	
6	安全意识	有安全意识，未出现不安全操作	10	
7	记录与总结	能完成全部任务，记录详细、清晰、总结报告及时上交	20	
合计			100	100%

任务反思

（1）名词解释：异食癖。

（2）试举例说明钙、磷、钠、氯不足或过量对畜禽的危害。

（3）试述影响钙、磷吸收的因素。

（4）说出微量元素铁、铜、锰、碘和硒的典型缺乏症。

（5）简述钙、磷、钠、氯的营养作用。

任务6　维生素的营养作用

任务目标

知识目标　（1）了解维生素的分类及营养特点。

（2）掌握维生素的主要营养作用。

（3）掌握维生素缺乏症的典型症状。

技能目标　（1）能够在生产中合理使用维生素。

（2）能够识别畜禽的维生素缺乏症。

素质目标　培养良好的职业道德，树立科学、严谨、实事求是的理念。

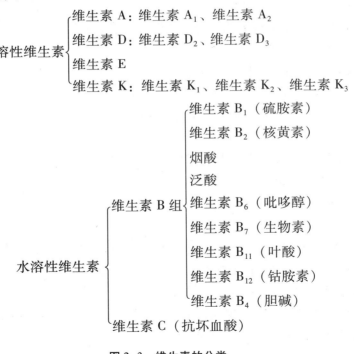

任务准备

一、维生素概述

维生素是维持畜禽正常生理功能所必需的低分子有机物，含有碳、氢、氧三种元素，有的含有氮，个别的含矿物元素。与其他营养物质相比，畜禽对维生素的需求量很少，但维生素生理作用却很大。维生素不构成畜禽有机体组织器官，也不提供能量，它以辅酶和催化剂的形式广泛参与畜禽体内的代谢反应，以维持畜禽的正常生长和繁殖活动。饲料中缺乏维生素可导致幼年畜禽生长停止，抵抗力减弱；成年畜禽生产性能下降，繁殖功能受到严重影响。摄入过量的维生素对畜禽的生长发育也不利。因此，在生产中合理供给维生素显得尤为重要。

（一）维生素概念及分类

维生素的种类很多，在畜禽生产中具有重要的作用，按溶解性分为脂溶性维生素和水溶性维生素两大类，如图 2-3。

脂溶性维生素
- 维生素 A：维生素 A_1、维生素 A_2
- 维生素 D：维生素 D_2、维生素 D_3
- 维生素 E
- 维生素 K：维生素 K_1、维生素 K_2、维生素 K_3

水溶性维生素
- 维生素 B 组
  - 维生素 B_1（硫胺素）
  - 维生素 B_2（核黄素）
  - 烟酸
  - 泛酸
  - 维生素 B_6（吡哆醇）
  - 维生素 B_7（生物素）
  - 维生素 B_{11}（叶酸）
  - 维生素 B_{12}（钴胺素）
  - 维生素 B_4（胆碱）
- 维生素 C（抗坏血酸）

图 2-3　维生素的分类

动物体内的维生素按来源可分为外源性维生素和内源性维生素。外源性维生素指动物体自身不可合成，需要通过饲料补充的维生素。内源性维生素不是由饲料摄入，而是在动物体内合成的。合成途径分为：

（1）由消化道微生物合成的。如反刍家畜瘤胃中的微生物和各种动物大肠中的微生物可以合成维生素 B 族和维生素 K。

（2）动物本身的器官或组织合成的维生素。如动物皮肤中存在的 T-脱氢胆固醇，经紫外线照射后可转化为维生素 D_3；动物肾脏可合成维生素 C。

（二）维生素来源及衡量单位

1. 来源

（1）维生素 A。富含维生素 A 的动物性产品有鱼肝油、肝、乳、蛋黄及鱼粉等。植物体中不含维生素 A，而含有维生素 A 原，维生素 A 原包括 β-胡萝卜素等。β-胡萝卜素在动物小肠壁、肝脏及乳腺内受到酶的作用可变为具有生理活性的维生素 A。饲料如胡萝卜、甘薯、南瓜、黄玉米等富含维生素 A 原。

（2）维生素 D。动物性饲料中均含有较多的维生素 D。其中鱼肝油、肝粉、血粉、酵母等含维生素 D 丰富。

（3）维生素 E。维生素 E 广泛分布于家畜的饲料中。所有谷类粮食都含有丰富的维生素 E，特别是种子的胚芽中。叶和优质干草也是维生素 E 很好的来源，尤其是苜蓿中含量很丰富。青绿饲料（以干物质计算）中的维生素 E 含量一般较禾谷类籽实高出 10 倍之多。小麦胚油、豆油、花生油和棉籽油含维生素 E 也很丰富。浸提油饼类饲料缺乏维生素 E，动物性饲料中维生素 E 含量也很少。

（4）维生素 B_1。维生素 B_1 来源广泛，大多数饲料的维生素 B_1 含量很丰富，特别是禾谷类籽实的加工副产品中维生素 B_1 含量更为丰富。

（5）维生素 B_2。维生素 B_2 广泛存在于酵母、绿色叶子、动物的肝脏中，尤其是苜蓿叶片中。

（6）烟酸。烟酸广泛存在于酒糟、动物性饲料及青绿饲料中。其在家畜体内可由色氨酸合成。

（7）泛酸。泛酸广泛存在于动物性和植物性饲料中，苜蓿干草、酵母、米糠、花生饼、麦麸等是良好的泛酸来源。

（8）维生素 B_6。维生素 B_6 在动物性饲料、青绿饲料、谷物及其加工副产品中均含量丰富。

（9）维生素 B_7。维生素 B_7 广泛来源于各种动物性、植物性饲料。肝脏、酵母及鸡蛋中维生素 B_7 含量丰富；青绿饲料中维生素 B_7 含量也很高。

（10）维生素 B_{11}。维生素 B_{11} 广泛存在于自然界的动物、植物及微生物中，如动物的肝、肾是维生素 B_{11} 的良好来源；深绿色多叶植物、豆科植物、小麦胚芽中也含有丰富的维生素 B_{11}，但谷物中维生素 B_{11} 的含量较少。

（11）维生素 B_{12}。动物性饲料中含有维生素 B_{12}，其中以肝中含量最丰富。

（12）维生素 C。维生素 C 广泛存在于新鲜的青绿多汁的饲料中，尤以新鲜的水果、蔬菜中维生素 C 的含量最丰富。

2. 衡量单位

维生素的衡量单位 IU 是国际单位，当维生素使用 μg 为衡量单位时各种维生素进行国际单位的换算模式并不相同，如 1IU 维生素 A＝0.3 μg 视黄醇；1IU 维生素 D＝0.025 μg

结晶的维生素 D；1IU 维生素 E = 1 mgDL-α-生育酚醋酸酯等。

（三）维生素理化特性

（1）维生素 A。维生素 A 为黄色晶体，易受到紫外线照射而被破坏，耐热和碱，易被空气氧化，无氧气时可耐 120~130 ℃的高温，在 0 ℃以下暗容器内可长期保存。饲料中的脂肪酸败时，维生素 A 将遭到严重破坏。根据其化学结构，理论上每分子的 β-胡萝卜素能形成两分子的视黄醇。实际上将 β-胡萝卜素转化为维生素 A 的效率因畜禽类别而异，见表 2-8。

表 2-8　不同畜禽将 β-胡萝卜素转化为维生素 A 的效率

畜别	β-胡萝卜素转化为维生素 A 的量/（IU·g^{-1}）	β-胡萝卜素：维生素 A
家禽	500	2：1
猪	160	6：1
绵羊	174	5.8：1
牛	120	8：1

（2）维生素 D。维生素 D 是类固醇衍生物，包括维生素 D_2（麦角钙化醇）和维生素 D_3（胆钙化醇）两种活性形式。维生素 D 性质稳定，能耐热，也不易被酸碱氧化，但脂肪酸败可导致维生素 D 被破坏。

（3）维生素 E。维生素 E 又称生育酚，其在体内能大量贮存。维生素 E 为淡黄色油状液体，无氧时可耐 200 ℃高温，有氧时易发生氧化反应而失活。饲料中的维生素 E 在脂肪酸败时易被破坏。

（4）维生素 K。维生素 K 活性物质有两种：一种是维生素 K_1，另外一种是维生素 K_2。前者为黄色油状液体，由植物合成；后者为淡黄色结晶，由动物肠道内的微生物合成。维生素 K 耐热，但易被碱、强酸和光破坏。

（5）维生素 B_1。维生素 B_1的分子结构中含有硫和氨基。维生素 B_1是白色结晶粉末，在干燥、黑暗中稳定，受热、遇碱易被破坏。

（6）维生素 B_2。维生素 B_2由一个二甲基异咯嗪和一个核醇组成。维生素 B_2为橘黄色结晶粉末，耐热、耐氧，易被紫外光及碱破坏。维生素 B_2在动物体内不能合成，也不能贮存，只能由植物、酵母菌和其他微生物合成。

（7）泛酸。泛酸遇酸、碱、干热易被破坏。

（8）烟酸。烟酸为白色针状结晶，稳定性强，耐热，在饲料中能长期存在。

（9）维生素 B_6。维生素 B_6包括吡哆醇、吡哆醛和吡哆胺，吡哆醇能转化成吡哆醛和吡哆胺，反应不可逆，吡哆醛和吡哆胺可以相互转化。维生素 B_6在酸性溶液中稳定，在碱性溶液中易被破坏，极易被光所破坏，在空气中颇稳定。

（10）维生素 B_7。维生素 B_7广泛存在于动、植物体中，其在常温下相当稳定，但高温和氧化剂易使其丧失活性。

（11）维生素 B_{11}。维生素 B_{11}为黄色结晶粉末，在碱性和中性条件下对热稳定，在水溶液中易被光破坏。

（12）维生素 B$_{12}$。维生素 B$_{12}$ 又称钴胺素，是唯一一种分子中含有金属元素钴的维生素。维生素 B$_{12}$ 为深红色结晶粉末，对热较稳定，但在强酸、强碱、光照、氧化剂、还原剂条件下易被破坏。

（13）维生素 B$_4$。维生素 B$_4$ 中由于含有羟基，故具有碱性，常温下为无色、黏滞性的液体，具有极强的吸湿性。维生素 B$_4$ 溶于水、甲醛和乙醇，难溶于丙酮、氯仿，不溶于石油醚、苯，对热稳定，但在强碱下不稳定。饲料工业上常用的是氯化胆碱。

（14）维生素 C。维生素 C 在中性和弱酸性中加热较稳定，在碱性条件及氧化剂存在下易被破坏。畜禽体内能合成维生素 C。

二、脂溶性维生素的营养作用

（一）维生素 A

维生素 A 与畜禽的上皮组织、视觉、繁殖等有关。其具体营养作用如下。

（1）保护畜禽黏膜上皮组织，抵抗疾病的侵袭。维生素 A 有保护消化管、呼吸道、泌尿生殖道、眼结膜及皮肤的功能，是维持一切上皮组织健全所必需的物质。缺乏维生素 A 可引起上述组织器官的上皮角化萎缩，从而引起消化不良、腹泻、下痢等症状发生，畜禽易发生肺炎，甚至死亡。畜禽缺乏维生素 A 还会出现排尿障碍，结石，母畜流产、产死胎。母猪缺维生素 A 可能导致产瞎眼仔猪，牛缺维生素 A 易患眼结膜炎。

（2）防止畜禽夜盲症的发生。维生素 A 与视蛋白结合生成视紫红质。视紫红质可感受外界光的强弱程度，对弱光比较敏感。如果维生素 A 缺乏，则影响视紫红质的合成，导致畜禽在弱光下失去视力，晚上看不见东西，即夜盲症。

（3）促进畜禽的生长。维生素 A 为幼畜生长所必需。缺乏维生素 A 时，软骨上皮的成骨细胞的活动受到抑制，幼畜肌肉、内脏萎缩，生长停滞，在补充维生素 A 后幼畜即恢复生长。目前对生长特快的畜禽都喂给较多的维生素 A。

（4）维持畜禽正常的繁殖力。维生素 A 参与性激素的形成，缺乏时将导致母畜性周期异常，公畜性欲降低。

（5）维护畜禽正常的神经功能。畜禽机体缺乏维生素 A 时，骨骼发育缓慢，引起神经机能障碍。当生长猪缺乏维生素 A 时，生长猪会运动失调，甚至抽搐。

（二）维生素 D

维生素 D 的主要功能是促进钙、磷在肠道内的吸收和在肾小管内的重吸收，提高血液中钙和磷的水平，促进钙和磷在骨骼中的沉积，加快骨的钙化程度。缺乏维生素 D 时，饲料中的钙和磷，特别是钙不易被肠道吸收，即使吸收后也不易沉积而随尿排出体外。缺乏钙、磷时畜禽表现出的症状：食欲降低，生长停滞；幼年畜禽出现佝偻病；成年畜禽发生骨质疏松症；病畜关节肿大，肋骨突起，四肢骨、脊骨弯曲；蛋鸡产薄壳蛋或软壳蛋，产蛋率下降。

（三）维生素 E

维生素 E 是一种天然的抗氧化剂，能防止易被氧化的物质发生氧化反应，在畜禽体内主要作为生化反应的催化剂，与硒协同维持生物膜的正常结构和功能，促进合成前列腺素，调节 DNA 的合成等。日粮中补充适量的维生素 E 后，可增加机体的免疫反应，提高畜禽的免疫力。维生素 E 对反刍家畜的乳房健康方面有着重要作用，可有效防止奶牛乳房炎的发生，改善乳的品质。

畜禽缺乏维生素 E 可引起一系列疾病。首先是发生白肌病。此病在羔羊、犊牛、仔猪、仔兔和雏禽等畜禽上发病较多，尤以羔羊、雏鸭发病严重。其次，缺乏维生素 E 还可引起肝细胞坏死，畜禽往往因此而骤然死亡。最后，维生素 E 缺乏还严重影响繁殖功能，对于公畜尤为明显，在鸡上则表现为产蛋率和种蛋孵化率下降。

由于维生素 E 易氧化，所以在生产中应适量补充。

（四）维生素 K

维生素 K 在畜禽机体中的作用主要是参与凝血活动，加速血液的凝固。缺乏维生素 K 时，凝血时间延长，可造成皮下组织、肌肉及胃肠道出血。维生素 K 不足症多见于家禽，所以笼养家禽要注意维生素 K 的补给。

三、水溶性维生素的营养作用

水溶性维生素包括维生素 B 族和维生素 C。这些维生素除了含有碳、氢、氧等元素外，多数都含有氮，有的还含有硫或钴。水溶性维生素除了维生素 B_{12} 外，其余的很少或几乎没有在动物体内贮存，因此必须经常补给。

维生素 B_1、维生素 B_2、泛酸、烟酸、维生素 B_6、维生素 B_7、维生素 B_{11}、维生素 B_{12} 及维生素 B_4 等都易溶于水，提取时互相混杂，故统称为维生素 B 族。它们的共同特点是形成各种辅酶，催化物质代谢中的各种生化反应。维生素 B 族都能被畜禽消化管中的微生物合成。成年反刍家畜的瘤胃内含有大量微生物，能合成足够的维生素 B 族供机体使用，但幼年反刍家畜此功能略差，需适当补充维生素 B 族。猪、禽特别是离地饲养的家禽必须单独补充维生素 B 族。

（一）维生素 B_1

维生素 B_1 以辅酶的形式参与糖代谢和三羧酸循环，影响神经系统的能量代谢和脂肪酸的合成。当维生素 B_1 缺乏时，畜禽血液和组织中积存的丙酸和乳酸诱发神经炎，畜禽出现神经症状。缺乏维生素 B_1 时，鸡和牛犊都易发生角弓反张，特别是生长速度快的鸡最易发生，现多将鸡的这种症状称为"观星状"。维生素 B_1 能促进胃肠正常蠕动。猪缺乏维生素 B_1 时表现为厌食、消化紊乱；鸡缺乏维生素 B_1 时表现为食欲下降、消瘦、痉挛等症状。维生素 B_1 缺乏也可导致畜禽繁殖力的降低，甚至是丧失。反刍家畜消化管中的微生物能合成维生素 B_1，故反刍家畜一般不需要额外添加维生素 B_1。

（二）维生素 B_2

饲料中的维生素 B_2 大多以黄素腺嘌呤二核苷酸和黄素单核苷酸的形式存在。这两种形式都是动物机体内许多重要辅酶的成分，维生素 B_2 正是通过这些辅酶来参与调节糖类的代谢、蛋白质的代谢、脂肪的代谢等。家禽维生素 B_2 摄入不足的表现为生长受阻，饲料消耗增加。猪、鸡最易出现维生素 B_2 缺乏症。猪缺乏维生素 B_2 时，表现为食欲减退、生长停滞、被毛粗乱并常为脂腺渗出物所黏结，眼角分泌物增多，常伴有腹泻，繁殖和泌乳性能下降。鸡缺乏维生素 B_2 时，将严重影响其生长，表现为雏鸡经 2~3 周后开始出现膝关节软弱，腿麻痹，脚趾卷曲成拳状。鸡对维生素 B_2 的需求量随年龄的增长而逐渐减少。母鸡缺乏维生素 B_2 时，产蛋率将显著下降，种蛋的孵化率极低，胚胎常在孵化 12 d 左右死亡，即使发育到 21 d 后亦难以出壳。

（三）泛酸

泛酸是合成辅酶 A 的原料，在糖类、脂肪和蛋白质的代谢中起着重要作用。泛酸缺乏时会导致畜禽的生长发育受阻，鸡的典型症状是眼及接近喙的皮肤发炎，眼睑黏结，爪呈结节样突起。猪的典型症状是"鹅步"。

（四）维生素 B_4

维生素 B_4 可在畜禽体内合成，在代谢过程中的作用主要有以下几种。

（1）参与卵磷脂的形成，卵磷脂是动物细胞膜的主要成分。

（2）防止脂肪肝。

（3）促进神经冲动和传导。

（4）是不稳定甲基的供体。

家禽缺乏维生素 B_4 容易出现骨粗短病、关节变形、贫血、生长缓慢、产蛋率下降、死亡淘汰率增加；仔猪缺乏维生素 B_4 时，会出现后腿叉开站立、行动不协调等症状。

（五）烟酸

烟酸在体内转变成尼克酰胺，畜禽以此合成许多脱氢酶的辅酶，参与糖类、脂肪和蛋白质的代谢。若烟酸和尼克酰胺合成不足将影响生物氧化反应，使新陈代谢发生障碍，即导致癞皮病、角膜炎、神经和消化系统的障碍等。猪表现为腹泻、呕吐，鸡表现为生长缓慢等症状。

（六）维生素 B_6

维生素 B_6 在氨基酸代谢中可形成转氨酶、脱羧酸的辅酶，也可直接参与含硫氨基酸和色氨酸的正常代谢。鸡缺乏维生素 B_6 时会发生眼睑水肿鼓起，使眼闭合，伴随羽毛粗糙、脱落；猪缺乏维生素 B_6 时，皮肤粗糙，生长停滞，应激性增强，可出现癫痫性惊厥；幼小畜禽缺乏维生素 B_6 时，则生长缓慢。

（七）维生素 B_7

维生素 B_7 有固定二氧化碳的作用，在畜禽体内以辅酶的形式广泛参与糖类、脂肪、蛋白质的代谢。一般情况下，畜禽不会缺乏维生素 B_7，但缺乏时常出现生长不良、皮炎及羽毛脱落等症状。

（八）维生素 B_{11}

维生素 B_{11} 又称叶酸，能促进血细胞的形成，抗贫血。畜禽缺乏叶酸的特征是呈现营养性贫血及生长减缓。

（九） 维生素 B_{12}

维生素 B_{12} 以辅酶的形式与四氢叶酸一起完成一碳基团的转移。此外，其还参与丙酸的代谢、蛋白质的代谢及核酸的代谢，促进红细胞的发育成熟，维持神经系统的完整性等。

维生素 B_{12} 缺乏时，畜禽最明显的症状就是生长受阻，继而表现为步态的不协调和不稳定。母畜缺乏维生素 B_{12} 时受胎率、繁殖率和产后泌乳量下降。鸡缺乏维生素 B_{12} 的表现主要为生长迟缓、饲料利用率降低和种蛋孵化率下降。雏鸡缺乏维生素 B_{12} 的同时，若还缺乏维生素 B_4 或蛋氨酸，可出现滑腱症。另外，缺乏维生素 B_{12} 还可引起恶性贫血及其他代谢障碍等。

（十） 维生素 C

维生素 C 有解毒作用，大剂量的维生素 C 可以缓解铅、砷、苯及某些细菌毒素进入畜禽体内造成的毒害；维生素 C 可以脱氢成为脱氢抗坏血酸，在体内参与生物氧化反应。在维生素 B_{11} 转变为四氢叶酸过程、酪氨酸代谢过程及肾上腺皮质激素合成过程中均需要维生素 C 参与。此外，维生素 C 还能促进肠道内铁的吸收，是造血过程中的辅助因子。维生素 C 是合成胶原和糖胺聚糖等细胞间质所必需的物质。家禽在应激条件下合成维生素 C 的能力明显下降，若在日粮中添加维生素 C，可显著提高家禽抗应激和免疫应答能力，从而促进其生产性能的发挥。

如果畜禽机体缺乏维生素 C，则会出现坏血病。此时，畜禽毛细血管细胞间质减少、变脆，通透性增大，皮下组织、肌肉、胃肠黏膜出血，骨和牙齿容易折断或脱落，伤口不易愈合。因此，为畜禽提供足够的维生素 C 是很有必要的。

任务实施

畜禽维生素缺乏时的典型症状观察

1. 目的和要求

能识别畜禽维生素缺乏症的临床症状，能够确认畜禽维生素的典型缺乏症，并分析缺乏的维生素，提出解决办法。

2. 材料准备

（1）畜禽维生素缺乏症的图片、课件、视频等。

（2）养殖场畜禽。

3. 操作步骤

到养殖场观察畜禽，综合所学知识，总结归纳所观察到的维生素缺乏症名称，从营养角度分析发生缺乏症的可能原因及解决办法，重点注意缺乏症的典型症状。主要观察内容如下：

（1）猪、鸡缺乏维生素 A 引起的眼结膜炎。

（2）畜禽缺乏维生素 B_1 引起的多发性神经炎。

（3）畜禽缺乏维生素 B_2 引起的卷爪麻痹症。

（4）畜禽缺乏维生素 D 引起的佝偻病或骨质疏松症。

（5）缺乏维生素 E 引起的羔羊白肌病、肉鸡脑软化症、雏鸡渗出性素质病。

4. 记录与总结

记录畜禽缺乏维生素的典型临床症状，撰写观察报告。

5. 学习效果评价

畜禽维生素缺乏时的典型症状观察的学习效果评价如表 2-9 所示。

表 2-9　畜禽维生素缺乏时的典型症状观察的学习效果评价

序号	评价内容	评价标准	分数/分	评价方式
1	合作意识	有团队合作精神，积极与小组成员协作，共同完成学习任务	10	小组自评 20% 组间互评 30% 教师评价 30% 企业评价 20%
2	畜禽维生素缺乏时的典型症状观察与分析	正确记录观察到的典型症状，并从营养学角度阐述其产生的原因及解决方案	60	
3	安全意识	有安全意识，未出现不安全操作	10	
4	记录与总结	能完成全部任务，记录详细、清晰，总结报告及时上交	20	
合计			100	100%

任务反思

（1）名词解释：脂溶性维生素、水溶性维生素。

（2）维生素 A 有哪些营养作用？

（3）列表说明各种维生素缺乏症的典型症状。

任务7　水的营养作用

任务目标

知识目标　（1）了解水的营养作用，理解缺少水对畜禽造成的危害。

（2）理解畜禽体内水的来源、排出及需求量。

技能目标　能够合理给畜禽供应饮水。

素质目标　培养良好的职业道德，树立科学、严谨、实事求是的理念。

任务准备

一、水的营养作用

（1）水是构成畜禽机体的组成成分。畜禽机体含水量为其体重的 44%～73%。畜禽体内的大部分水与亲水胶体相结合，直接构成组织细胞。水还存在于血液、组织液、消化液、关节润滑液等中。

（2）水是畜禽体内重要的溶剂。各种营养物质的消化、吸收、输送、转化及代谢产物的排出等都是在水的参与下进行的。

（3）水几乎参与畜禽机体内所有的生化反应。畜禽体内各种营养物质的分解与合成几乎都需要有水的参与才能顺利完成，如淀粉、蛋白质等的水解反应、氧化还原反应等。

（4）水能调节畜禽体内的渗透压，维持组织器官的正常形态。

（5）水可以调节体温。水的比热容大，需要失去或获得较多的热能，才能使水温明显下降或上升。因而畜禽体温不易因外界温度的变化而明显改变。畜禽可以利用水分贮存热能，也可以通过水分的蒸发和出汗，散发体内过多的热量，从而维持体温的恒定。

二、畜禽体内水的来源与排出

1. 畜禽体内水的来源

畜禽体内水的来源有饮水、饲料水和代谢水。

（1）饮水。饮水是畜禽获取水分的主要来源，应为各种畜禽供应充足的、清洁卫生的饮水。

（2）饲料水。饲料水是畜禽体内水的另一重要来源，不同种类饲料的含水量差别很大。

（3）代谢水。代谢水为畜禽机体组织中营养物质如糖类、脂肪、蛋白质等代谢过程中形成的水分。代谢水的形成量有限，仅能满足机体需水量的 5%～10%，占畜禽体日排出水分总量的 16%～20%。

2. 畜禽体内水的排出

畜禽体内的水分主要通过粪、尿的排泄，皮肤的蒸发以及呼吸作用等排出体外，从而保持畜禽体内水分的平衡。

（1）水分随尿和粪排出体外。尿的主要成分是水。畜禽由尿排出的水受总摄水量的影响，摄水量多，尿的排出增加。通常随尿液排出的水可占总排水量的一半左右。粪便中也含有一定的水分，消化管排出的水量同畜禽种类以及饲料性质有关。

（2）皮肤的蒸发。畜禽通过皮肤蒸发散失水分。

（3）随呼吸作用排出一定量的水分。气温高时畜禽呼吸加快，可增加呼吸道水分的蒸发散失。

（4）水分随畜产品排出。通过产乳、产蛋等畜禽产品的排出而排出体外。

三、影响畜禽需水量的因素

（1）生产性能。畜禽的生产性能与其需水量成正比。对于高产畜禽体必须保证及时提供其充足清洁的饮水。

（2）日粮成分。日粮成分，尤其是粗纤维、蛋白质和矿物质的含量，均是影响需水量的重要因素。当畜禽采食高纤维、高蛋白及高浓度的矿物质时，将增加对水的需求量。

（3）环境温度。气温升高时畜禽的需水量显著增加，空气干燥时畜禽的需水量也增加，因而要根据四季气温变化来决定供水量。

四、畜禽饮水过多的危害

（1）减少畜禽干物质的采食量。猪吃稀食则"肚大无食"，增重缓慢。鸡饮水过多，也可造成采食量下降。

（2）降低机械消化能力。畜禽吃稀食，减少咀嚼，降低了胃肠的紧张程度，机械消化能力降低。

（3）越过量饮水，畜禽维持耗能越多，增重越慢。

（4）污染环境。鸡的饮水量增大，粪便变稀。如果是地面养鸡，垫草浸湿，会使微生物滋生，雏鸡死亡率增高。笼养蛋鸡粪稀后不易清扫，易腐败，有恶臭，污染空气。

五、缺乏水的危害

畜禽体内水分不足会影响畜禽的健康和生产性能，幼年畜禽表现为生长停滞，成年畜禽表现为生产力下降，如乳牛产奶量显著降低、母鸡产蛋率下降等。当畜禽机体失水 8% 时，畜禽就会出现严重干渴，食欲丧失，消化机能降低，黏膜干燥，眼凹，全身肌肉不饱满；失水 10% 就会引起代谢紊乱；失水 20% 以上就会引起死亡。

 任务实施

饲料中水分含量的测定

1. 目的和要求

学会饲料中水分含量的测定方法，能够在规定时间内测定某饲料中水分的含量。

2. 材料准备

（1）分析天平：感量 1 mg。

（2）称量瓶：玻璃或其他耐腐蚀称量瓶，能使样品铺开约 0.3 g/cm³ 规格。

（3）电热干燥箱：温度可控制在（103±2）℃。

（4）电热真空干燥箱：温度可控制在（80±2）℃。

（5）干燥器：具有干燥剂。

（6）砂：经酸洗或市售（试剂）海砂。

3. 操作步骤

1）直接干燥法

（1）固体样品。

①称量瓶的干燥。将洁净的称量瓶放入（103±2）℃的干燥箱中，取下称量瓶盖并放在称量瓶的边上。干燥（30±1）min 后盖上称量瓶盖，将称量瓶取出，放在干燥器中冷却至室温。称量其质量（m_1），准确至 1 mg。

②试样的称取。称取 5 g 样品（m_2）于称量瓶内，准确至 1 mg，并摊平。

③试样的干燥。将装有样品的称量瓶放入（103±2）℃干燥箱内，取下称量瓶盖并放在称量瓶边上。当干燥箱温度达（103±2）℃后，干燥（4±0.1）h。盖上称量瓶盖，将称量瓶取出放入干燥器冷却至室温。称量其质量（m_3），准确至 1 mg。再于（103±2）℃干燥箱中干燥（30±1）min，然后从干燥箱中取出，放入干燥器冷却至室温，称量其质量，准确至 1 mg。

如果两次称量值的变化小于等于样品质量的 0.1%，以第一次称量的质量（m_3）按"3）结果计算"中的公式计算水分含量；若两次称量值的变化大于样品质量的 0.1%，将装有样品的称量瓶再次放入干燥箱中于（103±2）℃干燥（2±0.1）h，然后将其移至干燥器中冷却至室温，称量其质量，准确至 1 mg。若此次干燥后与第二次称量值的变化小于等于样品质量的 0.2%，以第一次称量的质量（m_3）计算水分含量；大于 0.2% 时，按减压干燥法测定水分。

（2）半固体、液体或脂肪含量高的样品。

①称量瓶的干燥。在洁净的称量瓶内放一层薄砂和一根玻璃棒。将称量瓶放入（103±2）℃的干燥箱内，取下称量瓶盖并放在称量瓶的边上，干燥（30±1）min。盖上称量瓶盖，将称量瓶从干燥箱中取出，放在干燥器中冷却至室温。称量其质量（m_1），准确至 1 mg。

②试样的称取。称取 10 g 样品（m_2）于称量瓶内，准确至 1 mg。用玻璃棒将样品与砂混匀并摊平，玻璃棒留在称量瓶内。

③试样的干燥。将装有样品的称量瓶放入干燥箱中，取下称量瓶盖并放在称量瓶的边上。当干燥箱温度达（103±2）℃后，干燥（4±0.1）h。盖上称量瓶盖，将称量瓶从干燥箱中取出，放入干燥器冷却至室温，称量其质量（m_3），准确至 1 mg。再于（103±2）℃干燥箱中干燥（30±1）min，然后从干燥箱中取出，放入干燥器冷却至室温，称量其质量，准确至 1 mg。

如果两次称量值的变化小于等于样品质量的 0.1%，以第一次称量的质量（m_3）按"3）结果计算"中的公式计算水分含量；若两次称量值的变化大于样品质量的 0.1%，将装有样品的称量瓶再次放入干燥箱中于（103±2）℃干燥（2±0.1）h，然后将其移至干燥器中冷却至室温，称量其质量，准确至 1 mg。若此次干燥后与第二次称量值的变化小于等于样品质量的 0.2%，以第一次称量的质量（m_3）计算水分含量；大于 0.2% 时，按减压干燥法测定水分。

2）减压干燥法

按上述方法干燥称量瓶，称量其质量（m_1），准确至 1 mg。

称取样品（m_2）放入称量瓶，将称量瓶放入真空干燥箱中，取下称量瓶盖并放在称量边上，减压至约 13 kPa。通入干燥空气或放置干燥剂。在放置干燥剂的情况下，当达到设定能力后断开真空泵。在干燥过程中保持所设定的压力。当干燥箱温度达到（80±2）℃后，加热（4±0.1）h。干燥箱恢复至常压，盖上称量瓶盖，将称量瓶从干燥箱中取出，放在干燥器中冷却至室温。称量其质量，准确至 1 mg。将样品再次放入真空干燥箱中干燥（30±1）min，直至连续两次称量值的变化之差小于样品质量的 0.2%，以最后一次干燥称量值（m_3）计算水分的含量。

3）结果计算

$$水分含量（\%）= \frac{m_2-（m_3-m_1）}{m_2}\times100\%$$

式中：

m_1——称量瓶质量，如使用砂和玻璃棒，也包括砂和玻璃棒的质量，g；

m_2——样品的质量，g；

m_3——称量瓶和干燥后样品的质量，如使用砂和玻璃棒，也包括砂和玻璃棒的量，g。

取两次平行测定的算术平均值作为结果，结果精确至 0.1%。

4. 记录与总结

记录操作步骤和测量结果，总结实验中的问题，并书写实验报告。

5. 学习效果评价

饲料中水分含量的测定的学习效果评价如表 2-10 所示。

表 2-10　饲料中水分含量的测定的学习效果评价

序号	评价内容	评价标准	分数/分	评价方式
1	合作意识	有团队合作精神，积极与小组成员协作，共同完成学习任务	10	小组自评30% 组间互评30% 教师评价40%
2	称量瓶干燥	称量瓶干燥至恒重，称量准确	10	
3	样品准备	样品称量准确，均匀铺放在称量瓶内	10	
4	样品干燥	样品干燥，干燥至恒重，称量正确	40	
5	安全意识	有安全意识，未出现不安全操作	10	
6	记录与总结	能完成全部任务，记录详细、清晰；总结报告及时上交	20	
合计			100	100%

任务反思

（1）水有哪些营养作用？
（2）畜禽缺水和饮水过多有什么危害？
（3）畜禽体内的水有哪些来源？
（4）畜禽体内水的排出途径有哪些？
（5）影响畜禽需水量的因素有哪些？

任务8 **各种营养物质在畜禽体内的相互关系**

任务目标

▼ **知识目标** （1）掌握蛋白质、糖类和脂肪之间的关系。
（2）掌握能量与蛋白质、氨基酸的关系。
（3）掌握粗纤维与其他营养物质之间的关系。
（4）掌握主要营养物质与矿物元素、维生素之间的关系。
（5）掌握矿物元素之间的关系。
（6）掌握维生素之间的关系。
（7）掌握氨基酸之间的关系。

▼ **技能目标** （1）能够合理给畜禽供应各种营养物质。
（2）能够识别畜禽营养缺乏症。

▼ **素质目标** 能具体问题具体分析。

任务准备

在畜禽生长的过程中，各种营养物质的作用不是孤立的，而是呈现相互促进、相互制约的复杂关系。研究各种营养物质的营养作用时，要充分考虑它们彼此之间的相互关系。

一、蛋白质、糖类和脂肪之间的关系

蛋白质、糖类和脂肪三大有机物在畜禽体内可以相互转化，它们之间的转化是通过共同的中间产物（丙酮酸、乙酰辅酶 A 和 α-酮戊二酸）及共同代谢枢纽（三羧酸循环）联系起来的。它们之间的转化是受条件限制的，脂肪、糖类转变为蛋白质时，必须有氨基来源，并且只能转变为非必需氨基酸；脂肪的甘油部分可转变为糖；畜禽体内的脂肪可以大量由糖转变而来。

蛋白质水解产生的氨基酸（除亮氨酸外）经脱氨基作用可生成 α-酮酸，α-酮酸也是糖类代谢的中间产物，既可生成糖类，也可再氨基化生成相应的非必需氨基酸。

氨基酸代谢的中间产物可转化成 α-磷酸甘油和长链脂肪酸，两者可进一步合成脂肪。因此蛋白质在畜禽体内能转化成脂肪。脂肪分解的甘油可转变成丙酮酸或其他的 α-酮酸，α-酮酸再经过转氨基作用生成非必需氨基酸。

糖类代谢的中间产物也能转化成 α-磷酸甘油和长链脂肪酸。因此，糖类能转化为脂肪，脂肪也能转化为糖类。

糖类和脂肪是畜禽的主要能源物质，两者供应充足时，机体蛋白质的分解减少，合成加强，因此糖类和脂肪对蛋白质有一定的保护作用。

二、能量与蛋白质、氨基酸的关系

饲料中的能量应与蛋白质、氨基酸保持适当比例，若比例不当，轻者会影响营养物质的利用率，重者会危害畜禽的身体健康，降低其生产性能。例如，给畜禽饲喂高能饲料时，畜禽采食量相对减少，相应降低了蛋白质及其他营养物质的采食量，从而影响其生产速度和产蛋量。育肥猪饲喂高蛋白质饲料时，其绝对增重反而会降低。这是因为饲料中氨基酸的含量也会影响能量的代谢。氨基酸供给过多，会使代谢能降低。实践证明，饲料中的能量与蛋白质、氨基酸的营养过程并不是孤立的，只有饲料中的能量与蛋白质、氨基酸保持适当的比例关系，才能使畜禽生长快，对饲料的转化率高，这样畜禽的生产性能才能较高。

三、粗纤维与其他营养物质之间的关系

日粮中含有适量的粗纤维，可促进胃肠道蠕动和消化液分泌，但粗纤维含量过高则会降低养分的消化利用率。因此，日粮中粗纤维含量应控制在一定范围。特别是猪和家禽日粮中粗纤维的含量超出范围时，粗纤维含量越高，其他养分的消化利用率越低。成年反刍家畜采食适量的粗纤维，可促进瘤胃微生物的活动，有利于饲料的消化利用。

四、主要营养物质与矿物质、维生素之间的关系

畜禽主要的营养物质包括蛋白质、糖类和脂肪。这三者与矿物质、维生素之间有着非常密切的关系。

（一）主要营养物质均会影响矿物元素钙、磷的吸收

饲料中的脂肪含量高不利于钙、磷的吸收，过多的脂肪会与钙结合成钙皂而排出体外；饲料中的蛋白质含量高，有利于钙、磷的吸收。

（二）主要营养物质与维生素的关系

维生素 A、维生素 D、维生素 B_2、维生素 B_6 等均参与机体蛋白质的合成。若饲料中添加足量的维生素，可促进畜禽机体对蛋白质的吸收与利用。

单胃畜禽饲料中无氮浸出物含量增高，会增加单胃畜禽机体对维生素 B_1 的需求量。

五、矿物元素之间的关系

矿物元素之间存在复杂的营养关系，呈拮抗作用或协同作用。

饲料中钙、磷的含量不仅影响自身在畜禽体内的利用，还影响其他矿物元素的利用。若钙、磷含量过高，不利于机体对锌、镁、锰、铜等矿物元素的吸收与利用。相反，饲料中锌、镁、锰、铜等矿物元素过多，也会影响钙、磷在机体内的吸收与沉积。硫不足时，反刍家畜对铜的吸收增加，可引起铜中毒。

六、维生素之间的关系

维生素在畜禽体内存在着协同或拮抗的作用。

维生素 E 是一种天然的抗氧化剂，在畜禽体内可保护维生素 A 和胡萝卜素不被氧化破坏，维生素 A 可促进维生素 C 在体内合成。

各种维生素之间在剂量上应保持平衡，过量地摄入某种维生素可引起或加剧其他维生素的缺乏症。例如，维生素 E 虽然对维生素 A 有一定的保护作用，但摄入量过多时会降低维生素 A 的吸收与利用率。

维生素 B_4 与维生素 C、维生素 K、维生素 B_1、维生素 B_2、泛酸、烟酸之间存在拮抗作用。维生素 C 具有强还原性，可破坏维生素 B_{12} 的营养特性。

七、氨基酸之间的关系

在畜禽体内的代谢过程中，组成蛋白质的各种氨基酸可以相互转化、替代，存在协同或拮抗作用。

蛋氨酸能够转化成胱氨酸和半胱氨酸。甘氨酸和丝氨酸可以相互转化。苯丙氨酸能替代酪氨酸的作用，而酪氨酸不能全部替代苯丙氨酸的作用。

饲料中的赖氨酸和精氨酸呈拮抗作用，精氨酸过量会增加畜禽对赖氨酸的需要量。亮氨酸与异亮氨酸、苏氨酸与色氨酸、苯丙氨酸与缬氨酸在畜禽代谢中也存在拮抗作用。

如果畜禽饲料中氨基酸的数量和比例与畜禽最佳生产水平的需要相平衡，氨基酸转化为畜禽体内蛋白质的效率就高。畜禽对不同饲料中氨基酸的利用率是不同的，利用氨基酸指标按"理想蛋白质"模式配合日粮可更好地满足畜禽机体的需要，大大提高蛋白质的转化效率，节省蛋白质饲料资源。

综上所述，在畜禽营养中各种养分之间存在着相互影响、相互制约的错综复杂的关系。它们之间的关系协调与否，对于畜禽的健康、生产力及饲料利用率都有较大的影响。生产中，应特别注意协调它们的关系，以达到较好的饲养效果。

✓ 任务实施

畜禽营养缺乏症的观察与调查

1. 目的和要求

了解畜禽因日粮营养物质缺乏所出现的临床症状，掌握各种营养物质在畜禽生命和生产过程中的重要作用。

2. 材料准备

畜禽营养缺乏症的图片、课件、视频等。

3. 操作步骤

（1）观看图片、课件、视频等，了解畜禽营养物质缺乏的典型症状。

（2）去当地养殖场，通过与技术员交流和观察畜禽，调查畜禽营养缺乏症情况，填写表 2-11。

表 2-11　畜禽营养缺乏症症状观察及分析报告单

序号	畜禽种类	缺乏症	典型临床表现	病因	防治措施
1					
2					
3					
4					
……					

4. 记录与总结

记录学习和调查情况，汇总相关资料，分析各种营养缺乏症的病因，提出防治措施，并撰写调查报告。

5. 学习效果评价

畜禽营养缺乏症的观察与调查的学习效果评价如表 2-12 所示。

表 2-12　畜禽营养缺乏症的观察与调查的学习效果评价

序号	评价内容	评价标准	分数/分	评价方式
1	合作意识	有团队合作精神，积极与小组成员协作，共同完成学习任务	10	小组自评 20% 组间互评 30% 教师评价 30% 企业评价 20%
2	畜禽营养缺乏症观察与调查	积极主动与相关人员交流，收集资料，正确记录营养缺乏症的典型症状	30	
3	结果分析	根据所学知识，合理分析畜禽营养缺乏症发生的原因并提出防治措施	30	
4	安全意识	有安全意识，未出现不安全操作	20	
5	记录与总结	能完成全部任务，记录详细、清晰，总结报告及时上交	10	
合计			100	100%

任务反思

(1) 简述畜禽机体中蛋白质、糖类和脂肪之间的关系。

(2) 畜禽机体中能量与蛋白质比例不当会给畜禽造成哪些危害？

(3) 简述畜禽机体中矿物质元素之间的关系。

(4) 简述畜禽机体中维生素之间的关系。

项目小结 ▶▶▶

畜禽营养基础项目小结如表 2-13 所示。

表 2-13　畜禽营养基础项目小结

<table>
<tr><td rowspan="16">畜禽营养基础</td><td rowspan="2">蛋白质的营养作用</td><td>任务准备</td><td>氨基酸、短肽与蛋白质的营养作用；畜禽对蛋白质的消化；反刍家畜对非蛋白氮的合理利用</td></tr>
<tr><td>任务实施</td><td>过瘤胃蛋白生产工艺</td></tr>
<tr><td rowspan="2">糖类的营养作用</td><td>任务准备</td><td>糖类的组成与营养作用；畜禽对糖类的消化；畜禽对粗纤维的利用</td></tr>
<tr><td>任务实施</td><td>饲料中酸性洗涤木质素的测定</td></tr>
<tr><td rowspan="2">脂肪的营养作用</td><td>任务准备</td><td>脂肪的组成与营养作用；饲料中脂肪的性质与畜禽体脂品质的关系；饲料中脂肪的添加利用</td></tr>
<tr><td>任务实施</td><td>饲料脂肪对畜禽产品脂肪的影响</td></tr>
<tr><td rowspan="2">能量与畜禽营养</td><td>任务准备</td><td>能量的来源与能量单位；饲料能量在畜禽体内的转化；影响饲料能量利用效率的因素</td></tr>
<tr><td>任务实施</td><td>饲料能量利用率的调查</td></tr>
<tr><td rowspan="2">矿物元素的营养作用</td><td>任务准备</td><td>常量元素钙、磷、钠、氯对畜禽的营养作用；常量元素镁、硫、钾对畜禽的营养作用；微量元素对畜禽的营养作用</td></tr>
<tr><td>任务实施</td><td>饲料中粗灰分、钙、总磷含量的测定</td></tr>
<tr><td rowspan="2">维生素的营养作用</td><td>任务准备</td><td>维生素的分类；各种维生素的营养作用</td></tr>
<tr><td>任务实施</td><td>畜禽维生素缺乏时的典型临床症状观察</td></tr>
<tr><td rowspan="2">水的营养作用</td><td>任务准备</td><td>畜禽体内水的来源及需求量；水对畜禽的营养作用及缺水的后果</td></tr>
<tr><td>任务实施</td><td>饲料中水分含量的测定</td></tr>
<tr><td rowspan="2">各种营养物质在畜禽内的相互关系</td><td>任务准备</td><td>蛋白质、糖类和脂肪三大有机物之间的相互关系；能量与蛋白质、氨基酸的相互关系；粗纤维与其他营养物质之间的相互关系；主要营养物质与矿物元素、维生素之间的相互关系；矿物元素之间的相互关系；维生素之间的相互关系；氨基酸之间的相互关系</td></tr>
<tr><td>任务实施</td><td>畜禽营养缺乏症的观察与调查</td></tr>
</table>

项目测试

一、单项选择题

1. 雏禽维持生命需要（　　）氨基酸

　A. 8 种　　　　　　　B. 13 种　　　　　　　C. 10 种　　　　　　　D. 16 种

2. 尿素饲喂量约为日粮粗蛋白质含量的　　　　　　　　　　　　　　　　（　　）

　A. 1%　　　　　　　B. 20%～30%　　　　C. 10%～12%　　　D. 16%

3. （　　）是畜禽从饲料中获得能量最主要的来源

　A. 脂肪　　　　　　B. 蛋白质　　　　　C. 糖类　　　　　　D. 维生素

4. 幼猪和鸡日粮中粗纤维含量一般不超过　　　　　　　　　　　　　　（　　）

　A. 8%　　　　　　　B. 5%　　　　　　　C. 3%　　　　　　　D. 15%

5. 下列畜禽对粗纤维的消化力由强到弱正确的是　　　　　　　　　　（　　）

　A. 马、猪、兔　　　B. 羊、鸡、牛　　　C. 牛、马、鸡　　　D. 猪、牛、羊

6. 猪体脂变软，易酸败，是因为采食了较多的　　　　　　　　　　　（　　）

　A. 动物脂肪　　　　B. 糖类　　　　　　C. 蛋白质　　　　　D. 植物脂肪

7. 为保证得到较好的屠体品质，猪日粮中玉米含量最好不超过　　　（　　）

　A. 15%　　　　　　B. 50%　　　　　　C. 55%　　　　　　D. 70%

8. 雏鸡发生"滑腱症"是由于日粮中缺乏微量元素　　　　　　　　（　　）

　A. 锰　　　　　　　B. 铁　　　　　　　C. 锌　　　　　　　D. 钙

9. 缺乏微量元素锌，家畜会发生　　　　　　　　　　　　　　　　　（　　）

　A. 渗出性素质病　　B. 佝偻病　　　　　C. 贫血　　　　　　D. 皮肤不完全角化症

10. 缺乏时能导致畜禽出现夜盲症的是　　　　　　　　　　　　　　（　　）

　A. 维生素 A　　　　B. 维生素 D　　　　C. 维生素 K　　　　D. 维生素 E

二、多项选择题

1. 蛋白质可以转化为　　　　　　　　　　　　　　　　　　　　　　（　　）

　A. 糖　　　　　　　B. 维生素　　　　　C. 脂肪　　　　　　D. 矿物质

2. 蛋白质的营养作用有　　　　　　　　　　　　　　　　　　　　　（　　）

　A. 动物组织的重要组成成分　　　　B. 活性物质的重要组成成分

　C. 提供能量的主要物质　　　　　　D. 合成畜产品的重要原料

3. 糖类的营养作用有　　　　　　　　　　　　　　　　　　　　　　（　　）

　A. 氧化供能　　　　B. 形成乳脂　　　　C. 形成体组织　　　D. 转化为维生素

4. 奶牛的乳脂大部分是糖类在瘤胃中发酵产生的（　　）为原料而合成的

　A. 甲酸　　　　　　B. 乙酸　　　　　　C. 丙酸　　　　　　D. 丁酸

5. 脂肪的营养作用有　　　　　　　　　　　　　　　　　　　　　　（　　）

　A. 动物体组织成分　　　　　　　　B. 供能

　C. 提供必需脂肪酸　　　　　　　　D. 保护作用

三、判断题

1. 生物体内一切最基本的生命活动几乎都与蛋白质有关。   （   ）
2. 必需氨基酸对反刍家畜的营养意义大于单胃畜禽。   （   ）
3. 单胃畜禽以短肽吸收为主，以氨基酸吸收为辅。   （   ）
4. 当饲料蛋白质所含氨基酸齐全时，该蛋白质的品质就好，利用率高。   （   ）
5. 糖类是畜禽热量来源最主要的物质。   （   ）

💡 项|目|链|接 ▶ ▶ ▶

植酸酶

饲料中磷的存在形式是影响机体对磷吸收的重要因素，其中植物中磷的利用率较低，约为30%。要满足畜禽对磷的需求，必须在日粮中添加含磷矿物质，这不仅会造成饲养成本的增加，也使饲料中一部分植物中磷不能利用而被排出体外，造成环境污染。为此，可以在畜禽日粮中加入植酸酶，提高植物中磷的利用率。

一、基本知识

1. 植酸

植酸的学名是肌醇六磷酸，含磷28.2%。植物性饲料原料中以植酸形式储存的磷占总磷量高达80%。植酸对单胃畜禽不利，其与矿物元素、蛋白质、淀粉形成复合物，抑制消化酶活性。

2. 植酸酶

植酸酶是一种具有催化植酸水解功能的生物催化剂；水解产物是肌醇、无机磷及其他可能与植酸结合的物质。植酸酶可将植酸磷的利用率从30%提高到60%。单胃畜禽体内基本上不分泌植酸酶，需要添加外源植酸酶。

3. 植酸酶活性单位

样品在植酸钠浓度为5.0 mmol/L、温度37 ℃、pH值5.5的条件下，每分钟从植酸钠中释放1 μmol无机磷，即为一个植酸酶活性单位（U，依据GB/T 18634—2009）。

4. 植酸酶的潜在营养价值

植酸酶的潜在营养价值是指消化酶和水解酶通过体内生物化学反应从底物释放出相应的营养物质的量。能量用kJ/kg表示，其他营养物质用%表示。

二、植酸酶的作用及合理利用

1. 植酸酶的作用

（1）添加植酸酶可提高植酸磷的利用率。

（2）畜禽粪便中排出的植酸磷会对环境造成污染，添加植酸酶，可减少磷的排出量，有利于保护环境。

（3）植酸具有抗营养作用，阻碍多种营养物质的利用。它与一些阳离子如 Ca^{2+}、Mg^{2+}、Zn^{2+}、Cu^{2+}、Mn^{2+}、Fe^{2+} 和 K^+ 等有很强的螯合能力，形成不溶性盐。添加植酸酶，可释放部分结合的养分，提高营养物质利用率。

（4）减少磷酸氢钙和骨粉品质不稳定带来的负面影响。

（5）节省配方空间，降低饲料成本，提高综合效益。

（6）减少矿物磷（磷酸氢钙、磷酸二氢钙等）的用量，保护矿产资源。

2. 植酸酶的合理利用

（1）以植物性饲料为主的日粮，可以选择添加植酸酶。

（2）添加使用植酸酶后，必须相应调整钙、磷饲料的用量，注意钙、磷在日粮中的比例要适当。

（3）选用质量、规格符合要求的产品。不同生产厂家生产的植酸酶含量不同，如 1 000 U/g、2 500 U/g、5 000 U/g，需根据需要选用。

（4）添加量合适。

（5）植酸酶属于蛋白质，在高温制粒时应注意植酸酶的活性会降低。

项目三
畜禽营养需要

一蛋鸡养殖户为了节约饲料成本，以较低的价格购买了一批肉鸡饲料（某肉鸡场的鸡出栏后剩余的饲料），饲喂几天后，发现蛋鸡所产的鸡蛋壳上出现很多细小砂粒，该养殖户没有采取任何措施，又过了几天，发现很多鸡蛋壳破碎，甚至有的蛋鸡不产蛋。经技术人员分析，蛋鸡在产蛋期间对钙、磷的需求量较高，而肉鸡饲料中钙、磷含量相对较低，不能满足蛋鸡产蛋对钙、磷的需求，因此出现了砂壳蛋、软壳蛋，甚至不产蛋的情况。由上述案例可见，科学饲养畜禽，必须根据畜禽的种类、品种、性别、年龄、生理状态、生产水平不同的情况，来确定畜禽的营养需要，提供不同的饲料。需参考饲养标准，根据当地饲料原料的供应情况及原料的价格，科学地设计配方，合理地配制饲料，这样既能经济地利用饲料，又能充分发挥畜禽的生产性能，以较低的饲料成本获得较高的经济效益。根据市场需求不同，配合饲料可依据其营养成分不同，分为全价配合饲料、浓缩饲料、添加剂预混饲料、精料补充饲料，这几种饲料的配方需依据饲养标准进行设计。除科学的饲料配方外，合理的加工工艺也是提高饲料利用率，提高畜禽生产性能的重要手段。饲料的饲养效果通过饲养进行验证，并通过合理的方法进行数据分析。

本项目有3个任务：（1）了解畜禽的营养需要。

（2）了解畜禽的生产需要。

（3）了解畜禽的饲养标准。

任务1　畜禽的营养需要

任务目标

知识目标　（1）理解畜禽营养需要和维持需要的概念。

（2）了解畜禽营养需要的测定方法。

（3）了解影响畜禽维持营养需要的因素。

技能目标　学会在畜禽生产中，根据畜禽维持需要特点，全面地给畜禽提供营养，合理地利用饲料日粮。

素质目标　树立科学严谨的态度。

任务准备

一、畜禽营养需要概述

（一）畜禽营养需要

畜禽为了生存和进行各项生产活动，需要不断地从饲料中摄取各种营养物质。这些营养物质被消化吸收后，首先用于维持正常的体温、血液循环、机体代谢等必要的生命活动消耗，然后再用于生长、育肥、妊娠、泌乳、产毛、产蛋等各项生产需要。因此，畜禽的营养需要是指达到期望的生产性能时，每天每头（只）畜禽对能量、蛋白质、矿物质和维生素等各种营养物质的需要量。随着畜禽营养研究的深入，畜禽所需要的营养物质的种类将不断增加，对各种营养物质的需要量也会更加精确。

（二）畜禽营养需要的测定方法

测定畜禽营养需要的方法主要有综合法和析因法。

1. 综合法

综合法即笼统地测定用于一个或多个营养目标对某种养分的总需要量。常用的测定方法主要有饲养试验法、平衡试验法和比较屠宰试验法等。

用综合法测定畜禽的营养需要比较简单，但此方法不能揭示畜禽代谢诸方面的需要，不便于总结变化规律，不能精确估计各目标（维持、生产）某种养分的需要量。

2. 析因法

析因法是根据"维持需要和生产需要"的总和来计算的，即总营养需要 = 维持需要 + 生产需要。

详细剖析为如下公式。

$$R = aW^b + cX + dY + eZ + \cdots$$

式中：

R——某种营养物质的总需要量；

a——常数，即每千克代谢体重的需要量；

W——自然体重，kg；

W^b——代谢体重（b 为指数，通常为 0.75，即自然体重的 0.75 次方称为代谢体重）；

x、y、z——分别为不同产品（如胚胎、体组织、奶、蛋、毛）里某种营养物质的含量，单位一般为%；

c、d、e——某种营养物质在不同产品中的利用系数。

用析因法测定畜禽的营养需要比较客观，能测出各个目标的需要量，但测定项目烦琐，试验条件要求高，一般测得的结果略低于综合法测得的。

研究畜禽的营养需要，探讨各种畜禽对营养物质的需要特点，是制定饲养标准，合理配制日粮的重要依据。

二、畜禽维持需要的概念及意义

维持需要是指成年畜禽在不进行任何生产、体重不变、身体健康的维持状态下对蛋白质、矿物质、维生素等营养物质的最低需要。维持需要用于维持体温、各种器官的正常生理功能（基础代谢）和必需的自由活动。维持状态下的畜禽，其体组织仍然处于不断更新的动态平衡中，生产中很难使畜禽的维持需要处于绝对平衡的状态。因此，只能把休闲的空怀成年役畜、干乳空怀成年母畜、非配种季节的成年公畜、休产的母鸡等看成与维持相近的状态。

维持需要从畜禽生理上讲，是必不可少的，而从生产上讲，则是一项重要支出，为非生产性活动的养分消耗，因为它不能形成畜禽产品，没有经济效益。尽管如此，畜禽的各项生产活动都是在维持的基础上进行的，两者相互影响、互相制约。用于维持消耗的营养物质比例越大，饲料报酬就越低；反之，用于生产的营养物质比例越大，畜禽生产水平和饲料报酬就越高。我们研究畜禽维持需要的主要目的，在于尽可能减少维持需要的份额，增大生产需要的比例，有效地利用饲料中的各种营养物质，提高生产水平，增加经济效益。例如在畜禽生产潜力允许范围内，增加饲料投入，提高畜禽生产水平，可相对降低维持需要，从而增加生产效益。当然，缩短肉用畜禽的饲养时间，减少不必要的自由活动，加强饲养管理和控制适宜的畜舍温度等措施，都是减少维持需要，提高经济效益的有效方法。

三、影响畜禽维持需要的因素

维持需要，无论就绝对量或相对量而言，均非固定不变，而是随许多因素的改变而增减。现将主要影响因素分述如下。

1. 年龄和性别

幼年畜禽代谢旺盛，基础代谢消耗比成年畜禽和老年畜禽高，故幼年畜禽的维持需要相对高于成年畜禽和老年畜禽。性别也影响代谢消耗，公畜禽比母畜禽代谢消耗高，如公牛比母牛高 10%～20%。

2. 体重和体型

畜禽的体重越重，维持需要越多。以单位体重计算，体型小的维持需要比体型大的多。这是因为体型小者，单位体重具有的体表面积大，散热多，故维持需要也多。

3. 生产性能

畜禽生产水平不同，其代谢消耗和维持需要的量也不同。生产性能高的畜禽代谢强度高，各器官的活动与功能都强，故维持需要的量就高。一般代谢强度高的畜禽，按绝对量计算，其维持需要的量也大；但相对而言，维持需要所占的比例则小。

4. 环境温度

畜禽机体通过调节产热量和散热量来维持体温的恒定。当气温低、风速大时，畜禽机体散热量增加，为维持体温恒定，其必须加强体内物质氧化，以增加产热量，这时维持需要的能量可能成倍增加。当气温过高，尤其是闷热潮湿天气，畜禽因散热困难，呼吸和血液循环加快，也会增加代谢消耗。各种畜禽都有其适宜的温度范围，这一范围被称为"等热区"。畜禽所处的环境温度在等热区时，其代谢率最低，维持能量消耗最少，故营养需要量也最低。例如，猪体重在 45～115 kg 阶段其最适温度为 21 ℃，体重大于 115 kg 其最适温度则为 16 ℃。大致在临界温度以下每下降 1 ℃，每千克体重要多消耗 4.184～8.368 kJ 代谢能。换言之，每下降 1 ℃，每千克的体重要多吃精料 5 g 或更多。因此，在畜牧生产中，保持畜舍在适宜温度，可减少畜禽维持的能量的消耗，具有重要的经济意义。

5. 活动量

畜禽活动量越大，代谢消耗越多，维持需要就越高。所以，饲养肉用畜禽时应适当限制其活动，可减少维持需要的消耗。

6. 被毛厚薄

畜禽的被毛状态影响维持需要。如绵羊在剪毛前，其生存的临界温度为 0 ℃ 左右，而剪毛后可达到 30 ℃，故要避免在寒冷季节为绵羊剪毛。

7. 饲养管理制度

个体饲养的畜禽受低温影响较大，在寒冷的冬季，群饲密养可使畜禽相互挤聚以保持体温，从而减少体表热能散失，减少能量消耗。在生产中，冬季肥猪大圈群饲对保温是有效的；厚而干燥的垫草或保温性能良好的地面也可减少能量的消耗。

四、畜禽维持状态下的营养需要

1. 畜禽维持的能量需要

畜禽维持的能量需要，可根据基础代谢计算法、比较屠宰试验法等方法测定。

试验结果表明，畜禽基础代谢大约与体重的 0.75 次方成正比，与体表面积也有关。

每千克代谢体重每天消耗 293 kJ 净能。

基础代谢是指畜禽处于安静状态（立卧各半）、适宜的外界温度及绝食时的能量代谢。畜禽维持的能量需要，除了基础代谢外，还包括随意活动及环境条件变化所引起的能量消耗。在生产条件下，一般舍饲畜禽维持的能量需要是在基础代谢的基础上增加 20%，笼养鸡在基础代谢的基础上增加 37%，放牧家畜在基础代谢的基础上增加 50%～100%。因此。

$$维持能量需要 = 293\ W^{0.75} \times (1+a)$$

式中：

a——畜禽随意活动的能量消耗率，%；

$W^{0.75}$——代谢体重，kg。

维持时需要的能量可以用消化能、代谢能或净能来表示。它们之间的关系如下。

反刍家畜：消化能：代谢能：净能 = 100：82：（50～60）

猪：　　　消化能：代谢能：净能 = 100：96：70

2. 畜禽维持的蛋白质需要

畜禽在维持状态时，体内蛋白质处于动态平衡，蛋白质的代谢是不间断进行的。畜禽机体的组织修补、细胞合成、各种酶类及抗体的生成等，均需要一定量的蛋白质。即使喂不含粗蛋白质的日粮，粪、尿中仍会排出稳定数量的氮。从粪中排出的氮称为代谢粪氮，从尿中排出的氮称为内源尿氮。代谢粪氮与内源尿氮之和为维持氮量，维持氮量乘以 6.25 即可得维持的蛋白质需要，公式如下。

$$维持蛋白质需要 = （代谢粪氮 + 内源尿氮）\times 6.25$$

经试验表明，内源尿氮与基础代谢有一定比例关系，即基础代谢每消耗 4.184 kJ 能量，就排出内源尿氮约为 2 mg。因此，内源尿氮的排出量也可按代谢体重推算。

代谢粪氮与内源尿氮之间也存在着稳定的比例关系，但此种比例关系随畜禽种类不同而异。猪、鸡的代谢粪氮为内源尿氮的 40%；马、兔的为 60%；牛、羊的为 80%。

3. 畜禽维持的矿物元素需要

畜禽维持时钙、磷的需要量基本上与能量成正比，即维持时每 4 184 kJ 净能，需钙 1.25～1.26 g、磷 1.25 g。钠和氯以食盐的形式供给，每 100 kg 体重需要食盐 2 g。

4. 畜禽维持的维生素需要

维生素 A、维生素 D 的需要量与体重成正比，即每 100 kg 体重每日需要 6 600～8 800 IU 的维生素 A、90～100 IU 的维生素 D。不同种类、不同年龄的畜禽，对各种维生素的需要量差别较大。

析因法计算畜禽的营养需要量

1. 目的和要求

学会用析因法计算畜禽的营养需要量。

2. 材料准备

计算器、白纸、笔。

3. 操作步骤

（1）笼养蛋鸡在 21 ℃时，处于适宜温度，不需要考虑体温调节和活动量带来的额外能量消耗，所以维持代谢的代谢能需要 $= W^{0.75} \times 1.5 = 460 \times 1.5 = 690$ KJ/d。

（2）产蛋代谢能需要 $= 56 \times 90\% \times 6.7 \div 0.80 = 422.1$ kJ/d。

（3）日增重为 0，所以增重的代谢能需要为 0。

（4）总的代谢能需要量 $= 690 + 422.1 = 1\ 112.1$ kJ/d。

4. 学习效果评价

用析因法计算畜禽的营养需要量的学习效果评价如表 3-1 所示。

表 3-1　用析因法计算畜禽的营养需要量的学习效果评价

序号	评价内容	评价标准	分数/分	评价方式
1	合作意识	有团队合作精神，积极与小组成员协作，共同完成学习任务	10	小组自评20% 组间互评30% 教师评价30% 企业评价20%
2	沟通精神	成员之间能积极沟通解决问题	30	
3	正确快速完成	能在规定时间内完成任务	40	
4	记录与总结	能完成全部任务，记录详细、清晰，总结报告及时上交	20	
合计			100	100%

任务反思

（1）名词解释：营养需要、维持需要。

（2）影响畜禽维持需要的因素有哪些？

任务2　畜禽的生产需要

任务目标

知识目标　（1）掌握生产需要的概念。

（2）掌握各生产畜禽的营养需要特点。

技能目标　（1）会测定畜禽的营养需要。

（2）能根据畜禽的营养需要特点及影响因素指导生产。

素质目标　能具体问题具体分析。

任务准备

一、畜禽的生产需要的概念

畜禽的生产需要是指畜禽在生长、育肥、繁殖、泌乳、产蛋、产毛和使役时对各种营养物质的需要。维持需要与生产需要一起构成畜禽总的营养需要。

二、畜禽繁殖的营养需要

繁殖是畜牧生产的重要环节之一。提高畜禽的繁殖性能，繁殖多量的健壮畜禽是畜牧业高速发展的重要保证。繁殖家畜包括种公畜和种母畜。因此，了解种公畜和种母畜的生理特点及对营养物质需要的规律，并分别给予适宜的营养水平，是繁殖量多质优幼畜的基础条件。

1. 种公畜的营养需要

种公畜应具有良好的种用体况，体格健壮，性能旺盛，具有强而持久的配种能力，能生成量多质优的精液。加强种公畜的饲养管理，保证其各种营养物质的供给，无论是对幼年公畜的培育还是对成年公畜的配种能力都是十分重要的。

（1）能量需求。能量的供应对幼年公畜的培育和成年公畜的配种能力具有很大的影响。能量供应不足，可导致未成年公畜睾丸等性器官发育不良，性成熟推迟；成年公畜性欲降低，精子生成受阻，射精量少，精子活力差。因此，生产中在种公畜配种前就必须加强饲养。但能量供应过多，又易引起种公畜过于肥胖而降低其配种能力。一般种公畜合理的能量供给是在维持需要的基础上增加20%左右。

（2）蛋白质需要。蛋白质的数量与品质均可影响种公畜的性欲和精液品质。对配种任务不重的种公畜，蛋白质的需要量要在维持需要的基础上增加60%~70%；配种任务较重的种公畜蛋白质需要量应在维持需要的基础上增加90%~100%。要保证氨基酸的平衡供应，尤其是赖氨酸，赖氨酸对提高精液品质十分重要。

（3）矿物元素需要。影响种公畜精液品质的矿物元素有钙、磷、钠、氯、锌、锰、碘、钴、硒、铜等，特别应注意钙、磷和锌的供应。实验证明，公山羊长期缺锌的话，会导致睾丸发育不良，精子生成停止；猪日粮中缺乏钙和磷，会引起其睾丸病理变化，精子发育不良。

（4）维生素需要。维生素 A、维生素 E 与种公畜的繁殖功能有密切的关系。缺乏维生素 A，可使未成年公畜延迟性成熟；成年公畜性欲下降，精液品质差。长期缺乏维生素 E，可使公鸡睾丸退化，丧失繁殖能力。因此，应保证维生素 A、维生素 E 的供应，并应根据畜禽的需要，注意维生素 D、维生素 K 和维生素 B 族的供应。

2. 种母畜的营养需要

种母畜的饲养可分为配种前和妊娠后两个阶段。种母畜在这两个阶段的生理特点不同，营养需要也有很大的差异。

1）配种前母畜

对配种前母畜的饲养要求是体质健壮、中等膘情、发情正常、受胎率高。营养不足或营养过剩都不利。若营养不足，可造成后备母畜生长发育缓慢，初情期推迟，性成熟晚，发情不正常，受胎率低；可造成经产母畜过瘦，迟迟不发情，即便发情也不正常，排卵少，产仔少，并出现弱胎、死胎等现象。营养水平过高，可造成后备母畜发情期较早，受胎率低，乳腺脂肪沉积过多，产仔后奶量少；可造成经产母畜体况过肥，发情排卵不正常，受胎率下降，并易出现难产、产后无奶现象。因此，应根据母畜的膘情、健康状况调整营养水平，保证营养物质的合理供给。

对体况良好、膘情适中的配种前母畜，可按维持需要的营养供给；对体况较差、过瘦的配种前母畜，可采用短期优饲，即在配种前 10~20 d 提高日粮能量水平，在维持需要的基础上酌情增加 60%~100%；对于过肥的母畜应适当限制营养，增加青、粗饲料比例，使其体况适中；对于发情仍不正常的母畜，应注意维生素 A、维生素 E 等的补充，或饲喂优质青饲料，以促进母畜的发情及排卵量的增加。

2）妊娠后种母畜的营养需要特点

母畜妊娠后体内发生巨大的生理变化，主要表现在妊娠母畜体重增加和代谢增强。

（1）体重增加。体重增加主要包括两个方面：一是子宫及其内容物（胎儿、胎衣、羊水）的增长。母畜妊娠前期胎儿生长缓慢，中期生长逐渐加快，后期生长最快。胎儿初生体重的 2/3 是在妊娠最后 1/4 的时间内增长的。随着胎儿的增长，母畜子宫也不断增大，子宫壁增厚。同时，胎衣、羊水也随之增加。二是母畜体重增加。母畜由于妊娠致使自身组织的增重量远高于胎儿、子宫及其内容物和乳腺的总增重量。据测定，成年母畜妊娠期间比空怀时体重增加 10%~25%；母畜体组织沉积的蛋白质是胎儿及子宫内容物蛋白质的 3~4 倍，沉积的钙则为 5 倍。母畜妊娠期体重的增加，对维持产后自体健康和哺乳仔畜具有重要意义。

（2）代谢增强。妊娠母畜对饲料中营养物质的利用率高于空怀母畜。妊娠母畜这种特殊的沉积营养物质的能力，称为"妊娠合成代谢"。母畜妊娠合成代谢的强度，随妊娠期进展不断增强。母畜妊娠全期代谢率提高 11%~14%，妊娠后期更为明显，可提高 30%~40%。

根据母畜妊娠期的营养需要及生理特点，应在妊娠的不同时期喂给相应营养水平的饲料，以保证母畜的良好体况及胎儿的正常发育。因此，对妊娠母畜应采取"抓两头、带中间"的饲养原则，即对其营养物质的供给：前期要数量适当、质量保证；后期要保证质量，增加数量。就是说，前期数量不一定多，但质量一定要好，这是因为妊娠初期正是胎儿的着床期，尽管母畜需要的养分有限，但充足的营养对胎儿着床、胎儿的质量均十分重要。后期则要求"量多、质优"，因为妊娠后期胎儿发育迅速，母体沉积的更多，需要大量的营养物质。初产母畜由于其本身还在生长，更应加强营养。妊娠母畜的营养需要具体如下。

（1）能量需要。妊娠母畜能量的供应必须合适。日粮能量水平过高，势必造成母畜过肥，产仔数量降低，泌乳力下降，甚至出现产后无乳。若日粮能量供应不足，会导致母畜过瘦，仔畜初生体重小、成活率低。因此，对妊娠母畜能量的供给，妊娠前期一般在维持能量需要量的基础上增加 10%，妊娠后期则应逐步增加到 50%。

（2）蛋白质需要。为保证胎儿的正常发育和母畜健康以及母畜产后正常泌乳，必须供给妊娠母畜适量的蛋白质。由于胎儿及其子宫内容物的沉积随妊娠进程而逐渐增加，妊娠前期妊娠母畜对蛋白质的需要量少，而妊娠后期对蛋白质的需要量显著增加。在胎儿及子宫内容物的干物质中，蛋白质占 60%~70%；母体沉积的蛋白质更多。因此，必须保证蛋白质的合理供给，在数量上要满足，在质量上要保证，要注意氨基酸的平衡供应。对妊娠后期的高产奶牛补充适量的蛋氨酸也是十分必要的。

（3）矿物元素需要。妊娠母畜需要大量的钙和磷。钙、磷是胎儿骨骼的重要成分，在幼畜机体中，矿物元素占 3.0%~4.5%，其中钙、磷占矿物元素总量的 80%。母畜沉积的钙、磷更多。若日粮中钙、磷供应不足，将影响母畜体内钙、磷的贮备，使胎儿骨骼发育不良，同时易造成流产、死胎、产后胎衣不下、幼畜痉挛、母畜产后瘫痪等发生。微量元素锌、铁、铜、锰、碘、硒等，均能直接或间接地影响母畜的繁殖功能，为家畜繁殖及胎儿发育所必需。因此，保证微量元素的供给，对提高母畜的繁殖功能非常重要。

（4）维生素需要。妊娠母畜对维生素 A、维生素 E、维生素 D 的需要最为迫切。日粮中维生素 A 或胡萝卜素不足，可导致母畜性周期紊乱，发情不规律或停止发情；可导致胎盘表皮细胞角质化或坏死，造成流产或死胎。维生素 E 缺乏时，母畜不易受胎，胎儿易被吸收，或胎盘坏死，胎儿死亡。维生素 D 不足会影响母畜对钙、磷的吸收和胎儿骨骼发育，甚至造成母畜产后瘫痪。单胃畜禽还应注意其他维生素的补充。

三、生长畜禽的营养需要

生长畜禽系指从出生到开始繁殖为止的这一生理阶段（哺乳期和育成期）的畜禽。通常所讲的生长，实际包括了生长与发育两个概念。生长的实质是畜禽体重与体积增加，它是以细胞增大和分裂为基础的量变过程；发育则是畜禽内在特性的变化，它是以细胞分化为基础的质变过程。生长是用于不同生产目的（繁殖、育肥、产蛋、泌乳等）的畜禽能否发挥生产潜能的基础。因此，了解生长畜禽的生长规律及其营养需要是科学饲养生长畜禽，充分发挥其遗传潜力的关键。

畜禽的生长一般是用生长速度、绝对生长和相对生长作为衡量的指标。生长速度用日增重表示，即在一定时期内的增重量除以饲养天数。绝对生长是一定时期内的总增重。相对生长是以原体重为基数的增重量，用增重的倍数或含量表示。

1. 生长发育的一般规律及其与营养的关系

（1）生长曲线。畜禽随年龄增长，其体重的变化呈一缓慢的 S 形曲线。畜禽在生长期内生长速度由快变慢的过程中，有一个转折点（B 点），称为生长转缓点。在肉用畜禽生产中，常将生长转缓点对应的年龄或体重作为屠宰的年龄与体重，以利用生长递增期畜禽生长速度快、饲料转化率高的特点，加强营养与饲养，充分发挥此阶段的生长优势，获得更高的经济效益。

（2）体组织的生长规律。畜禽体组织的生长有其规律，即生长初期的生长重点是骨骼，此期骨骼生长较快，此后是肌肉，在接近成熟时脂肪沉积速度加快，生长后期以沉积脂肪为主。

骨骼、肌肉和脂肪三者的增长并非截然分开，而是相互重叠地同时增长，只是在不同生长阶段三者的生长重点和生长的强度不同。俗话说，"小猪长骨，中猪长肉，大猪长膘"，这话是有一定道理的。因此，生长初期应供给幼畜生长骨骼所需要的营养物质，即矿物元素丰富的饲料；中期必须供给足量的蛋白质和各种必需氨基酸，以促进肌肉生长；生长后期和成年期应供给形成脂肪的营养物质，即糖类多及脂肪适量的饲料。

（3）畜禽各部位的生长规律。畜禽的头和腿在幼龄时生长较快，生长发育结束的时间亦早，属于早熟部位。中期是体长生长最快的时期。体深（胸、臀、腰）快速生长的时期较晚，属于晚熟部位。

（4）体组织化学成分的变化规律。畜禽在生长期间体组织的化学成分也在不断变化。随年龄和体重的增长，体内水分和蛋白质的含量下降，脂肪的含量逐渐增加，灰分略有减少。由于脂肪含能量比蛋白质高，因此，畜禽每单位增重所含的能量也随年龄和体重的增长而提高。根据这一规律，对生长后期的和成年的畜禽，应提供足够的糖类作为合成体脂肪的原料，以降低饲料成本。

（5）内脏器官的增长规律。畜禽内脏器官的生长发育亦有一定规律。例如，犊牛在采食植物性饲料后，瘤胃和大肠即迅速增长，其增长速度比真胃和小肠快。据测定，初生犊牛瘤胃容量占复胃总量的 40%（真胃 60%），而至 3~4 月龄时，瘤胃占复胃总容量的 77%~85%。犊牛出生后随年龄增长，大肠生长率较小肠高，大、小肠二者比例逐渐缩小。例如，犊牛初生时，大、小肠的比例是 1：7.8，1 月龄时为 1：6，5 月龄时为 1：2.6。仔猪在生长期间，胃、小肠和大肠容积增长迅速。生产中应当利用这一规律，及早对幼畜补饲，锻炼幼畜采食饲料的能力，以促进其消化系统的生长发育，提高其成年后利用大量粗饲料的能力。

2. 影响畜禽生长发育的因素

（1）畜禽的种类与品种。畜禽的种类不同，生长发育的速度也不相同。按单位体重计算，肉仔鸡的生长速度最快，猪次之，牛较慢；早熟品种的畜禽较晚熟品种的生长发育速度快；现代高产品系的猪、鸡生长速度快。

（2）性别。性别影响生长速度，公畜体重增长率要高于母畜，因此其营养需要也应当比母畜高。在肉仔鸡生产中，提倡公鸡、母鸡分群饲养，分别喂给相应营养水平的饲料，既能充分地发挥公鸡和母鸡的生产率，又可降低饲养成本。

（3）气候条件。畜禽处在等热区，生长发育快。夏季高温季节，畜禽采食量明显下降，生长速度减慢。冬季严寒季节，畜禽为维持正常体温，需提高基础代谢率，维持消耗的能量增加，从而影响生长速度。

（4）营养水平。营养水平是影响畜禽生长发育的重要因素。饲料的能量浓度、蛋白质与氨基酸水平、维生素和矿物元素的含量都直接影响畜禽的生长速度。生产中，常用限制饲喂量或降低饲料养分浓度的方法对育成鸡实行限制饲养，以防增重过快、过肥，影响产蛋性能。

3. 畜禽生长的营养需要

畜禽生长具有物质代谢率高、同化作用强、生长发育快的生理特点，这一特点随年龄和体重的增长而逐渐降低，因此单位体重所需要的营养物质也随之减少。

（1）能量需要。生长畜禽的能量需要包括维持需要和生长需要。由于生长期间增重的内容不同，单位增重所含的能量也不同。因此，在确定生长畜禽的能量需要时，不能只根据增重的绝对量估测，还应该考虑增重的成分及其能值。

（2）蛋白质需要。幼年畜禽生长迅速，蛋白质代谢强度大，对蛋白质的需要量多。随年龄增长，畜禽生长速度逐渐变慢，蛋白质代谢率相对下降，体内沉积蛋白质逐渐减少，每单位体重所需要的蛋白质也随之减少。

对于猪、鸡和幼年反刍家畜在考虑蛋白质需要量的同时，还应考虑蛋白质的品质，需供给必需氨基酸平衡的饲料。

（3）矿物元素需要。畜禽生长期间需要大量矿物元素来满足各个组织、器官增长的需要和维持正常生理机能的需要。幼畜生长过程所沉积的矿物质占总增重的3%~4%，其中主要是钙和磷。因为钙、磷是骨骼的主要组成成分，骨骼是畜禽早期生长发育的重点，生长强度最大。畜禽对钙、磷的需要随年龄增长而逐渐减少，故单位体重所需要的钙、磷也随之减少。

畜禽生长除了需要钙、磷之外，还需要其他矿物元素，如钠、氯、钾、镁、铁、铜、锌、锰、碘和硒。

（4）维生素需要。猪、禽和幼年反刍家畜需要各种维生素，尤其对维生素A和维生素D敏感。对幼畜来说，维生素A主要来源于乳汁、青绿饲料和青干草。在充足的阳光下，畜禽能合成维生素D。

四、育肥畜禽的营养需要

育肥是指肉用畜禽在屠宰之前的较短时间内，采用较高水平的营养，使之沉积脂肪，以提高屠宰率和胴体品质。育肥的方式可以分为幼年育肥和成年育肥。随着人民生活水平不断提高和贸易出口的需要，现代肉用畜禽的生产主要采用幼年育肥。对于淘汰的种用和乳用家畜则采用成年育肥。

1. 育肥过程中畜禽体内成分的变化规律

幼年育肥包括生长发育和脂肪沉积两个过程，即在生长发育过程中，伴随着脂肪沉积。前期以沉积蛋白质为主，蛋白质、水分和矿物元素所占比例较大，脂肪所占比例较小。后期以沉积脂肪为主，蛋白质、水分和矿物元素所占比例逐渐减小，脂肪比例逐渐增大。因此，随着畜禽年龄增长，单位增重的能值越来越高。

幼年育肥所沉积的脂肪主要贮积在腹腔、皮下和肌肉间隙。一般以腹腔中沉积的脂肪最多，也最早，皮下次之，肌肉间隙沉积的脂肪最少，也最晚。

成年育肥以沉积脂肪为主，蛋白质沉积很少。成年家畜所沉积的脂肪，主要贮积在皮下组织、腹腔和肌肉组织中。

2. 影响育肥效率的因素

（1）畜禽种类与品种类型。畜禽种类不同，沉积脂肪的能力也不同，以猪沉积脂肪能力最强，肉鸡次之，肉牛较差。

（2）性别。在同一饲养水平下母猪比公猪长得快，脂肪沉积能力强，而公猪的瘦肉率要高于母猪。

（3）饲养水平。饲养水平过高或过低都会影响饲料转化率，不利于育肥。采用营养丰富的饲料育肥，消耗饲料少，经济效益高。

（4）饲料能量浓度。在一定饲料能量浓度范围内，畜禽能根据饲料的能量浓度调节采食量。饲料的能量浓度高，则采食量低，反之采食量高。因此，可以采用调节饲料能量浓度的措施对育肥效果进行调控。

此外，环境温度过高或过低，会通过影响畜禽采食量及增加维持消耗对畜禽的育肥效果和饲料的转化效率产生影响。

3. 育肥畜禽的营养需要

（1）能量需要。幼年育肥畜禽因身体成分中水分和蛋白质较多，脂肪少，含能量低，因而用于增重所需要的能量相对较少。成年育肥畜禽或幼年育肥畜禽的后期，由于增重中水分和蛋白质较少，脂肪含量显著增加，能量含量亦明显提高，因此所需要的能量也多。

育肥畜禽的能量需要是根据某一阶段增重的数量和每千克增重的热能值估计的。研究表明，反刍家畜的代谢能用于育肥的效率为 50%~60%，消化能转化为代谢能的利用率为 82%；猪分别为 68% 和 96%。

现代肉猪生产采用直线育肥法，也称一贯育肥法，即在整个育肥期给予肉猪丰富的饲料，饲料中能量浓度随肉猪体重和月龄增长而逐渐提高，蛋白质水平前高后低，营养供给和日增重都是直线上升，这种育肥方式能明显地提高增重率和缩短饲养周期。现代瘦肉型猪的生产采取前期敞开饲喂，后期限量15%的饲养方式，该方式既符合瘦肉型猪的生理规律，充分发挥其生产性能，又能提高瘦肉率。

（2）蛋白质需要。幼年育肥畜禽是生长和育肥同时进行的。前期蛋白质沉积相对较多，后期相对较少，故前期的蛋白质需要量应高于后期。一般来说，幼年育肥畜禽蛋白质的需要量应在维持的基础上增加1倍。

成年育肥畜禽蛋白质沉积少，对蛋白质的需要主要是满足机体正常代谢和维持食欲。因此，成年育肥畜禽的蛋白质的需要量应略高于维持的需要量。

（3）矿物元素和维生素需要。幼年育肥畜禽对矿物元素和维生素的需要量可以按照生长畜禽的需要量供给。成年育肥畜禽对矿物元素和维生素的需求不高，可按维持需要量供给。

五、泌乳家畜的营养需要

1. 乳的成分和形成

（1）乳的成分。不同种类家畜乳的成分不同。即使同一类家畜，其乳的成分也因品种、年龄、个体、饲料、泌乳期等不同而发生变化。

母畜分娩后的3~5 d分泌的乳汁称为初乳。此后分泌的乳汁称为常乳。初乳与常乳的成分有很大差异。初乳中蛋白质、维生素和微量元素含量丰富，尤其是免疫球蛋白含量极高，为常乳的61.1~75.6倍。因此，应使初生仔畜尽早吃上初乳，初生仔畜从中不仅可以获得充足的营养物质，还可以获得更多的抗体，这对于提高仔畜的免疫力，保证仔畜健康与快速生长发育至关重要。

（2）乳的形成。乳是在乳腺中形成的，其原料来自血液。血液中的某些物质可以不经过任何生化反应直接扩散到乳中，如维生素、微量元素、乳清蛋白、免疫球蛋白、酶、激素等。血液中的有些物质则作为乳的原料在乳腺中经过一系列复杂的生化反应形成乳，如乳糖、大部分乳脂和酪蛋白等。

乳腺合成乳时，需要有大量的血液流经乳腺。据测定，奶牛每形成1 kg乳要有500~600 L血液流经乳腺。所以，泌乳量在很大程度上取决于血液中某些物质的含量和通过乳腺的血流量。

2. 标准乳

为了提高泌乳量和改善乳的品质，必须满足母畜泌乳的营养需要。我国奶牛饲养标准中，奶牛的营养需要分为维持需要和生产需要两部分，并单独列表。日粮配制时，为了便于营养需要的计算和泌乳力的比较，一般将不同乳脂率的乳折算成含乳脂4%的乳（标准乳，FCM）。

将不同乳脂率的乳折算成含乳脂4%的标准乳的公式如下。

$$4\%乳脂率的乳量（kg）＝（0.4+15F）\times M$$

式中：

M——待折算的乳量，kg；

F——乳中含脂率，%。

我国奶牛饲养标准规定，奶牛所需能量统一用产奶净能来表示，并采用奶牛能量单位，即用相当于 1 kg 含脂 4%的标准乳所含的能量（3 138 kJ产奶净能）作为一个奶牛能量单位（NND），它可以用来表示各种饲料的产奶价值。

$$NND = 产奶净能（kJ）÷3\ 138（kJ）$$

1 kg 含干物质 89%的优质玉米，产奶净能为9 012 kJ，换算成奶牛能量单位为9 012÷3 138≈2.87。

3. 泌乳家畜的营养需要

泌乳家畜的营养需要是维持需要和泌乳需要的总和，如果泌乳家畜又处于妊娠或未成年，还应该增加妊娠需要和生长需要。其中泌乳的营养需要是根据泌乳量、乳的成分以及营养物质转化成乳成分的效率确定。

1）能量需要

我国奶牛饲养标准规定，成年泌乳母牛的维持能量需要为每千克代谢体重 356 kJ。产奶的能量需要可以根据乳的能量含量和家畜将饲料代谢能或消化能转化为产奶净能的利用率来计算。

奶牛每生产 1 kg 标准乳需要 3 138 kJ（3.138 MJ）产奶净能，奶牛将饲料中代谢能转化为乳中净能的效率为62%，将消化能转化为代谢能的效率为82%。因此，奶牛产 1 kg 标准乳需代谢能 5.06 MJ（5.06=3.138÷62%）或消化能 6.17 MJ（6.17=3.138÷62% ÷82%）。

2）蛋白质需要

泌乳家畜对蛋白质的需要可按照乳中蛋白质含量和饲料中蛋白质的利用率进行估算。据试验测定，奶牛对饲料中可消化粗蛋白质的利用率为60%~70%，对饲料中粗蛋白质的消化率为65%。奶牛产 1 kg 含蛋白质 34 g 的标准乳需可消化粗蛋白质49~57 g，需要粗蛋白质 75~88 g。

3）矿物元素需要

泌乳母畜需要大量矿物元素。高产奶牛在泌乳高峰期每天从乳中排出 350~400 g 矿物元素，哺乳母猪每天排出 55~65 g。母畜在泌乳高峰期，一般都会出现钙、磷不足。若饲料中钙、磷不足，会造成母畜产奶量下降，骨质疏松，甚至瘫痪。此外，还必须补充铁、铜、锌、锰、碘和硒等必需微量元素。

4）维生素需要

乳中含有多种维生素。由于奶牛瘤胃中的微生物能合成维生素 K 和维生素 B 族，奶牛体内可以合成维生素 C，所以奶牛需要注意补充维生素 A、维生素 D 和维生素 E。对于泌乳母猪，除需要补充足量的脂溶性维生素外，还应保证维生素 B 族的供给。

4. 影响泌乳和乳成分的因素

影响家畜泌乳和乳成分的因素有品种、年龄、胎次、泌乳期、气温、营养水平等。其中，营养水平和日粮中粗、精料比例是最重要的因素。

1）营养水平

泌乳量和乳的品质，不仅受现期营养水平的影响，而且也受前期营养水平的影响。适宜的营养水平对生长期奶牛的培育非常重要。一般泌乳初期，日粮的营养水平应适当高于实际泌乳需要，并随泌乳量的提高而不断增加，这样可充分发挥母畜的泌乳潜力。

2）日粮中粗、精料比例

日粮中粗、精料比例可影响瘤胃发酵性质和体内合成挥发性脂肪酸的比例。若精料比例大，则产乙酸少、丙酸多，从而降低乳脂率而增加体脂的合成；相反，若粗料比例大，则有利于乙酸的产生，从而提高乳脂率。粗料型日粮不利于泌乳量的提高。饲养实践证明，为保证泌乳量和乳脂率，奶牛日粮以精料占 40%~60%、粗纤维占 15%~17% 为宜。

另外，母畜的遗传性、内分泌、乳腺发育程度、体重，挤奶技术，青绿多汁饲料喂与否，泌乳期发情与否等因素均会影响泌乳量。

六、产蛋家禽的营养需要

家禽体重小、体温高、活动量大、基础代谢率高，故维持的需要量高。因此，相对于家畜而言，产蛋家禽的营养需要是较高的。

1. 蛋的成分

禽蛋不仅含有丰富的蛋白质，而且含有各种必需氨基酸。此外，禽蛋还含有丰富的钙、磷、铁、钠、钾、锰、硫、氯、镁等矿物元素和维生素 A、维生素 D、维生素 E、维生素 B 族。

2. 产蛋家禽的营养需要

产蛋家禽的营养需要可分为维持需要和产蛋需要，对于未成年的产蛋家禽还包括增重需要。维持需要取决于母禽的体重、活动量和环境温度。产蛋需要与产蛋水平有关

（1）能量需要。据研究测定，成年母鸡每日每千克代谢体重的净能为 285 kJ，基础代谢能转化为净能的效率按 80% 计算，则成年母鸡每日每千克代谢体重的量不变代谢能为 356 kJ。鸡用于自由活动的能量通常为基础代谢的 37%~50%，笼养蛋鸡按 37% 计算、平养蛋鸡按 50% 计算，那么，笼养蛋鸡每日维持代谢能的需要量是 488 $W^{0.75}$ kJ（W 为体重，$W^{0.75}$ 为代谢体重，单位为 kg）；平养蛋鸡每日维持代谢能需要量是 534$W^{0.75}$ kJ。

母鸡产蛋的能量需要取决于蛋重和饲料代谢能用于产蛋的效率。一般来说，1 枚 56 g 的鸡蛋平均含 377 kJ 的净能，饲料代谢能用于产蛋的效率为 65%，则产 1 枚鸡蛋约需要 580 kJ 的代谢能。

环境温度对维持的能量需要产生明显的影响。当家禽处于低于下限临界温度的环境中，机体代谢率提高，产热量增加；当家禽处在高于舒适温度的环境中，虽然维持体温消耗的能量减少，但机体为了驱散多余的产热量，代谢率亦要提高。因此，气温过高或过低都会影响维持的能量需要。

饲养标准是适宜环境条件下的推荐量，在实际生产中，应根据季节变化调节畜禽的采

食量或饲料的能量浓度。如鸡处在冷应激时，气温每下降 1 ℃（适宜温度范围为 18~21 ℃），要多供给 1.5%的饲料。在热应激时，应根据采食量下降的程度适当地提高饲料的能量浓度。

（2）蛋白质和氨基酸的需要。产蛋鸡的蛋白质需要取决于母鸡的体重和产蛋量。

蛋白能量比是指 1 kg 饲料中每兆焦代谢能所含粗蛋白质的克数，单位用 g/MJ 表示。

如我国饲养标准规定，产蛋率大于 80%的产蛋鸡饲料代谢能含量为 11.5 MJ/kg。粗蛋白质为 16.5%，蛋白能量比则为 14.3 g/MJ。当饲料能量浓度改变时，粗蛋白质水平也随之改变，以保持饲料蛋白能量比不变。

（3）矿物元素需要。产蛋家禽至少需要 13 种矿物质元素，其中需要量最多的是钙。因为产蛋家禽除了满足自身对钙的需要外，还要用于产蛋，产蛋对钙的需要量颇大。

磷是产蛋家禽必需的矿物元素之一，它在家禽鸡饲料中约占 0.6%，家禽饲料中应补充适量的无机磷，以满足家禽产蛋和健康的需要。

在确定产蛋家禽饲料中钙和磷的含量时，还应注意钙和磷的比例。一般认为，产蛋家禽饲料中钙、磷比例应为（5~7）：1 或者钙与有效磷比例为 12：1。

食盐能提高家禽的食欲，促进饲料中氮的利用，防止啄癖。产蛋家禽饲料中食盐用量为 0.25%~0.40%。产蛋家禽还需要铁、锌、锰、铜、碘、硒等微量元素。

（4）维生素需要。产蛋家禽对维生素缺乏十分敏感，饲料中维生素不足会影响产蛋率和孵化率，严重时可引起多种疾病。常用饲料中易缺乏的维生素有维生素 A、维生素 D、维生素 E、维生素 B_2、泛酸、烟酸和维生素 B_{12}。维生素 D 能促进钙、磷吸收与代谢，对于提高蛋壳质量有促进作用。维生素 B_2、维生素 B_{12} 和维生素 B_7 缺乏将导致孵化率、健雏率降低。

七、产毛畜禽的营养需要

产毛畜禽通常指绵羊与毛兔。产毛动物的产毛量和毛的质量主要取决于产毛动物的品种与营养管理水平，因此，了解毛的化学组成、营养与产毛的关系以及产毛动物的营养需要是提高产毛量与毛质量的重要保证。

1. 毛的化学成分及其营养的关系

羊毛主要由五种化学元素组成，其中碳 50%、氢 8%、氧 22%、氮 16%、硫 3%。此外，钾、氯、钙、钠、磷等占 1%~3%。由上述元素组成的角蛋白质是羊毛的主要组成成分。羊毛的角蛋白质中胱氨酸的含量很高，约占 9%，胱氨酸对羊毛的产量和羊毛的弹性与强度有重要影响。

兔毛含蛋白质 93%，几乎全是角质蛋白。兔毛中胱氨酸的含量为 13.8%~15.5%，比羊毛高。

2. 产毛家畜的营养需要

（1）能量需要。饲料的能量水平对产毛家禽的产毛量和所产毛的质量有明显影响。

（2）蛋白质需要。饲料的蛋白质水平过低，将影响角蛋白质合成，使产毛量下降。蛋白质供给不均衡，在蛋白质供给水平过低时，毛的品质下降。通过用母羊进行的实验证明，达到最大产毛量的饲料蛋白质含量以10%为宜。

胱氨酸是组成角蛋白质的重要氨基酸，并对毛的质量有明显影响。在产毛家畜饲料中，不仅应供给足够的蛋白质，还要求供给的蛋白质中含有丰富的含硫氨基酸，特别是胱氨酸。

（3）矿物元素需要。饲料中矿物元素含量低于需要量时，产毛家畜的采食量下降，体内营养物质代谢受影响。研究表明，与绵羊产毛有关的矿物元素有锌、铜、硫、硒、磷、钾、钠、氟和钴等。其中，硫、铜和锌对绵羊产毛的影响较大。

毛中化学元素中除了碳、氢、氧、氮之外，以硫的含量最高。硫以二硫键的形式存在于角蛋白质的胱氨酸中。反刍家畜的瘤胃微生物可利用无机硫合成蛋氨酸和胱氨酸；毛兔利用无机硫的能力较差，因此，在毛兔日粮中应注意添加含硫氨基酸。为了有效地利用非蛋白氮，饲料中要注意补充无机硫。硫与氮的比例应为1:（10~13），无机硫的补饲量一般占饲料干物质的0.1%~0.2%。

铜对毛的品质有明显的影响。产毛家畜缺铜时被毛蓬乱，毛的弯曲减少和弹性降低，同时还影响毛的色素形成，使有色毛褪色或变色；严重缺铜时，毛纤维的弯曲丧失，并引起铁代谢紊乱，导致出现贫血，产毛量下降。生产中，每千克饲料干物质可添加铜5~10 mg。

缺锌造成产毛家畜皮肤角化不全，脱毛，毛易断。此外，缺碘和缺钴也会造成产毛量下降，毛稀、易断裂。

（4）维生素需要。产毛家畜的饲料缺乏维生素A或胡萝卜素，会造成其皮肤表皮及附着器官萎缩退化，表皮脱落及毛囊角质化，汗腺与皮脂腺的分泌功能下降，从而使皮肤粗糙，产毛量与毛的品质下降。此外，维生素B_2、维生素B_7、烟酸和泛酸等维生素都与皮肤健康有关，缺乏时都能影响毛的生长。

任务实施

畜禽营养物质需要量的计算

1. 目的和要求

学会计算畜禽对营养物质的需要量。

2. 材料准备

计算器、白纸、笔。

3. 操作步骤

（1）某奶牛场所产的牛乳乳脂率为3.6%，那么1 kg乳脂率为3.6%的牛乳可换算成为乳脂率为4%的标准乳多少千克？

已知不同乳脂率的乳折算成标准乳的公式如下：

$$标准乳的乳量（kg）=（0.4+15F）\times M$$

式中：

M——待折算的乳量，kg；

F——乳脂率，%。

因此1 kg乳脂率3.6%的乳折算为标准乳的乳量为：（0.4+15×3.6%）×1＝0.94 kg，即1 kg乳脂率3.6%的乳可折算成0.94 kg的标准乳。

（2）1 kg干物质为89%的优质玉米，其产乳净能为9 012kJ，若将产乳净能换算为奶牛能量单位（NND），应如何换算？

NND的换算公式：

$$NND = \frac{产奶净能（kJ）}{3\ 138（kJ）}$$

则该优质玉米的奶牛能量单位为2.87（2.87＝9 012÷3 138）。

（3）某牛场有体重为500 kg的泌乳母牛，日产乳脂率为3.5%的乳40 kg，那么在饲料中需要提供可消化粗蛋白质多少克？

对奶牛来讲，总营养需要 ＝ 维持需要+生产需要。根据牛的饲养标准（NY/T 34—2004），查出体重为500 kg的奶牛，维持所需的可消化粗蛋白需要量为317g。产1 kg乳脂率为3.5%的乳需要可消化粗蛋白为53 g，则产30 kg乳脂率为3.5%的乳需要可消化粗蛋白30×53＝1 590 g。需要可消化粗蛋白总量为317+1 590＝1 907 g。

4. 记录与总结

记录计算过程，总结计算过程中的问题与难点，多加计算练习。

5. 学习效果评价

畜禽对营养物质需要量的计算的学习效果评价如表3-2所示。

表3-2　畜禽对营养物质需要量的计算的学习效果评价

序号	评价内容	评价标准	分数/分	评价方式
1	合作意识	有团队合作精神，积极与小组成员协作，共同完成学习任务	10	小组自评20% 组间互评30% 教师评价30% 企业评价20%
2	沟通精神	成员之间能积极沟通解决问题的思路	30	
3	正确快速计算	能在规定时间内计算出畜禽营养物质需要量	40	
4	记录与总结	能完成全部任务，记录详细、清晰，总结报告及时上交	20	
合计			100	100%

任务反思

（1）简述配种前母畜的营养需要特点。

（2）什么是标准乳？标准乳的折算公式是什么？

　　　　畜禽饲养标准

任务目标

▼ **知识目标**　（1）理解饲养标准的概念与作用。

　　　　　　　（2）掌握饲养标准中各指标的表达方式。

　　　　　　　（3）了解使用畜禽饲养标准应注意的问题。

▼ **技能目标**　会表示畜禽的营养需要量。

▼ **素质目标**　（1）树立饲料与畜产品的质量与安全意识。

　　　　　　　（2）充分认识畜禽饲养标准与社会的关系，树立社会责任意识。

任务准备

一、饲养标准的概念与作用

饲养标准是根据大量试验结果和动物生产的实际，对各种特定动物所需要的各种营养物质的定额做出的规定。简言之，即特定动物系统成套的营养定额就是饲养标准。

饲养标准是一个传统的名词，现行饲养标准则更确切，其内容是：系统地表述经试验研究确定的特定动物（不同种类、性别、年龄、体重、生理状态、生产性能等）的能量和各种营养物质的定额数值，经有关专家组集中审定后，定期或不定期以专题报告性的文件由有关权威机关颁发执行。饲养标准或营养需要的指标及其数值都以表格的形式出现。

饲养标准是动物营养需要研究应用于动物饲养实践的最权威的表述，反映了动物生存和生产对饲料及营养物质的客观要求，高度概括和总结了营养研究和生产实践的最新进展，具有很强的科学性和广泛的指导性。它是动物生产计划中组织饲料供给、设计饲料配方、生产平衡饲料，以及对动物实行标准化饲养的技术指南和科学依据。

二、畜禽饲养标准的内容

（一）采食量

干物质或风干物质的采食量是一个综合性指标。

（二）能量

禽类用代谢能体系，世界各国都比较一致；猪的能量体系各国不完全一致，美国、加拿大等国用消化能，欧洲各国多用代谢能，我国用消化能；反刍家畜多用净能。

（三）蛋白质

蛋白质包括粗蛋白质和可消化粗蛋白质。我国各种畜禽一般都用粗蛋白质来表示蛋白质需要，奶牛两者都标出。

（四）氨基酸

氨基酸包括必需氨基酸和非必需氨基酸。畜禽饲养标准中一般列出部分或全部必需氨基酸的需要量，并表示为其占日粮或粗蛋白质的比例，或每天的绝对需要量。

（五）脂肪酸

脂肪酸一般指必需脂肪酸。亚油酸是一种脂肪酸，一般在饲养标准中都会列出亚油酸的需要量。

（六）维生素

维生素包括脂溶性维生素和水溶性维生素。反刍家畜一般只列出部分或全部脂溶性维生素。单胃畜禽则将脂溶性维生素和水溶性维生素部分或全部列出。一般饲养标准中，维生素 A、维生素 D、维生素 E 用国际单位（IU）标出，维生素 K 和水溶性维生素用 mg 或 μg 标出。

（七）矿物元素

矿物元素包括常量元素和微量元素。常量元素钙、磷、钠和氯等在饲养标准中都按含量列出需要量。微量元素铁、锌、锰、铜、碘、硒、钴等在饲养标准中都用 mg（每千克饲料中）列出需要量。

三、畜禽饲养标准的表达方式

（一）按每头（只）动物每天需要量表示

以一头（只）某一体重某一生产形式的畜禽每天对能量和各种营养物质的需要量表示。例如：20~50 kg 阶段的生长猪，每天每头需要消化能 27 MJ，粗蛋白质 285 g，钙 11.4 g，总磷 9.5 g，维生素 A 2 470 IU。这种表达方式对畜禽生产者估计饲料供给或对畜禽进行严格计量限饲很实用。

（二）按单位饲料营养物质浓度表示

按每千克饲料的营养物质含量（MJ、g、mg）或百分含量表示，可按饲喂状态（含自然水分）或绝干状态计算。此法适用于自由采食的畜禽和饲料配制。例如：0~4 周龄肉用仔鸡每千克饲料中的营养物质含量需要粗蛋白 21%，代谢能 12.13 MJ 等，该表示法分饲料风干基础或全干基础两种，对群体饲养、配合饲料生产和配方设计都很实用。一般猪、禽等饲料的配方设计与饲料的生产均用这种方法。

（三）其他表示法

1. 按单位能量中的营养物质含量表示

能量和蛋白质的关系表示为能量蛋白比或蛋白能量比。此法适用于平衡饲料营养物质。例如：6周龄以前的生长禽日粮，1MJ代谢能需要67 g粗蛋白质，需要蛋氨酸加胱氨酸2.07 g。这种表示法有利于畜禽平衡采食营养物质。

2. 按体重或代谢体重表示

这种表示法表明了养分需要量与体重（自然体重或代谢体重）之间的关系。例如：产奶母牛维持的粗蛋白需要量是 $4.6\ g/W^{0.75}$；钙、磷、食盐的维持需要量分别是每100 kg体重6 g、4.5 g、3 g。此表示方法方便计算任何体重的维持需要量。

3. 按生产力表示

此法表示每生产1 kg产品的养分需要量。例如：奶牛每产1 kg标准乳需要粗蛋白质85 g。

四、使用畜禽饲养标准时应注意的问题

畜禽饲养标准是饲养畜禽的准则，可使畜禽饲养者做到心中有数，不盲目饲养，但畜禽饲养标准并不能保证饲养者养好所有畜禽。实际生产中，影响饲养效果和营养需要的因素很多，饲养标准具有普遍性的指导原则，在制定标准过程中不可能对所有的影响因素都加以考虑。比如同品种畜禽之间的个体差异、千差万别的饲料适口性和物理特性、不同的饲养环境条件的影响，甚至市场、经济形势变化对饲养者的影响等。所以，饲养标准规定的数值，并不是在任何情况下都固定不变的，在采用畜禽饲养标准中营养定额设计日粮配方和拟定饲养计划时，对饲养标准要正确理解，灵活运用。饲养标准中的营养定额，是一定试验结果的平均数，其使用性是有条件的，即有它的局限性。由于不同国家、地区、季节的畜禽生产性能、饲料规格及质量、环境温度和经营管理方式等的差异，在应用时，应按实际生产水平和饲养条件对饲养标准中的营养定额进行适当调整。

任务实施

畜禽的营养需要量的表示

1. 目的和要求

通过实际操作和数据处理，学生能够深入了解特定畜禽的营养需求，并能以合适的方式表达动物所需的营养量。

2. 材料准备

选择特定的畜禽种类进行研究，如鸡、牛或猪。

收集和整理关于该畜禽的营养需求数据，包括蛋白质、糖类、脂肪、维生素和矿物元素等相关指标。

3. 操作步骤

查阅相关资料，了解选择的畜禽种类的生理特点和饲养习惯，确定其所需的营养物

质。收集和整理该畜禽种类的营养需求数据，包括蛋白质、糖类、脂肪、维生素和矿物质等相关指标。这些数据可以来源于科学文献、官方指南或专业研究报告。

根据收集到的数据，计算并生成该种畜禽营养需要量的实际数据。可以使用电子表格软件（如 Excel）进行计算和数据处理。

根据具体要求，学生可以生成不同阶段或不同生理条件下的营养需要量数据。例如，对于鸡，可以生成不同生长阶段（如育雏期、育成期）的蛋白质、糖类等营养物质需求数据。可以将生成的数据以表格或图片的形式进行呈现，比如柱状图或折线图，以显示不同营养物质在不同阶段的需求量。

4. 记录与总结

记录实际操作过程中所采用的数据和方法，并在试验结束后进行总结。总结可以包括对不同畜禽种类营养需求的分析和比较、数据处理的方法和原则等方面的内容。

5. 学习效果评价

畜禽的营养需要量的表示的学习效果评价如表 3-3 所示。

表 3-3　畜禽的营养需要量的表示的学习效果评价

序号	评价内容	评价标准	分数/分	评价方式
1	合作意识	有团队合作精神，积极与小组成员协作，共同完成学习任务	10	小组自评 20% 组间互评 30% 教师评价 30% 企业评价 20%
2	沟通精神	成员之间能积极沟通解决问题	30	
3	动物的营养需要量	能在规定时间列出动物的营养需要量	40	
4	记录与总结	能完成全部任务，记录详细、清晰，总结报告及时上交	20	
	合计		100	100%

任务反思

（1）名词解释：饲养标准。

（2）我国畜禽饲养标准一般包括哪些内容？

（3）如何正确使用畜禽饲养标准？

项|目|小|结 ▶▶▶

畜禽营养需要项目小结如图 3-1 所示。

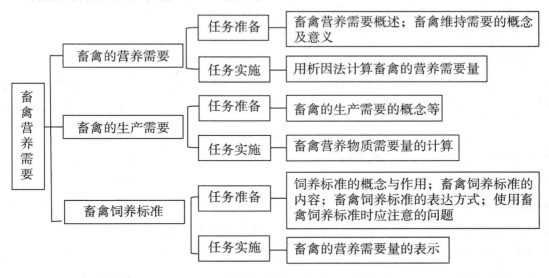

图 3-1　畜禽营养需要项目小结

一、单项选择题

1. 一般种公畜合理的能量供应是在维持需要的基础上增加　　　　　（　　）

　　A. 5%　　　　　　　　B. 10%　　　　　　　　C. 15%　　　　　　　　D. 20%

2. 对毛产量和品质影响最大的氨基酸是　　　　　　　　　　　　　（　　）

　　A. 蛋氨酸　　　　　　B. 胱氨酸　　　　　　　C. 色氨酸　　　　　　D. 苏氨酸

3. 畜禽种类不同，其维持需要也不同，按单位体重计算（　　　）的最高

　　A. 猪　　　　　　　　B. 牛　　　　　　　　　C. 羊　　　　　　　　D. 鸡

4. 日粮营养水平越低，维持营养需要占总营养需要的比例　　　　　（　　）

　　A. 越大　　　　　　　B. 越小　　　　　　　　C. 不变　　　　　　　D. 没有相关性

5. 饲养标准中禽用　　　　　　　　　　　　　　　　　　　　　　　（　　）

　　A. 消化能　　　　　　B. 代谢能　　　　　　　C. 产奶净能　　　　　D. 奶牛能量单位

6. 在饲养标准中，水溶性维生素的单位是　　　　　　　　　　　　（　　）

　　A. mg　　　　　　　　B. g　　　　　　　　　　C. %　　　　　　　　D. IU

7. 在饲养标准中，维生素 A、维生素 D、维生素 E 的单位是　　　　（　　）

　　A. mg　　　　　　　　B. g　　　　　　　　　　C. %　　　　　　　　D. IU

8. 配制猪禽饲料时，粗蛋白质单位用（　　）表示

    A. g   B. g/kg   C. %   D. IU

9. 饲养标准中，表示鸡能量需要的单位通常用（　　）

    A. %   B. g   C. MJ/kg   D. MJ

二、多项选择题

1. 综合法常用的测定方法有 　　　　　　　　　　　　　　　　　　　　（　　）

    A. 饲养试验法   B. 平衡试验法   C. 比较屠宰试验法   D. 绝食代谢试验法

2. 影响畜禽生长发育的因素有 　　　　　　　　　　　　　　　　　　　（　　）

    A. 种类   B. 性别   C. 气候条件   D. 营养水平

3. 下列矿物元素中，对产毛影响较大的有 　　　　　　　　　　　　　（　　）

    A. 硫   B. 铜   C. 锌   D. 钾

4. 维持营养需要主要用于 　　　　　　　　　　　　　　　　　　　　　（　　）

    A. 维持体温   B. 基础代谢   C. 必需的自由活动   D. 繁殖后代

5. 肉用畜禽的育肥方式可以分为 　　　　　　　　　　　　　　　　　（　　）

    A. 幼年育肥   B. 直线育肥   C. 成年育肥   D. 吊架子育肥

6. 畜禽饲养标准中，表示采食量的指标有 　　　　　　　　　　　　　（　　）

    A. 干物质采食量   B. 常态物质采食   C. 风干物质采食量   D. 以上三种均有

7. 畜禽饲养标准中，表示能量的指标有 　　　　　　　　　　　　　　（　　）

    A. 总能   B. 代谢能   C. 消化能   D. 净能

8. 畜禽饲养标准具有下列哪些特性 　　　　　　　　　　　　　　　　（　　）

    A. 权威性   B. 科学性   C. 实用性   D. 局限性

9. 饲养标准的表达方式有 　　　　　　　　　　　　　　　　　　　　　（　　）

    A. 按每头动物每天需要量表示   B. 按单位饲料营养物质浓度表示

    C. 按体重或代谢体重表示   D. 按单位能量中的营养物质含量表示

三、判断题

（　　）1. 种公猪的维持需要低于同体重的母猪。

（　　）2. 饲喂优质的青绿饲料，可以促进母畜的发情、排卵。

（　　）3. 缺碘和缺硒也会造成产毛量下降，毛稀、易断裂。

（　　）4. 饲料能量浓度越高，畜禽的采食量反而会降低。

（　　）5. 日粮对乳脂率的影响，主要取决于日粮中粗纤维的含量。

（　　）6. 产蛋家禽的蛋白质需要实质上是对各种必需氨基酸的需要。

（　　）7. 生长家畜随年龄的增长，每单位增重所需的能量和蛋白质随之减少。

（　　）8. 畜禽生产水平越高，维持需要所占比例越小，饲料报酬越高。

（　　）9. 饲养标准中，反刍家畜一般列出部分或全部脂溶性维生素和水溶性维生素。

（　）10. 饲养标准对养殖业具有普遍性的指导原则。

（　）11. 饲养标准中一般列出全部必需氨基酸的需要量，并表示为其占日粮或粗蛋白质的比例，或每天的绝对需要量。

（　）12. 饲养标准是根据大量试验结果与动物生产的实际得出来的，在使用时不能更改。

（　）13. 只要按照饲养标准为畜禽供给营养，就能保证我们养好所有畜禽。

（　）14. 饲养标准或营养需要的指标及其数值都是以表格的形式出现的。

（　）15. 饲养标准具有很强的科学性和广泛的指导性。

💡 项│目│链│接 ▶▶▶ ▷

断奶仔猪的营养调控

现代化养猪生产时要求将仔猪断奶日龄提前，由传统的 56 日龄，提前至 28~35 日龄或 21 日龄，还有的提前至 7~14 日龄。断奶可能导致仔猪在营养、环境和心理上的应激，从而发生"断奶仔猪综合征"，主要表现为仔猪采食量减少，生长受阻，体重下降，腹泻，甚至死亡。表 3-4 为断奶导致仔猪腹泻的情况。在生产中，如不及时采取营养调控和加强饲养管理等措施，仔猪断奶所造成的腹泻将会严重地影响仔猪的成活率和生长速度，乃至其终生的生产力。

表 3-4 断奶导致仔猪的腹泻率

时间	腹泻率/%
断奶头 7 天	0.6
断奶第 8~13 天	32.0
断奶第 14~17 天	41.4
断奶第 22~28 天	8.4
腹泻造成的死亡率为 20%~30%，总增重下降 33%	

一、断奶仔猪腹泻的饲料因素

以往认为，断奶仔猪腹泻是病原微生物侵袭所致。近年的研究证明，饲料因素是导致断奶仔猪腹泻的主要原因。如果不能及时控制腹泻，继发大肠杆菌等病原微生物感染，仔猪腹泻将进一步加剧，甚至造成死亡。

（1）饲料中的蛋白质。豆饼（粕）中的大豆球蛋白和 β-聚球蛋白是引起仔猪腹泻的抗原物质。仔猪胃肠道对于从未接触过的抗原物质会产生免疫反应，以消除抗原的影响。其结果会造成肠道细胞损伤及与消化有关的酶水平下降、肠绒毛萎缩等，从而导致营养物质消化吸收障碍。当饲料中抗原物质达到一定数量或作用一定时间后，仔猪肠道便产生免疫耐受力，从此对外来抗原不再发生反应。如果仔猪在断奶时对抗原物质没有适应或肠道尚未建立免疫耐受力，则易诱发腹泻。

由于仔猪的消化管及其酶系统尚未发育完全，胃酸分泌少，酶的活性低，尤其是蛋白酶，加之抗原物质造成小肠损伤，故其对饲料中营养物质的消化吸收会进一步降低，过多的蛋白质涌入大肠，经大肠内微生物的发酵作用，产生氨、胺类、吲哚和硫化氢等产物。其中许多产物对仔猪有毒害作用，这些有毒的物质会造成结肠损伤。结肠是动物吸收水分和无机盐的重要器官，结肠受损会导致肠道水分的吸收率大大下降，加之腐败物质对结肠黏膜的刺激，又促进了肠液分泌，使腹泻加剧。

（2）采食量。仔猪断奶后，先是采食量下降或拒食，后因饥饿而过度采食。过度采食导致抗原物质和蛋白质摄入量过多，将引起更强烈的过敏反应和大肠腐败作用，同时也为肠道细菌生长繁殖提供了更多养分，从而增加了发生细菌性腹泻的可能性。

此外，饲料中的抗营养因子、饲料养分缺乏以及饲料中营养物质不平衡等也是造成断奶仔猪腹泻的重要因素。

二、断奶仔猪的营养调控

（1）合理补饲。研究证明，仔猪在断奶前至少要采食 600 g 补料，才能使肠道产生免疫耐受力。8 周龄以后断奶的仔猪对补料的质量要求不高。4~5 周龄断奶的仔猪需要高质量的补料，应给予优质、易消化、适口性好的饲料，使其在断奶前采食到大量补料，建立起免疫耐受力。3 周龄以前断奶的仔猪，其采食量不会超过 75 g，补料只能造成其肠道损伤。因此，对于 3 周龄和 3 周龄以前断奶仔猪不补料，采取突然断奶并降低日粮蛋白质水平的方法，该方法效果优于补饲。

（2）降低饲料蛋白质水平。饲料蛋白质是主要的抗原物质，降低其蛋白质水平，可以减轻仔猪肠道的免疫反应和蛋白质在大肠中的腐败作用。研究证明，饲料粗蛋白质水平比饲养标准推荐值下降 2~3 个百分点，保证氨基酸的供给，能使仔猪腹泻明显减轻，对增重速度也不会造成较大影响。

此外，在断奶仔猪的饲料中，可添加 10%~15% 的乳清粉和 3%~5% 的脂肪以提高饲料能量水平；可添加 1%~2% 的乳酸或柠檬酸等酸化剂以降低消化管内 pH 值。

犊牛和羔羊断奶时也会像仔猪一样发生腹泻。因此，应对其提早补饲新鲜青绿饲料、优质青干草和精料，使其在断奶前能采食到较多的植物性饲料，以减轻断奶应激造成的不良影响。

项目四
饲料及加工

项目导入

　　饲料既可给畜禽提供所需的营养成分，又可起到填充胃肠而让畜禽有饱感的作用。饲料品质的优劣直接影响畜禽的生长发育及生产性能。

　　通过本项目的学习，掌握饲料的种类、营养特性、饲喂特点和加工技术等，能够合理利用饲料原料，配制满足畜禽营养需要的配合饲料。

　　本项目有9个学习任务：（1）了解饲料的概念与分类。

　　　　　　　　　　　　　（2）了解粗饲料。

　　　　　　　　　　　　　（3）了解青绿饲料。

　　　　　　　　　　　　　（4）了解青贮饲料。

　　　　　　　　　　　　　（5）了解能量饲料。

　　　　　　　　　　　　　（6）了解蛋白质饲料。

　　　　　　　　　　　　　（7）了解矿物质饲料。

　　　　　　　　　　　　　（8）了解饲料添加剂。

　　　　　　　　　　　　　（9）了解饲料的加工调制。

任务1 　饲料的概念与分类

任务目标

▽ **知识目标**　（1）了解饲料的概念。
　　　　　　　　（2）掌握国际饲料分类法。
▽ **技能目标**　能对常用饲料原料进行识别。
▽ **素质目标**　（1）树立正确的价值观和科学精神，提高责任感和社会意识。
　　　　　　　　（2）增强绿色生态意识、资源节约意识和可持续发展意识。

任务准备

一、饲料的概念

饲料是含有一种或多种营养物质，能被动物采食、消化、利用，并在一定条件下对动物无毒无害的物质。

二、饲料的分类

（一）分类原则

目前世界各国的饲料分类法尚未完全统一。美国学者哈理斯根据饲料的营养特性，将饲料分成 8 大类，并对每类饲料冠以相应的国际饲料编码（IFN），之后人们又运用计算机技术建立了国际饲料数据管理系统。目前，全世界已有近 30 个国家采用或赞同这一分类系统，但多数国家仍采用国际饲料分类与本国生产实际相结合的方法，或按饲料来源、饲喂的动物对象或传统习惯进行分类。20 世纪 80 年代初，我国将国际饲料数据管理系统与我国传统分类法相结合，提出了中国的饲料分类和编码体系。国际饲料分类依据原则见表 4-1。

表 4-1　国际饲料分类依据原则

序号	饲料类别	划分饲料类别的依据		
		自然含水量/%	干物质中粗纤维含量/%	干物质中粗蛋白质含量/%
1	粗饲料	<45	≥18	
2	青绿饲料	≥45		
3	青贮饲料	≥45		
4	能量饲料	<45	<18	<20
5	蛋白质饲料	<45	<18	≥20
6	矿物质饲料			
7	维生素饲料			
8	饲料添加剂			

（二）分类方法

1. 国际饲料分类法

国际饲料分类法中将饲料分成 8 大类，具体如下。

（1）粗饲料。粗饲料是指饲料干物质中粗纤维含量大于或等于 18%，以风干物为饲喂形式的饲料。

（2）青绿饲料。青绿饲料是指自然含水量在 45% 及以上的新鲜饲草及以放牧形式饲喂的人工种植的牧草、草原牧草等。

（3）青贮饲料。青贮饲料是指以自然含水量在 45% 及以上的新鲜天然的植物性饲料为原料，以青贮方式调制成的饲料。

（4）能量饲料。能量饲料是指以饲料干物质中粗纤维含量小于 18% 为第一条件，同时满足干物质中粗蛋白质含量小于 20%、自然含水量小于 45% 的饲料。

（5）蛋白质饲料。蛋白质饲料是指饲料干物质中粗纤维含量小于 18%、粗蛋白质含量大于等于 20%、自然含水量小于 45% 的饲料。

（6）矿物质饲料。矿物质饲料是指可供饲用的天然矿物质及工业合成的矿物质。

（7）维生素饲料。维生素饲料是指由工业合成或提纯的维生素制剂，但不包括富含维生素的天然饲料。

（8）饲料添加剂。饲料添加剂是指为保证或改善饲料品质，促进动物生长、繁殖，保障动物健康而掺入饲料中的少量或微量的营养性及非营养性物质。

2. 中国饲料分类法

中国饲料分类法融合了中国传统饲料分类法和国际饲料分类法。其分类方法是：首先根据国际饲料分类法将饲料分成 8 大类，然后结合中国传统饲料分类习惯分成 16 亚类，两者结合，形成中国饲料分类法。对每类饲料冠以相应的中国饲料编码（CFN），该编码共 7 位数：首位为国际饲料分类法中所分的大类编号，如青绿饲料为 "2"；第二、第三位为中国饲料编码亚类编号，如青绿饲料在中国饲料编码系统中的亚类编号为 "01"；第四至第七位为顺序号。今后随着饲料科学及计算机的发展，饲料编码仍可拓宽。这一分类方法的特点是用户既可以根据国际饲料分类法判定饲料性质，又可以根据传统习惯，从亚类中检索饲料资源出处，是对国际饲料编码系统的重要补充及修正。

（1）青绿饲料。自然含水量大于等于 45% 的栽培牧草、草原牧草、野菜、鲜嫩的藤蔓和部分未完全成熟的谷物植株等皆属此类。CFN 形式为 2—01—0000。

（2）树叶类。该亚类有两种类型。①刚采摘下来的树叶，饲用时的自然含水量尚能保持在 45% 以上，按照国际饲料分类法属于青绿饲料，CFN 形式为 2—02—0000。②风干后的乔木、灌木、亚灌木的树叶以及干物质中粗纤维含量大于等于 18% 的树叶类，如槐树叶、银合欢叶、松针叶等，按国际饲料分类属粗饲料，CFN 形式为 1—02—0000。

（3）青贮饲料。这类饲料有 3 种类型。①常规青贮饲料，由新鲜的、天然的植物性饲料调制而成，或在新鲜的植物性饲料中加入各种辅料（如小麦麸、尿素、糖蜜）或防腐、防霉添加剂制作而成，一般含水量在 65%~75%，CFN 形式为 3—03—0000。②低水分青贮饲料，亦称半干青贮饲料，CFN 形式与常规青贮饲料相同，仍为 3—03—0000。③谷物青贮料，其含水量在 28%~35%，CFN 形式为 4—03—0000。

（4）块根、块茎、瓜果。该类饲料包括自然水分含量大于等于 45% 的块根、块茎、瓜果，如胡萝卜、芜菁、饲用甜菜等。这类饲料脱水后的干物质中粗纤维含量和粗蛋白质含量都较低。新鲜时属于青绿饲料，CFN 形式为 2—04—0000；干时属于能量饲料，CFN 形式为 4—04—0000，如甘薯干、木薯干。

（5）干草。干草是人工栽培或野生的牧草经脱水或风干处理后的产物。其水分含量在 15% 以下（真菌繁殖需水临界点），多属半成品或一过性，水分含量为 15%~45% 的干草少见。该类饲料有 3 种类型。①干物质中的粗纤维含量大于等于 18%，属粗饲料，CFN 形式为 1—05—0000。②干物质中粗纤维含量小于 18%，粗蛋白质含量也小于 20%，属能量饲料，CFN 形式为 4—05—0000。③另有一些优质豆科干草，如苜蓿或紫云英，干物质中的粗蛋白质含量大于等于 20%，粗纤维含量低于 18%，属蛋白质饲料，CFN 形式为 5—05—0000。

（6）农副产品。农副产品指农作物收获后的副产品，如藤、蔓、秸、秧、荚、壳，有 3 种类型。①干物质中粗纤维含量大于等于 18%，属粗饲料，CFN 形式为 1—06—0000。②干物质中粗纤维含量小于 18%，粗蛋白质含量小于 20%，属于能量饲料，CFN 形式为 4—06—0000。③干物质中粗纤维含量小于 18%，粗蛋白质含量大于等于 20%，属于蛋白质饲料，CFN 形式为 5—06—0000。

（7）谷实。粮食作物的籽实中，除某些带壳的谷实外，粗纤维、粗蛋白质的含量都较低，属于能量饲料，如玉米粒、米粒。该类饲料 CFN 形式为 4—07—0000。

（8）糠麸。该类饲料包括干物质中粗纤维含量小于 18%，粗蛋白质含量小于 20% 的各种粮食的副产品，如小麦麸、米糠、玉米皮、高粱糠，属于能量饲料，CFN 形式为 4—08—0000。粮食加工后的低档副产品或在米糠中人为掺入没有实际营养价值的稻壳粉等，其中干物质中的粗纤维含量多大于 18%，属于粗饲料，如统糠、生谷糠，CFN 形式为 1—08—0000。

（9）豆类。豆类籽实干物质中的粗蛋白质含量大于等于 20%，CFN 形式为 5—09—0000；但也有个别豆类的干物质中粗蛋白质含量在 20% 以下，如广东的鸡子豆和江苏的爬豆，属于能量饲料，CFN 形式为 4—09—0000。该类饲料干物质中粗纤维含量大于等于 18% 者罕见。

（10）饼粕。这类饲料有 3 种类型。①干物质中粗纤维含量小于 18%，粗蛋白质含量大于或等于 20% 的饼粕，属于蛋白质饲料，CFN 形式为 5—10—0000。②干物质中的粗纤维含量大于等于 18% 的饼粕，即使其干物质中粗蛋白质含量大于等于 20%，也仍属粗饲料，如有些多壳的葵花籽饼及棉籽饼，其 CFN 形式为 1—10—0000。③还有一些低蛋白质、低纤维的饼粕类饲料，如米糠饼、玉米胚芽饼，则属于能量饲料，CFN 形式为 4—10—0000。

（11）糟渣。①干物质中粗纤维含量大于等于 18% 的糟渣，属于粗饲料，CFN 形式为 1—11—0000。②干物质中粗蛋白质含量低于 20%，且粗纤维含量也低于 18% 的糟渣，属于能量饲料，CFN 形式为 4—11—0000。③干物质中粗蛋白质含量大于等于 20%，而粗纤维含量又小于 18% 的糟渣，属于蛋白质饲料，如啤酒糟、饴糖糟、豆腐渣，尽管这类饲料中的蛋白质利用率、氨基酸利用率较低，但根据国际饲料分类法仍属于蛋白质饲料，CFN 形式为 5—11—0000。

（12）草籽树实。①干物质中粗纤维含量在 18% 及以上的草籽、树实，属于粗饲料，CFN 形式为 1—12—0000。②干物质中粗纤维含量在 18% 以下，而粗蛋白质含量小于 20% 的草籽、树实，属于能量饲料，如沙枣，CFN 形式为 4—12—0000。③罕见有干物质中粗纤维含量在 18% 以下而粗蛋白质含量大于等于 20% 的，该类型的 CFN 形式为 5—12—0000。

（13）动物性饲料。动物性饲料来源于渔业、畜牧业的产品及其加工副产品。按国际饲料分类法，干物质中粗蛋白质含量大于等于 20% 的动物性饲料，属于蛋白质饲料，如鱼、虾、蚕蛹等，CFN 形式为 5—13—0000；粗蛋白质及粗灰分含量都较低的动物油脂类饲料属于能量饲料，如牛脂、猪油，CFN 形式为 4—13—0000；粗蛋白质及粗脂肪含量均较低，钙、磷含量较高的，属于矿物质饲料，如骨粉、蛋壳粉、贝壳粉，CFN 形式为 6—13—0000。

（14）矿物质饲料。矿物质饲料指可供饲用的天然矿物质，如白云石粉、大理石粉、石灰粉，但不包括骨粉、贝壳粉等来源于动物体的矿物质，以及化工合成或提纯的无机物。其 CFN 形式为 6—14—0000。

（15）维生素饲料。维生素饲料指由工业提纯或合成的饲用维生素，如胡萝卜素、维生素 B_1、维生素 B_2、烟酸、泛酸、维生素 B_{11}、维生素 A、维生素 D、维生素 E 等，CFN 形式为 7—15—0000。

（16）饲料添加剂及其他。饲料添加剂包括防腐剂、促生长剂、抗氧化剂、饲料黏合剂、驱虫保健剂及载体等，CFN 形式为 8—16—0000。随着饲料科学研究水平的不断提高，凡出现不符合上述（1）~（15）亚类分类原则的皆暂归入此类。

三、饲料资源概况

（一）资源种类

饲料资源主要包括动物性饲料、植物性饲料、功能性饲料和饲料添加剂等。动物性饲料、植物性饲料主要包括各种谷物、豆粕、鱼粉、牧草等；功能性饲料包括各种维生素、矿物质、氨基酸等；饲料添加剂则是指在饲料加工过程中添加的少量物质，该物质可以改善饲料的营养价值，提高动物的生产性能。

（二）地域分布

我国饲料资源分布不均，主要生产地集中在华北、东北、华东等地区，这些地区的饲料产量占全国总产量的三分之二以上。同时，我国也是饲料进口大国，主要从南美洲、北美洲等地区进口高品质的饲料资源。

（三）生产情况

我国饲料行业的生产规模不断扩大，根据中国饲料工业协会发布的数据，2023 年我国工业饲料总产量达 32 162.7 亿 t，较 2022 年增长了 6.6%。同时，随着人们对食品安全、环境保护等方面的关注度增加，新型、环保、安全的饲料生产工艺逐渐得到推广和应用。

（四）原料构成

饲料的主要原料包括玉米、小麦、大豆等，其中玉米是最主要的能量饲料。我国是玉米生产大国，但每年还需进口一定量的玉米来满足国内市场需求。

（五）供需状况

随着养殖业的发展，我国对饲料的需求不断增加。部分品种的饲料需要通过进口来满足国内市场需求。同时，我国也是世界最大的饲料出口国之一，主要出口到东南亚、中亚等地区。

（六）运输与贮藏

饲料的运输和贮藏是饲料生产过程中的重要环节。运输饲料过程中要注意防潮、防晒、防污染等，一般采用密封的货车进行运输，同时要确保运输时间尽可能短，以减少营养损失和避免变质。贮藏方面，一般采用仓库贮藏或露天堆放的方式，要确保饲料不受潮、不变质、不被鼠害和污染等。

（七）可持续利用

饲料资源的可持续利用是当前畜牧业的发展方向。为了保护环境、节约资源，我们需要采取一系列措施来实现饲料资源的可持续利用。首先，要合理利用土地资源，发展生态农业和有机农业，提高土地利用率和减少环境污染。其次，要推广节水、节能等先进的饲料生产技术，降低饲料生产成本和能源消耗。此外，要加强对可利用资源的再利用研究，如利用农作物副产品、食品加工废弃物等作为饲料资源，提高资源利用率和减少废弃物的排放。

总之，饲料资源的合理利用和可持续发展是维护畜牧业健康发展和保障食品安全的重要基础。我们需要从各个方面入手，采取综合性措施，以实现饲料资源的可持续利用。

任务实施

常用饲料的识别

1. 目的和要求

通过学习，使学生能基本掌握畜禽常用饲料的分类、名称。

2. 材料准备

（1）青绿饲料、青贮饲料、动物性饲料、矿物质饲料、饲料添加剂等实物。

（2）必要的饲料标本、挂图、幻灯片或视频等。

3. 操作步骤

（1）教师展示以下常用饲料的实物、标本、挂图、幻灯片或视频等，学生根据所学的各种常用饲料的外观特点，准确识别常用饲料的种类、名称。

①苜蓿青干草、玉米秸、花生壳、花生秧等粗饲料。

②青割玉米、甘蓝、胡萝卜、南瓜等。

③玉米全株、玉米秸、甘薯蔓等青贮饲料。

④玉米、高粱、小麦和马铃薯等能量饲料。

⑤鱼粉、大豆饼（粕）和花生饼（粕）等蛋白质饲料。

⑥食盐、骨粉和贝壳粉等矿物质饲料。

⑦硫酸铜、碘化钾等。

⑧维生素 A、维生素 D 等。

⑨蛋氨酸、赖氨酸等。

（2）结合实际，由教师重点介绍当地常用饲料的分类、名称。

4. 学习效果评价

常用饲料的识别的学习效果评价如表 4-2 所示。

表 4-2　常用饲料的识别的学习效果评价

序号	评价内容	评价标准	分数/分	评价方式
1	合作意识	有团队合作精神，积极与小组成员协作，共同完成学习任务	10	小组自评 30% 组间互评 30% 教师评价 40%
2	饲料识别	能准确说出饲料的名称和特点	35	
3	饲料分类	能对饲料进行分类，并说出其编码	35	
4	记录与总结	能完成全部任务，记录详细、清晰，总结报告及时上交	20	
合计			100	100%

任务反思

（1）解释名词：饲料、粗饲料、青绿饲料、青贮饲料、能量饲料、蛋白质饲料。

（2）饲料分类的原则是什么？

（3）按国际饲料分类法，饲料分为哪 8 大类？如何编号？

任务 2　粗饲料

任务目标

知识目标（1）了解粗饲料的种类及加工方法。

（2）掌握粗饲料的营养特性。

技能目标 能够对秸秆饲料进行氨化和碱化处理。

素质目标（1）养成严谨求真的科学态度，增强团队协作精神。

（2）牢记安全之道，树立安全意识。

任务准备

粗饲料是指干物质中粗纤维含量在 18% 以上，并以风干物形式饲喂的饲料，主要包括干草类、农副产品类（荚、壳、藤、蔓、秸、秧）、树叶类、糟渣类等。粗饲料虽然营养价值较其他饲料低，但其来源广、种类多、产量大、价格低，是牛、羊、马等草食家畜冬、春两季的主要饲料来源。一些优良的粗饲料如苜蓿草粉、松针粉等已成为饲料工业的一项重要原料，它们可作为蛋白质、维生素的补充饲料用于猪、禽配合饲料中。

一、干草与干草粉

干草是指青草或栽培青绿饲料在未结籽实之前，刈割下来经日晒或人工干燥而制成的干燥饲草。制备良好的干草仍保留一定的青绿颜色，所以也称为青干草。干草粉是将适时刈割的牧草经人工快速干燥后，粉碎而成的青绿色草粉。

（一）干草的营养价值

干草的营养价值取决于制作原料的植物种类、刈割时期、调制方法与贮藏技术等。合理调制的干草，干物质损失量为18%~20%，营养价值远高于秸秆。一般来说，豆科植物制成的干草的粗蛋白质含量较高，但在能量价值方面，豆科植物制成的干草和禾本科植物制成的干草之间没有显著差别，消化能约 9 MJ/kg。一般豆科植物的矿物质含量高于禾本科的。此外，优良的干草还含有维生素 E、维生素 B_1、维生素 B_2 及烟酸等多种维生素。需要指出的是，晒制干草是草食家畜维生素 D 的主要来源，一般晒制干草维生素 D 的含量为 100~1 000 IU/kg。这是由于干草所含的麦角固醇经阳光中紫外线的照射后，可转化为维生素 D_2。

干草是草食家畜的最基本、最主要的原料。在生产实践中，干草不仅是一种必备饲料，还是一种贮备形式，可调节青绿饲料供给的季节性不平衡，缓解冬、春季节青绿饲料的不足。优良的干草具有较高的营养价值，其不但氨基酸较全，而且各种营养物质含量和比例比较平衡，是草食家畜能量、蛋白质、维生素的重要来源。虽然干草中粗纤维含量较高，但由于刈割时草的木质化程度较轻，所以粗纤维的消化率较高，为70%~80%。对于乳用家畜，一定量的干草还具有提高乳脂率的作用。生产实践证明，以优质干草为基础日粮，适当搭配精饲料、青贮饲料等，对家畜体型、生产力、产品质量和经济效益方面均有良好效果。另外，优质干草和干草制品是出口创汇的重要物质，随着我国经济的发展，干草及干草制品逐渐商品化，已出口到日本、韩国以及加拿大等国家。

（二）干草的品质鉴定

干草品质的好坏可决定家畜的自由采食量以及营养价值的高低。生产实践证明，干草的类型、颜色、气味、含叶量等性状与家畜的适口性及营养价值关系密切。在生产上通常根据以上外观特征，来评价干草的饲用价值。

（1）干草的类型。干草一般分为豆科干草、禾本科干草、其他可食草、不可食干草及有毒有害干草 5 类。一般情况下干草中豆科干草所占比重大的，属于优良干草；禾本科干草及其他可食干草所占比重大的，属中等干草；含不可食干草多的，属劣等干草；有毒有害干草超过一定限度的则不宜作饲料来利用。

（2）干草的颜色及气味。干草的颜色及气味是干草调制好坏的明显标志。干草中绿色程度越高，不仅表示干草中胡萝卜素含量高，还表示其他营养保存得也多。干草的绿色可分为：①鲜绿色，表示青草刈割适时，调制过程中营养物质损失较少，保存了青草较多的营养物质，属于优质干草。②淡绿色（或灰绿色），表示干草的晒制与保藏基本合理，未遭受到雨淋而发霉，营养物质无重大损失，属于良好干草。③黄褐色，表示青草收获过晚，营养成分损失较大，但尚具饲用价值，属于次等干草。④暗褐色，表示收获过晚，调制不合理，营养物质损失严重，不具饲用价值。

干草的芳香气味是在干草保藏过程中产生的，田间刚晒制的或人工干燥的干草并无香味，经过发酵后才产生此气味，因此这也可作为干草是否合理保藏的标志。

（3）干草的含叶量。由于叶片中的营养物质含量远远超过茎，所以含叶量越丰富，干草质量越好。鉴定时，取干草一束，首先要观察含叶量的多少。一般禾本科干草的叶片不易脱落，优良豆科干草叶的重量应占干草总重量的 30%～40%。

（4）干草的含水量。干草的含水量应在 15%～18%。如果干草含水量超过 20%，则品质降低。

（三）干草粉

干草粉是将适时刈割的牧草迅速干燥后，粉碎而成的饲料。干草粉营养丰富，可消化蛋白质含量为 16%～20%，各种氨基酸一起约占 6%，接近或超过动物性饲料的氨基酸含量，其粗纤维含量不超过 35%。此外，干草粉中还含有叶黄素，维生素 C、维生素 K、维生素 E、维生素 B，微量元素及其他生物活性物质，故干草粉被认为是蛋白质、维生素的补充饲料，其作用优于精饲料，是畜禽配合饲料中不可缺少的组成部分。在国际市场上，干草粉备受人们的青睐，其价格远高于玉米的价格。干草粉的应用效果十分显著。据报道，在蛋鸡的配合饲料中加入 10%的苜蓿干草粉，蛋鸡产蛋率可提高 10%左右；在奶牛的饲料中加入 8%～10%的聚合草干草粉，奶牛每日产奶量可提高 15%以上；另外，干草粉在猪、羊、鱼饲养中的应用效果也十分好。

二、秸秆、秕壳类饲料

秸秆、秕壳类饲料是指农作物籽实成熟后，收获籽实后所剩余的副产品。脱粒后的作物茎和附着的干叶称为秸秆；籽实外皮、荚壳、颖壳及数量有限的破瘪谷粒等称为秕壳。

（一）营养特性与饲用价值

本类饲料粗纤维含量高，干物质中粗纤维含量在 30%～50%，其中木质素比例大，一般为 6.5%～12%。因此秸秆、秕壳类饲料的适口性差，消化率低，能量价值也低，如其对牛、羊的消化能值在 8.36 MJ/kg 左右，猪则更低。秸秆、秕壳类饲料的蛋白质含量很低，粗蛋白质含量为 3%～5%，并且蛋白质品质差，缺乏必需氨基酸，豆科作物较禾本科作物要好些；矿物质含量高，如稻草的矿物质含量达 17%，但大部分为硅酸盐，对家畜有营养价值的钙、磷很低，且钙、磷比例不适宜；除维生素 D 外，其他维生素都很缺乏。总之，秸秆、秕壳类饲料营养价值很低，并非优良原料，但此类饲料种类繁多，资源极为丰富，我国每年要生产 5 亿 t 以上。其作为非竞争性的饲料资源，用来饲喂家畜，可节约大量粮食，因而开发利用的潜力很大。有资料表明，如果将全部秸秆的 60%～65%用作饲料，即可满足我国农区、半农半牧区牛、羊、马对粗饲料需要量的 88%。

秸秆、秕壳类饲料对于草食家畜尤为重要，在某种情况下（如冬季耕牛）它们还是唯一的家畜饲料，这是由于该类饲料在能量价值方面还可起到维持饲养的作用。同时，草食家畜消化管容积大，必须以秸秆等粗饲料来填充，以保证消化器官的正常蠕动，使家畜在生理上有饱腹的感觉。对于奶牛，日粮中使用一定比例的秸秆、秕壳类饲料，可保证奶的乳脂率。

秸秆、秕壳类饲料是草食家畜很重要的基础饲料，使用时应注意蛋白质、矿物质和维生素等营养物质的补充，并需进行合理的加工调制，以提高采食量和消化率。

（二）提高秸秆利用效率的常用方法

1. 秸秆的氨化处理

秸秆氨化就是将液氨、氨水或者尿素溶液按照一定的比例加入到秸秆类饲料中，在常温、密闭的条件下经过一定时间处理，以提高秸秆饲用价值的过程。

氨化处理的对象主要是麦秸、稻草、结实期和枯黄期刈割的禾本科牧草等，所用的试剂主要是氨水、液氨、无水氨、尿素、碳酸氢铵等，其中以尿素最为常用。

进行氨化处理的秸秆要求清洁卫生、整齐一致、新鲜、没有经过风吹雨淋、不发霉变质，从外观上看，有一定的亮度，颜色淡绿色或者黄绿色，有秸秆特有的草香味，手感好，没有任何有害杂质。

根据氨化试剂的不同，氨化处理主要有尿素和碳铵氧化法、氨水氨化法。

（1）尿素和碳铵氨化法。①要根据秸秆总量和秸秆的含水量，决定氨化用水量。一般秸秆的含水量为13%~15%，需要最后加水到30%~40%才行。②把尿素或者碳铵溶于水中，碳铵需要用温水来溶解。③将秸秆切短（约2 cm）。④秸秆要分层装入氨化池内，一般每层25~30 cm，同时撒上尿素或者碳铵的水溶液，每一层都要压紧压实，要注意的是，最下层少撒一些，然后往上逐渐增加。⑤到秸秆添加到高出池面0.2~0.3m时，要用塑料薄膜覆盖，四周要用土压实。氨化期间要注意密封，不要漏气、漏水，保证氨化顺利进行。

（2）氨水氨化法。氨水含氮量不等，多数在20%左右，有特殊的刺鼻臭味，需要用橡皮罐、塑料缸等特制的容器来装运。氨水氨化法主要在氨化池内进行。首先要计算氨水的需要量，氨水用量一般为秸秆的10%~12%，然后把秸秆切短为1.5~2.0 cm的短节，并将其装入到氨化池内，边装边压实，装满后上面覆盖塑料薄膜，周边要用泥土封严，顶部留出一通氨孔。操作人员要站在上风头，以免受到氨气的刺激，将注氨管插入到秸秆中，打开氨水罐的开关。将计算好的氨水全部注入后，迅速抽出注氨管，用绳子将口扎紧。

常通过检查氨化处理后饲料的色泽、气味和质地来判断其品质优劣。氨化效果好的饲料呈褐黄色，气味糊香，质地松散柔软。

2. 秸秆的碱化处理

用碱性化学物质对秸秆进行适当的化学处理，以提高其粗纤维的消化率和适口性，这种秸秆处理方法，称为秸秆碱化。经过碱化的秸秆，消化率提高了15%~30%，而且柔软、适口性好，家畜采食后可营造适宜瘤胃微生物活动的碱性环境，提高秸秆的利用率。

秸秆的碱化处理主要有低浓度氢氧化钠处理法和高浓度氢氧化钠处理法两种。

（1）低浓度氢氧化钠处理法。其主要有两种方法，第一种方法是将秸秆放在碱液池中，然后加入1.5%氢氧化钠溶液到刚好浸没秸秆为止，将秸秆浸泡24 h后捞出来，滤干，放入漂洗池内用清水冲洗，去掉多余的碱液后即可饲喂。这种碱化处理，能够使秸秆中有机物的消化率提高25%~30%，家畜的采食量也增加。但这种方法耗碱多，劳动强度大，同时在冲洗时干物质损失也很大。

（2）高浓度氢氧化钠处理法。将20%~40%的氢氧化钠溶液洒到秸秆上，每100 kg秸秆用30 kg的高浓度碱液，随喷随拌，堆置几天后不洗直接饲喂。如果采用高性能加压喷雾及搅拌器，碱液的用量可减少到每100 kg秸秆用1.5~3.0 kg。

碱化处理后的秸秆可使家畜对粗纤维的消化率明显提高，但是家畜在采食后，饮水量和排尿量有所增加，并且随着尿液会排出去大量的钠。在饲喂家畜时，应注意搭配一些能量饲料、维生素含量高的饲料和一些矿物质饲料。另外，在碱化饲料饲喂期间，不需要补充食盐，同时还要保证家畜的饮水，维持家畜体内生理平衡。

3. 秸秆的热喷处理

热喷处理的原理是：利用蒸汽的热效应，在170 ℃的情况下，使木质素溶化，纤维素分子断裂并发生水解。添加尿素的秸秆热喷处理后，消化率将提高，如可使麦秸的消化率达75.12%，玉米秸秆的消化率达68%，稻草为64.4%。每千克经过热喷处理的玉米秸秆，其营养价值相当于0.6~0.7 kg的玉米籽实。热喷处理的主要设备是压力罐，粉碎的秸秆在压力罐中与添加剂相混合，通过蒸汽加热、加压。

4. 秸秆饲料的EM处理技术

EM是有效微生物菌群的英文简称，是一组成分复杂的活菌制成的，属于纯生物性饲料添加剂，无污染，无残留，无毒副作用，且能够促进畜禽增重，有奇特的防病效果，能够消除粪臭，使母畜产仔率提高。这项饲料处理技术在全国普及得很快。利用EM处理技术制作微贮秸秆饲料，方法与使用其他微贮菌种相似。EM处理秸秆饲料后，秸秆饲料不仅适口性好，还具有浓郁的醇香味和甜酸味，可提高羊的采食量，从而提高其日增重。

☑ 任务实施

秸秆的氨化处理

1. 目的和要求

使学生掌握秸秆进行氨化处理的方法。

2. 材料准备

供氨化的秸秆、尿素溶液、氨水或无水氨、无毒的聚乙烯薄膜（厚度在0.12 mm以上）、水桶、喷壶、注氨管、秤、铁锹、泥土等。

3. 操作步骤

1）清场和堆垛

整理场地，用铲挖出一个锅底形坑，以便于积蓄氨水，防止其外流。在地面上铺上厚度为0.12 mm以上的聚乙烯薄膜，将秸秆放于其上。积垛时，在聚乙烯薄膜的四周留出80 cm的边，作折叠压封用。若用无水氨处理秸秆，要随堆垛填埋塑料注氨管。

2）注入氨水或喷洒尿素溶液

氨水的注入量与其浓度有关，不同浓度的氨水其用量不同（表4-3）。

表4-3　不同浓度氨水的注氨量

名称	注氨量（占秸秆重）/%
无水氨	3
1.5%氨水	100
19%氨水 *	12
20%氨水 *	10

注：＊为经常使用浓度。

3）密闭氨化

注入氨水或喷洒尿素溶液后，可将聚乙烯薄膜盖在秸秆垛上，尽量排出里面的空气，四周可用湿土抹严，以防漏气或风吹雨淋，最后要用绳子捆好，压上重物。

4）氨化时间

氨水与秸秆中的有机物发生化学反应的速度与温度有很大关系，温度高，反应速度快；温度低，速度慢。不同温度条件下氨化所需的时间见表4-4。

表4-4　不同温度条件下氨化所需的时间

温度/℃	30 以上	20~30	10~20	0~10
需要天数/d	5~7	7~14	14~28	28~56

5）放氨

氨化好的秸秆，开垛后有强烈的刺激性气味，牲畜不能吃，掀开遮盖物，待其呈糊香味时，方可给牲畜食用。

4. 学习效果评价

秸秆氨化处理的学习效果评价如表4-5所示。

表4-5　秸秆氨化处理的学习效果评价

序号	评价内容	评价标准	分数/分	评价方式
1	合作意识	有团队合作精神，积极与小组成员协作，共同完成学习任务	10	小组自评20% 组间互评30% 教师评价30% 企业评价20%
2	氨化处理	按要求堆垛秸秆、配制氨水	60	
3	安全意识	有安全意识，未出现不安全操作	10	
4	记录与总结	能完成全部任务，记录详细、清晰，总结报告及时上交	20	
合计			100	100%

（1）名词解释：干草。
（2）秸秆的氨化处理有哪几种方法？
（3）如何用堆垛法进行秸秆氨化？

任务3　　青绿饲料

任务目标

知识目标　（1）了解青绿饲料的概念。
　　　　　　（2）掌握青绿饲料的营养特性与饲用价值、分类。
　　　　　　（3）了解青绿饲料中的有害物质。
技能目标　能识别常用的青绿饲料。
素质目标　培养保护生态环境的意识。

任务准备

青绿饲料的种类繁多，以富含叶绿素而得名，包括天然牧草、栽培牧草、青饲作物、叶菜类、树叶类及水生植物等。按饲料的分类，这类饲料自然水分含量高于45%。

一、营养特性与饲用价值

（一）水分含量高

青绿饲料具有多汁性和柔嫩性，水分含量较高。陆生植物的水分含量为60%~80%，而水生植物的可高达95%。青绿饲料的干物质含量少，能值较低。陆生植物每千克鲜重的消化能在1.20~2.50 MJ/kg。如以干物质为基础计算，其消化能为8.37~12.55 MJ/kg。尽管如此，一些优质的青绿饲料的能值仍可与某些能量饲料相媲美，如燕麦籽实干物质的消化能为12.55 MJ/kg，麦麸为10.88 MJ/kg。

（二）蛋白质含量较高

一般禾本科牧草和叶菜类饲料的粗蛋白质含量在1.5%~3.0%，豆科青绿饲料在3.2%~4.4%。若按干物质计算，前者粗蛋白质含量在13%~15%，后者在18%~24%。后者可满足家畜在任何生理状态下对蛋白质的营养需要，且豆科青绿饲料的氨基酸组成也优于谷实类饲料，含有各种必需氨基酸，尤其赖氨酸、色氨酸含量较高。

（三）粗纤维含量较低

幼嫩的青绿饲料含粗纤维较少，木质素含量也低，无氮浸出物含量较高。若按干物质计算，则其中粗纤维在 15%～30%，无氮浸出物含量在 40%～50%。粗纤维的含量随着植物生长期的延长而增加，同时木质素的含量也显著升高。一般来说，植物开花或抽穗之前，粗纤维含量较低。猪对未木质化的纤维素的消化率可达 90%，对已木质化的纤维素的消化率为 11%～23%。

（四）钙、磷比例适宜

青绿饲料中矿物质含量因植物种类、土壤及施肥情况而异。牧地青草（按干物质计算）含钙为 0.25%～0.50%，含磷 0.20%～0.35%，比例较为适宜，豆科牧草钙的含量较高。因此以青绿饲料为主食的畜禽不易缺钙。

（五）维生素含量丰富

青绿饲料是供应畜禽维生素的良好来源。青绿饲料中维生素 B 族、维生素 E、维生素 C 和维生素 K 的含量较丰富，如青苜蓿含维生素 B_1 1.5 mg/kg，维生素 B_2 4.6 mg/kg，烟酸 18 mg/kg。青绿饲料中缺乏维生素 D，维生素 B_6 含量也较低。

另外，青绿饲料幼嫩、柔软和多汁，适口性好，还含有各种酶、激素和有机酸，易于消化。对于青绿饲料中有机物的消化率：反刍家畜为 75%～85%，马为 50%～60%，猪为 40%～50%。

综上所述，从畜禽营养的角度来说，青绿饲料是一种营养相对平衡的饲料，但由于它的干物质中的消化能较低，从而限制了它的营养优势。尽管如此，优质的青绿饲料仍可与一些中等的能量饲料相比拟。因此在畜禽饲料方面，青绿饲料与由它调制的干草可以长期单独组成草食畜禽的日粮。

对于单胃杂食畜禽（如猪与鸡）来说，由于青绿饲料干物质中含有较多的粗纤维，它们对粗纤维的消化主要在盲肠内进行，因而它们对青绿饲料的利用率较差。并且，青绿饲料容积较大，而猪、鸡的胃容积有限，所以它们的采食量受到限制。因此，在猪、鸡日粮中不能大量加入青绿饲料，但青绿饲料可作为一种蛋白质与维生素的良好来源适量搭配于日粮中，以补充饲料组成的不足，从而满足猪、鸡对营养的全面需要。

二、青绿饲料的种类

1. 天然牧草

我国地域辽阔，在西北、东北、西南等地区均有大面积的优质草原，草原面积超过 2 亿 hm^2，约为农业耕地面积的 2 倍，农业地区内还分散有许多小面积的草地和草山，估计约有 0.13 亿 hm^2。我国天然草地上的牧草种类繁多，主要有禾本科、豆科、菊科和莎草科 4 大类，干物质中无氮浸出物含量为 40%～50%；粗蛋白质含量有差异，豆科牧草较高，为 15%～20%，莎草科为 13%～20%，菊科与禾本科为 10%～15%；粗纤维含量以禾本科牧草较高，约为 30%；粗脂肪含量为 2%～4%；矿物质中钙、磷比例适宜。总体来说，豆科牧草的营养价值较高，虽然禾本科牧草的粗纤维含量较高，对其营养价值有一定影响，但由于其适口性较好，特别是在生长早期，幼嫩可口，采食量高，因而也不失为优良的牧草。另外，禾本科牧草的匍匐茎或地下茎的再生能力很强，比较耐牧，适宜于家畜自由采食。

2. 栽培牧草和青饲作物

栽培牧草是指人工播种栽培的各种牧草,其种类很多,但以产量高、营养好的豆科和禾本科占主要地位。栽培青饲作物主要有青刈玉米、青刈大麦、青刈燕麦、饲用甘蓝、甜菜等。栽培牧草是解决青绿饲料来源的重要途径,可常年为家畜提供丰富而均衡的青绿饲料。

1) 豆科牧草

我国栽培豆科牧草有悠久的历史,2000 年以前紫花苜蓿在我国西北地区普遍栽培,草木樨在西北地区作为水土保持植物也有大面积的种植,其他如紫云英、苕子等既作饲料又是绿肥植物。

(1) 紫花苜蓿。紫花苜蓿又名苜蓿,是世界上分布最广的豆科牧草,也是我国最古老、最重要的栽培牧草之一,总面积达 $3\,000\ hm^2$,堪称"牧草之王"。紫花苜蓿产量高、品质好,是最经济的栽培牧草。紫花苜蓿茎叶柔软,适口性强,可以青刈饲喂、放牧和调制干草。其适宜收割期为初花期至盛花期,花期 7~10 d 紫花苜蓿的粗蛋白质含量为18%~20%,粗脂肪含量为 3.1%~3.6%,无氮浸出物含量为41.3%,蛋白质中氨基酸种类齐全,赖氨酸高达 1.34%。另外,紫花苜蓿还富含多种维生素和微量元素。紫花苜蓿收割过迟将导致营养成分下降,草质粗硬。在调制紫花苜蓿干草过程中,要严格按照各项技术要求,防止叶片脱落或发霉变质。在北方地区尤其要注意第一茬干草收割,当时正值雨季即将来临,应尽量赶在雨季前割第一茬干草。

(2) 三叶草。目前栽培较多的有红三叶和白三叶。新鲜的红三叶含干物质 13.9%,含粗蛋白质 2.2%,产奶净能为 0.88 MJ/kg。以干物质计算,其所含的可消化粗蛋白质低于紫花苜蓿的,但其所含的净能值则略高于紫花苜蓿的,且发生臌胀病的概率也较小。白三叶是多年生牧草,再生性好,耐践踏,最适于放牧利用,其适口性好,营养价值高,鲜草中粗蛋白质含量较红三叶高,粗纤维含量低。

(3) 苕子。苕子是一年生或越年生的豆科植物,在我国栽培的主要有普通苕子和毛苕子,普通苕子又称春苕子、普通野豌豆等,其营养价值较高,茎枝柔嫩,生长茂盛,适口性好,是各类家畜喜食的优质牧草。毛苕子又名冬苕子、毛野豌豆等,是水田或棉田的重要绿肥作物,生长快,茎叶柔嫩,粗蛋白质含量高达30%,矿物质含量很丰富,营养价值较高,适口性较好。

(4) 草木樨。我国北方以栽培白花草木樨为主。草木樨是一种优质的豆科牧草,可青饲、调制干草、放牧或青贮,具有较高的营养价值。新鲜的草木樨含干物质约16.4%,含粗蛋白质 3.8%,含粗纤维 4.2%,含钙0.22%,含磷0.06%,其消化能为1.42 MJ/kg。草木樨有不良气味,适口性较差。

(5) 紫云英。紫云英又称红花草,产量较高,鲜嫩多汁,适口性好,尤以猪喜食。其在现蕾期营养价值最高,以干物质计算,粗蛋白质含量为31.76%,粗脂肪含量为4.14%,粗纤维含量为11.82%,无氮浸出物含量为44.46%,粗灰分含量为7.82%,其产奶净能为8.49 MJ/kg。由于现蕾期时紫云英的产量仅为盛花期的 53%,所以就营养物质总量而言,以盛花期为佳。

(6) 沙打旺。沙打旺又名直立黄芪、苦草,我国北方各地均有分布。沙打旺适应性强,产量高,可用作饲料、绿肥、固沙保土等。沙打旺的茎叶鲜嫩,营养丰富,是各种家畜的优质饲料。其鲜样中含干物质 33.29%、粗蛋白质 4.85%、粗脂肪 1.89%、粗纤维 9.00%、无氮浸出物 15.20%、粗灰分 2.35%，各类家畜均喜食。

2）禾本科牧草与青饲作物

（1）黑麦草。黑麦草生长快，分蘖多，可多次收割，产量高，茎叶柔嫩光滑，适口性好，以开花前期的营养价值最高，各类家畜均喜食。新鲜黑麦草的干物质含量为 17%，粗蛋白质含量为 2.0%，产奶净能为 1.26 MJ/kg。

（2）无芒雀麦。无芒雀麦又名雀麦、无芒草。其适应性广，适口性好，茎少叶多，营养价值高，干物质中的粗蛋白质含量不亚于豆科牧草。无芒雀麦有地下茎，能形成絮结草皮，耐践踏，再生力强，宜放牧。

（3）羊草。羊草又名碱草，为多年生禾本科牧草。羊草含叶量丰富，适口性好，各类家畜都喜食。其鲜草中干物质含量为 28.64%，粗蛋白质含量为 3.49%，粗脂肪含量为 0.82%，粗纤维含量为 8.23%，无氮浸出物含量为 14.66%，粗灰分含量为 1.44%。

（4）青饲作物。常见的有青刈玉米、青刈燕麦、青刈大麦、大豆苗、豌豆苗、蚕豆苗等，可直接饲喂或青贮。

3）叶菜类

（1）苦荬菜。苦荬菜又名苦麻菜或山莴苣等。其产量高，生长快，再生力强，南方一年可刈割 5~8 次，北方一年可刈割 3~5 次。苦荬菜鲜嫩可口，粗蛋白质含量绞高，粗纤维含量较少，营养价值高，适合于各种畜禽采食

（2）聚合草。聚合草又名饲用紫草，产量高，营养丰富，利用期长，适应性广，全国各地均可栽培，是畜禽优质的青绿多汁饲料。聚合草有粗硬的刚毛，适口性较差，饲喂时可粉碎或打成浆，或与粉状精饲料拌和，或调制成青贮和干草。

（3）牛皮菜。牛皮菜又称根达菜，产量高，适口性好，营养价值也较高，猪喜食。其宜生喂，忌熟喂。

（4）鲁梅克斯。鲁梅克斯俗称高秆菠菜，为蓼科酸模属多年生草本植物，是杂交育成的新品种，是一种高产、高品质的优良牧草。据测定，其鲜草中含粗蛋白质 30%~34%，含可消化粗蛋白质 78%~90%。此外，鲁梅克斯还含有 18 种氨基酸，丰富的 β-胡萝卜素和多种维生素及锌、铁、钾、钙等矿物元素。它主要用于鲜饲，适口性极好，畜禽均喜食。

（5）菜叶、蔓秧和蔬菜类。菜叶是指人类不食用而废弃的瓜果、豆类的叶子，其种类多，来源广，数量大，其中豆类的叶子营养价值较高，蛋白质含量也较多。蔓秧指作物的藤蔓和幼苗，一般粗纤维含量较高，不适于喂鸡，可作猪和反刍家畜的饲料。蔬菜类指白菜、甘蓝和菠菜等食用蔬菜，也可用于饲料。

3. 水生饲料

水生饲料一般指"三水一萍"，即水浮莲、水葫芦、水花生和绿萍。这类饲料具有生长快、产量高、不占耕地且利用时间长等优点。此类饲料水分含量特高，为 90%~95%。因此，它干物质含量很低，营养价值也较低，饲喂时宜与其他饲料搭配使用。在南方水资源丰富地区，因地制宜发展水生饲料，并加以利用，是扩大青绿饲料来源的一个重要途径。

三、青绿饲料中的有害物质

（1）紫花苜蓿。紫花苜蓿的鲜嫩茎叶中含有大量的皂角素，皂角素有抑制酶的作用。反刍家畜大量采食紫花苜蓿后，可引起瘤胃臌胀病，所以应限饲鲜紫花苜蓿。

（2）苕子。苕子含有生物碱和氰苷，氰苷经水解酶分解后会释放出氢氰酸，饲用前必须对苕子进行浸泡、淘洗、磨碎、蒸煮，同时避免大量长期使用，以免中毒。

（3）草木樨。草木樨含有香豆素，在细菌作用下，可转化为双香豆素，双香豆素与维生素 K 相似，两者具有拮抗作用。

（4）青饲作物。青刈的幼嫩的高粱和苏丹草中含有氰苷配糖体，家畜采食后，氰苷配糖体会在体内转变为氢氰酸而导致家畜中毒。为防止中毒，青饲作物宜在抽穗期刈割。

（5）牛皮菜。牛皮菜宜生喂，忌熟喂，以防止亚硝酸盐中毒。

（6）水生饲料。水生饲料最大的缺点是容易传染寄生虫，如猪蛔虫、姜片虫、肝片吸虫等。因此，水生饲料以熟喂为好，或者把它先制成青贮饲料后再饲喂，也可制成干草粉。

任务实施

青绿饲料的识别

1. 目的和要求

能正确识别常见的青绿饲料。

2. 材料准备

豆科牧草、禾本科牧草标本。

3. 操作步骤

把青绿饲料各标本放置在实验桌上，把学生分成小组进行识别。

4. 学习效果评价

青绿饲料的识别的学习效果评价如表 4-6 所示。

表 4-6　青绿饲料的识别的学习效果评价

序号	评价内容	评价标准	分数/分	评价方式
1	合作意识	有团队合作精神，积极与小组成员合作，共同完成学习任务	10	小组自评20% 组间互评30% 教师评价30% 企业评价20%
2	正确快速识别	能在规定时间内识别出各种青绿饲料	70	
4	记录与总结	能完成全部任务，记录详细、清晰，总结报告及时上交	20	
	合计		100	100%

（1）简述青绿饲料的营养特性。
（2）列举青绿饲料的种类。
（3）简述饲喂青绿饲料时应注意的问题。

任务 4 　青贮饲料

任务目标

知识目标　（1）掌握青贮饲料的优点。
（2）理解青贮的原理。
（3）掌握青贮饲料的调制。

能力目标　能调制青贮饲料。

素质目标　树立生态意识。

任务准备

青贮是利用微生物的发酵作用，长期保存饲料营养的一种简单、经济和实用的饲料调制方法。早在元代《王祯农书》就有紫花苜蓿青贮发酵方法的记载。青贮饲料是指将新鲜的青饲料切短装入密闭的容器里，经过微生物的发酵作用而制成的一种具有特殊芳香气味、营养丰富的多汁饲料。

一、青贮饲料的优点

1. 调制青贮饲料可扩大饲料来源

青贮能把大量农副产品，如秸秆、马铃薯及甜菜茎叶等加工成饲料，提高了农副产品的利用率，开发了饲料资源。经过青贮后，饲料可于一年四季利用。

2. 青贮饲料单位容积内贮量大

青贮饲料贮藏空间比干草小，可节约存放场地。据测定，1 m³青贮饲料重量为450～700 kg，其中含干物质150 kg；而1 m³的干草重约70 kg，约含干物质60 kg。

3. 青贮饲料调制方便，易久藏

青贮饲料的调制方法简单，易于掌握；调制青贮饲料成本低、费用小，一次调制可长久使用；青贮饲料在贮藏过程中，不受风吹、雨淋、日晒等影响，也不会发生火灾等事故。

4. 青贮饲料营养好，适口性好，易消化

青贮能减少饲料养分流失，提高饲料的利用率。在青贮过程中，饲料不受日晒、雨淋的影响，养分损失较少，如干物质损失10%～15%，可消化粗蛋白质损失5%～12%。特别是胡萝卜素的保存率，青贮比其他任何调制方法都高。青贮饲料经乳酸菌发酵后，产生大量乳酸，气味芳香，柔软多汁，适口性好，各种家畜均喜食。

5. 青贮饲料有利于畜牧业的稳定发展

我国北方整个冬、春季节缺乏青绿饲料。青绿饲料富含的维生素等营养物质，是家畜所必备的。通过青贮，可把夏、秋季节多余的青绿饲料保存起来，供冬、春的需要，以保证青绿饲料的稳定供应，有利于畜牧业的高产和稳产。

二、青贮的原理和发酵过程

（一）青贮的原理

利用青贮原料上所附着的乳酸菌，人为为这些乳酸菌的生长繁殖创造有利条件，使它们进行生命活动。通过厌氧呼吸过程，乳酸菌将青贮原料中的碳水化合物转变成以乳酸为主的有机酸，这些有机酸在青贮料中积聚起来。当有机酸积聚到 $0.65\% \sim 1.30\%$ 时，将抑制有害微生物如腐败菌和丁酸菌的生长，从而使青贮饲料得以长期保存。

（二）青贮的发酵过程

将青贮原料切碎后，将其均匀地填入青贮窖或青贮塔内；边填料边压实（一定要压实），使料间不留空隙，不存有空气，营造厌氧环境，促进乳酸菌等微生物的生物活动。

根据微生物活动的特点，一般青贮的发酵过程可分为 3 个时期。

（1）预备发酵期。当青贮原料填满青贮窖或青贮塔并压紧后，附着在原料上的微生物便开始生长繁殖。由于青贮原料间仍存有少量的空气，各种好氧和厌氧的无芽孢细菌旺盛地生长发育，其中包括各种腐败菌、酵母菌及霉菌等。由于活的植物细胞继续呼吸、各种酶的活动和微生物的发酵作用，青贮料间遗留的少量氧气很快被用掉，厌氧环境形成。同时，这些过程产生大量的二氧化碳和一些有机酸，使饲料变为酸性。这种环境就不利于腐败菌和丁酸菌等继续生长繁殖，反而有利于乳酸菌生长繁殖，从此乳酸菌就大量而旺盛地繁殖起来。当乳酸积累到一定程度，绝大多数微生物的活动受到抑制。

（2）酸化成熟期。在初期，首先是由大肠杆菌活动产生醋酸，然后是各种乳酸菌繁殖产生乳酸，使乳酸不断地增加，饲料进一步酸化成熟。这使其他一些剩下来的细菌的生长繁殖活动就被抑制。当青贮料酸量为 $1.5\% \sim 2.4\%$，pH 值降为 4.5 时，绝大多数乳酸菌也停止活动，乳酸发酵基本结束。一般情况下，糖分适宜时原料发酵 $5 \sim 7$ d 后，微生物总数达到高峰，其中以乳酸菌为主。

（3）保存期。由于乳酸的逐渐增加，乳酸菌停止活动后逐渐死亡，当 pH 值再降到 $4.0 \sim 4.2$ 时，原料中的糖分基本耗尽，青贮原料中的乳酸菌越来越少，青贮原料在厌氧和酸性环境中成熟，并能长期被保存下来。

三、青贮原料

优良的青贮原料是调制优质青贮饲料的基础。常用的青贮原料如下。

1. 玉米

玉米产量高，干物质含量及可消化的有机物质含量均较高，还富含蔗糖、葡萄糖和果糖等可溶性糖类，很容易被乳酸菌发酵利用生成乳酸。

2. 禾本科牧草

禾本科牧草用于青贮的主要有多花黑麦草、多年生黑麦草、鸭茅、猫尾草、象草和羊茅属牧草等。禾本科牧草富含可溶性糖，易于青贮。除单独青贮外，禾本科牧草常还与豆科牧草混合青贮。

3. 高粱

高粱一般在蜡熟期收割，此时茎秆含糖量在17%以上，能调制成优良的青贮饲料。

4. 大麦

大麦具有茎叶繁茂、柔软多汁、适口性好、营养价值高等特点，将冬大麦与冬黑麦混播栽培，可改进单纯冬黑麦青贮的品质。

5. 冬黑麦

冬黑麦生长在我国北方地区，耐寒力强，可在抽穗期刈割青贮。

6. 豆科牧草

豆科牧草包括紫花苜蓿、红三叶、白三叶、红豆草、蚕豆和箭筈豌豆等。

7. 饲用植物及各种副产品

此类原料可用于青贮的主要有胡萝卜缨子、萝卜缨子、白菜帮子、甘蓝叶、菜花叶、红薯藤、南瓜蔓、马铃薯秧等。因其含水量较高，故需要青贮前晾晒或与糠麸、干草粉混贮。饲用甜菜、糖用甜菜及其副产品、胡萝卜等，含糖量和含淀粉量均高，可与豆科原料混贮。

8. 向日葵茎叶

用向日葵茎叶调制青贮饲料时，以开花期收获为宜。

9. 马铃薯茎叶

马铃薯茎叶含糖量低，其青贮时应与富含淀粉或糖渣的原料混贮为宜。

此外，灰菜、苦荬菜等野菜，水葫芦、水花生、红绿萍等水生植物，遇到霜冻而不能成熟或干旱严重影响籽实产量的粮食作物，以及秕谷、糠麸、啤酒糟、果品罐头生产的废弃物之类的农副产品，均可作为青贮原料。

四、青贮所需要的设备

青贮的设备对于青贮饲料的品质与营养保存非常重要，常见的类型主要有青贮塔、青贮窖、青贮壕等，其中以青贮窖最常用。

（一）青贮塔

塔高 12~14 m，直径 3.5~6 m。青贮塔的高度应不小于其直径的 1/2。在塔身一侧每隔 2 m 高，开一个 0.6 m×0.6 m 的窗口，装时关闭，取空时敞开。青贮塔为圆筒式建筑，一般用砖和混凝土修建。

（二）青贮窖

青贮窖有地下式及半地下式两种。地下式青贮窖适于地下水位较低、土质较好的地区，半地下式青贮窖适于地下水位较高或土质较差的地区。一般而言，料少时宜做成圆形窖，料多时宜做成长方形窖。长方形窖的四角砌成半圆形，用三合土或水泥抹面，做到坚固耐用、内壁光滑、不透气、不透水。青贮窖周壁用砖石砌成。青贮窖底部呈锅底形。青贮窖的尺寸：一般圆形窖直径与窖深比以 1：（1.5~2.0）为宜；长方形窖的宽、深之比为1：（1.5~2.0），长度由家畜头数与饲料多少来确定。

五、青贮的方法和步骤

制作青贮的主要环节是要掌握青贮料中微生物生长发育的规律及特性，从而利用有益微生物来控制有害微生物，促进乳酸菌的快速生长繁殖，把青贮原料中的糖转化为乳酸，使青贮料得以长久保存。青贮需要的条件主要有：①青贮原料应有一定的含糖量。青贮原料中必须有一定的含糖量，这样乳酸菌才能旺盛地生长，产生足够的酸度，保证青贮的质量。②青贮原料应有适宜的含水量。一般来说，适合乳酸菌繁殖的青贮原料的水分含量为65%~75%。不过，青贮原料的适宜含水量因质地不同而有一定的差别。质地粗糙的原料，含水量可高达78%；收获早、幼嫩、多汁柔软的原料，含水量应低一些，以60%为宜。③创造厌氧环境。青贮原料要切短压实，填满封严，以创造一个厌氧的环境，这样有利于乳酸菌的生长繁殖。

饲料青贮是一项突击性的工作，事先要对青贮窖或青贮塔、青贮切碎机或铡草机和运输车辆等进行检修，并组织足够的人力，以便在尽可能短的时间内完成青贮工作。青贮的操作要点，概括起来就是要做到"六随三要"，即随割、随运、随切、随装、随踩、随封，连续进行，一次完成；原料要切碎，装填要踩实，窖顶要封严。

青贮饲料的制作过程如下。

（1）刈割。整株玉米青贮时，玉米应在蜡熟早期刈割，即在其干物质含量为25%~35%时收割。收果穗后的玉米秸秆青贮，玉米秸秆宜在玉米果穗成熟、玉米茎叶仅有下部1~2片叶变黄时收获；或者玉米七成熟时，削尖后青贮，但削尖时果穗上部要保留1片叶。

一般禾本科牧草宜在孕穗到抽穗期刈割，豆科牧草宜在现蕾开花期刈割。原料刈割后应立即进行青贮工作。

（2）切短。对牛、羊等草食家畜来说，禾本科牧草、豆科牧草、草地青草、甘薯蔓、幼嫩玉米苗、叶菜类等，切成3~5 cm长即可。对高大粗硬的饲料作物，如玉米、鲁梅克斯及向日葵等，切成2~3 cm为宜。叶菜类的幼嫩植物可不切短青贮。饲喂猪、禽的青贮原料，切得越短越好，切成细碎或打浆饲喂更好。

切青贮原料时可用人工铡草机或者青贮切碎机进行。

（3）装填和压紧。装填过程要越快越好，尽量缩短原料暴露于空气中的时间。装填前，先要将青贮窖或青贮塔打扫干净。如窖为土窖，内壁可铺塑料薄膜。在窖底部填10~15 cm厚的秸秆和软草，以便吸收青贮汁液。原料逐层平摊，每层装15~20 cm厚时要踩实，然后再继续装填。装填时特别要注意四角和靠壁的地方，应压实，要达到弹力消失的程度为止。青贮原料要一直装到高出窖口70 cm左右。

（4）封盖。填满窖后，先在上面覆盖切短的秸秆（5~10 cm厚）、青草（厚约20 cm），或铺盖塑料薄膜，然后用厚30~50 cm的土覆盖，呈馒头形状，以利排水。

（5）青贮窖的启用方法。在北方，青贮饲料要 45~60 d 才发酵成熟，之后才可开窖启用。过早启用会造成青贮饲料品质不佳。

一般青贮窖的启用切忌大掀盖。大掀盖后如不加覆盖物会使青贮饲料因雨淋、日晒和风化而变坏。正确的启用方法：在窖的一头（拉运方便的一侧），沿着窖壁开启 50~80 cm 宽的一条缝，按照每天用量在剖面上切下一层，切得越整齐越好。切下的新鲜剖面最好用塑料布或塑料板等遮盖物盖平。

六、青贮饲料的品质鉴定

青贮饲料在饲用前要对其进行品质鉴定：一是确定青贮品质的好坏，并检查青贮过程中原料的调配和青贮技术是否正确；二是确定青贮饲料的可食性与适口性。

青贮饲料品质鉴定方法大体分为两种，即感官鉴定法与实验室鉴定法。

1. 感官鉴定法

此方法不用仪器设备，通过嗅气味，看颜色，看茎、叶结构和质地判断青贮饲料品质好坏，适用于现场快速鉴定。青贮饲料感官鉴定标准见表4-7。

表 4-7　青贮饲料感官鉴定标准

等级	颜色	酸味	气味	结构	是否可饲喂家畜
优良	青绿色或黄绿色，有光泽，近于原色	浓	芳香酒酸味	湿润、紧密；茎、叶、花保持原状，容易分离	可饲喂各种家畜
中等	黄褐色或暗褐色	中等	有刺鼻酸味，香味淡	茎、叶、花部分保持原状；柔软，水分稍多	可饲喂除妊娠家畜和幼畜以外的各种家畜
低劣	黑色、褐色或暗墨绿色	淡	具腐臭味或霉味	腐烂、污泥状、黏滑；或干燥或黏结成块，无结构	不宜饲喂任何家畜，洗涤后也不能使用

（1）色泽。优质的青贮饲料的颜色非常接近于作物原先的颜色。若青贮前作物为绿色，青贮后饲料仍为青绿色或黄绿色为最佳。青贮器内原料发酵的温度是影响青贮饲料色泽的主要因素，温度越低，青贮饲料就越接近于原先的颜色。

（2）气味。品质优良的青贮饲料具有轻微的酸味和水果香味。若有刺鼻的酸味，则乙酸较多，品质较次。若是腐烂、腐败并有臭味的则为劣等，不宜喂家畜。总之，芳香而喜闻者为上等，刺鼻者为中等，臭而难闻者为劣等。

（3）质地。植物的茎、叶等结构被破坏及呈黏滑状态是青贮饲料腐败的标志，黏度越大，则腐败程度越高。优良的青贮饲料，在窖内压得非常紧实，但拿起时松散柔软，略湿润，不粘手，茎、叶保持原状，容易分离；中等的青贮饲料茎、叶部分保持原状，柔软，水分稍多；劣等的结成一团，腐烂发黏，分不清原有结构。

2. 实验室鉴定法

实验室鉴定法包括测定青贮饲料的 pH 值、各种有机酸含量、微生物种类和数量、营养物质含量变化、可消化性及营养价值等，其中以测定 pH 值及各种有机酸含量较普遍。

（1）pH 值。pH 值是衡量青贮饲料品质好坏的重要指标之一。在实验室，可用精密雷磁酸度计测定 pH 值，生产现场可用精密石蕊试纸测定。

（2）氨态氮。氨态氮与总氮的比值可反映青贮饲料中蛋白质及氨基酸分解的程度，比值越大，说明蛋白质分解越多，青贮质量不佳。

（3）有机酸含量。有机酸总量及其构成可以反映青贮发酵过程的好坏，其中最重要的是乳酸、乙酸和丁酸，乳酸所占比例越大越好。优良的青贮饲料，含有较多的乳酸和少量乙酸，但不含丁酸。品质差的青贮饲料，含丁酸多而含乳酸少（表4-8）。

表4-8　不同青贮饲料中的各种酸含量

等级	pH 值	乳酸/%	醋酸/%		丁酸/%	
			游离	结合	游离	结合
良好	4.0~4.2	1.2~1.5	0.7~0.8	0.10~0.15		
中等	4.6~4.8	0.5~0.6	0.4~0.5	0.2~0.3		0.1~0.2
低劣	5.5~6.0	0.1~0.2	0.10~0.15	0.05~0.10	0.2~0.3	0.8~1.0

（4）微生物指标。青贮饲料中的微生物种类及数量是影响青贮饲料品质的关键因素，微生物指标主要包括乳酸菌数、总菌数、霉菌数及酵母菌数，霉菌及酵母菌会降低青贮饲料品质并引起2次发酵。

七、青贮饲料的合理饲用

1. 牛用青贮饲料及其饲用方法

6月龄以上的牛，可采食青贮饲料。一般奶牛饲喂量为每100 kg 体重每天 8 kg，生产中常按每天 15~20 kg/头的量饲喂，最大量可达每天 60 kg/头。妊娠最后1个月的母牛的青贮饲料饲喂量不应超过每天 10~12 kg/头，临产前 10~12 d 停喂，产后 10~15 d 在日粮中重新加入青贮饲料。役牛和肉牛饲喂量为每100 kg 体重每天 10~12 kg。

2. 马、羊用青贮饲料及其饲用方法

马很敏感，对青贮饲料的品质要求很严格，只能饲喂高质量、含水分不多的玉米青贮饲料和向日葵青贮饲料，以及由三叶草的再生草与禾本科草类的混合物制成的青贮饲料。役马的饲喂量为每天 10~15 kg/匹；种母马和1岁以上的幼驹为每天 6~10 kg/匹；怀孕的马少喂或不喂青贮饲料，以免引起流产。绵羊能有效地利用青贮饲料，饲喂青贮饲料的幼羔生长发育良好，饲喂青贮饲料的成年绵羊，育肥迅速，毛的生长加快。其喂量为：大型品种绵羊每天 4~5 kg/只；羔羊为每天 400~600 g/只。

3. 猪用青贮饲料及其饲用方法

制作和饲用养猪专用的混合青贮饲料，可以节省大量精饲料，降低饲养成本。其制作原料以玉米和马铃薯为主，与青绿多汁饲料配合而成。青贮原料的主要配方如下：①乳熟至蜡熟期的玉米果穗60%、马铃薯25%、红色胡萝卜15%。②马铃薯70%~80%、红色胡萝卜10%、青草10%~20%。③马铃薯83%、红色胡萝卜4%、再生三叶草5%、冬油菜8%。后两种配方可用来制作断奶仔猪和幼猪用的青贮饲料。以上配方中的马铃薯必须先经过蒸煮处理，其余的原料可以与马铃薯一起蒸煮，也可以生贮，但必须切碎。生长猪按年龄的不同，每天每头可喂 1~3 kg，妊娠母猪喂量为每天每头 3~4 kg，哺乳母猪为每天

每头 1.2~2.0 kg，空怀母猪为每天每头 2~4 kg。母猪妊娠的最后一个月，青贮饲料应减少一半喂量，并在产仔前 2 周时，从日粮中全部除去，产后再接着饲喂，最初喂量为每天 0.5 kg/头，10~15 d 后，可增至正常喂量。

4. 禽用青贮饲料及其饲用方法

禽用饲料的组成是以精饲料为主。禽用青贮饲料品质必须高，要求 pH 值为 4.0~4.2，粗蛋白质占青贮饲料重的 3%~4%，粗纤维不超过 3%。常用的禽用青贮原料有三叶草、紫花苜蓿、豌豆、箭筈豌豆、青绿燕麦、蚕豆、大豆、玉米、苏丹草、禾本科杂草及胡萝卜茎、叶等。禽用青贮原料需切碎，长度不超过 0.5 cm，这样制成的青贮饲料有利于与日粮中其他饲料相混合，也便于家禽采食。青贮饲料饲喂量：1~2 月龄的雏鸡为每天 5~10 g/只，随年龄增长逐渐增加，成年鸡为每天 20~25 g/只；鸭为每天 80~100 g/只；鹅为每天 150~200 g/只。

5. 注意事项

青贮饲料一般在调制后 30d 左右即可开窖取用，也可等青绿饲料短缺时取用。开窖时间根据需要而定，一般要尽量避开高温或严寒季节。一旦开窖利用，就必须连续取用。每天按畜禽实际采食量取出，取时应逐层或逐段，从上往下分层利用，切勿全面打开或掏洞取料。取后应及时用草席或塑料薄膜覆盖，尽量减少青贮饲料与空气接触的机会，以免变质霉烂。已经发霉的青贮饲料应弃掉，不能饲用。青贮饲料具有酸味，开始饲喂时，有的畜禽不习惯采食，可先空腹饲喂青贮饲料，再饲喂其他草料；也可先少量饲喂青贮饲料，后逐渐加量；或将青贮饲料与其他草料拌在一起饲喂。青贮饲料具有轻泻作用，因此母畜妊娠后期不宜多喂，产前 15 d 停喂，以防流产。对奶牛最好挤奶后使用，以免影响奶的气味。

任务实施

青贮饲料的调制操作技术

1. 目标要求

能正确掌握青贮饲料的调制操作技术。

2. 材料准备

切割机、塑料薄膜、青贮窖等设施，青贮原料。

3. 操作步骤

(1) 操作过程。准备青贮窖等设施→收割→运输→切短→装窖与压实→封窖。

(2) 操作要点。①在地下水位低、干燥、土质坚硬的地方，于青贮饲料调制前一周，组织学生挖一个长方形窖，将窖四角修成圆形，窖内壁略倾斜而光滑。②组织学生在玉米乳熟期刈割，然后将其运至青贮场地。③利用切割机将青玉米切碎，其长度为 2~3 cm。④青贮原料随切碎随装填。装填前，窖底、四壁铺一层塑料薄膜。装填时，要随装随压实，尤其要注意窖的周边和四角要压实，尽量把空气排出。⑤当青贮原料装填至高出窖沿 50~60 cm 时，在原料上先覆盖塑料薄膜，再盖一层 20~30 cm 厚的麦秸或其他秸秆，并压上 0.5 m 左右厚的湿土，踩实，将其修成鱼脊状，盖土的边缘要超过出窖口四周。⑥封窖后，在距窖四周约 1 m 处，开挖排水沟，并在一周内组织学生经常检查。若发现封土裂缝、下陷等现象，应及时加土踩实，30~40 d 后即可开窖饲喂。

（3）注意事项。①注意不要被镰刀、铡刀（片）所伤。②要注意电或柴油机可能造成的危险。③切记踩实物料，特别是边角要踩实。④密封，要保证不会漏气。

4. 学习效果评价

青贮饲料的调制操作技术的学习效果评价如表 4-9 所示。

表 4-9　青贮饲料的调制操作技术的学习效果评价

序号	评价内容	评价标准	分数/分	评价方式
1	合作意识	有团队合作精神，积极与小组成员合作，共同完成学习任务	10	小组自评 20% 组间互评 30% 教师评价 30% 企业评价 20%
2	沟通精神	成员之间能积极沟通解决问题的思路	30	
3	正确快速操作	能在规定时间内操作所有步骤	40	
4	记录与总结	能完成全部任务，记录详细、清晰，结果正确	20	
合计			100	100%

任务反思

（1）简述青贮饲料的优点。
（2）简述青贮的原理。
（3）简述制作青贮饲料的要点。

任务5　能量饲料

任务目标

知识目标　（1）了解能量饲料的概念。
（2）掌握能量饲料的种类及各类能量饲料的营养特性与饲用价值。
（3）了解能量饲料中的有害物质。

技能目标　能识别常见能量饲料。

素质目标　培养节约资源的意识。

任务准备

能量饲料指的是干物质中粗纤维含量低于 18%，粗蛋白含量低于 20% 的谷实类，糠麸类，草籽树实类，块根、块茎类等。饲料工业中常用的油脂类、糖蜜类等也属于能量饲料。一般能量饲料中干物质的消化能在 10 MJ/kg 以上，其中高于 12.5 MJ/kg 的称为高能饲料。这类饲料是畜禽的重要能量来源，在饲料工业中占有重要地位。

一、谷实类饲料

（1）能量含量高，无氮浸出物占其干物质的 70% 以上，而且主要是淀粉，其占无氮浸出物的 82%~90%。

（2）粗纤维含量很低，一般在 5% 以内，只有带颖壳的大麦、燕麦、稻谷和粟谷等在 10% 左右。

（3）蛋白质和必需氨基酸含量不足，粗蛋白含量一般为 8%~13%；氨基酸组成不平衡，赖氨酸、蛋氨酸、色氨酸缺乏。

（4）矿物质中钙含量很低，磷多以植酸磷形式存在，单胃畜禽利用率很低。

（5）维生素 B 族和维生素 E 较为丰富，但缺乏维生素 C 和维生素 D。除黄玉米和粟谷中含有较多的胡萝卜素外，其他谷实都较缺乏胡萝卜素。

（6）谷实类饲料中脂肪的含量为 3.5% 左右，其中亚油酸、亚麻油酸的比例较高，对猪、禽必需脂肪酸的供应有一定的好处，且干物质消化率很高，有效能值也高。

1. 玉米

1）营养特性

玉米是我国主要的能量饲料，被誉为"能量之王"。玉米的适口性好，没有使用限制。其营养特性如下。

（1）可利用能量高。玉米的代谢能高达 14.10 MJ/kg，甚至可达 15.06 MJ/kg，是谷实类饲料中能最高的。其粗纤维含量少，为 1.6%~2.0%；无氮浸出物高达 72%，且消化率可达 90%；粗脂肪含量高，为 3.5%~4.5%

（2）蛋白质含量偏低，且品质欠佳。玉米的蛋白质含量约为 8.6%，且氨基酸不平衡，赖氨酸、色氨酸和蛋氨酸的含量不足。

（3）亚油酸含量较高。玉米的亚油酸含量可达 2%，是谷实类饲料中亚油酸含量最高者。如果玉米在日粮中的配比在 50% 以上，仅玉米即可满足猪、鸡对亚油酸的需要量。

（4）维生素。玉米含有的脂溶性维生素中维生素 E 较多，约为 20 mg/kg，黄玉米中维生素 D 和维生素 K 较少。玉米含有的水溶性维生素中维生素 B_1 较多，维生素 B_2 和烟酸的含量较少，且烟酸是以结合型存在。

（5）矿物质。玉米含有的矿物质约 80% 存在于胚部。其钙含量较少，约含 0.02%；磷约含 0.25%，约有 63% 的磷以植酸磷的形式存在，单胃畜禽对其的利用率低。其他矿物质的含量也较低。

（6）叶黄素。黄玉米中所含叶黄素平均为 22 mg/kg，这是黄玉米的特点之一，它对鸡的蛋黄、胫、爪等部位着色有重要意义。

2）饲用价值

（1）鸡。玉米是鸡最重要的饲料原料之一，其能值高，最适用于肉用仔鸡的育肥，而且黄玉米对蛋黄、爪、皮肤等有良好的着色效果。在鸡的配合饲料中，玉米的用量高达 70%。

（2）猪。用玉米饲喂猪的效果也很好，但要避免过量使用，以防热量太高而使猪背膘厚度增加。由于玉米中缺少赖氨酸，故应注意猪日粮中赖氨酸的补充。

（3）反刍家畜。玉米适口性好，能量高，可大量用于牛的混合精饲料中，但最好将其与其他体积大的糠麸类饲料并用，以防积食和瘤胃膨胀。

3）饲料用玉米的标准

我国质量标准 GB/T 17890—2008 对饲料用玉米作出了如下要求：色泽、气味正常；杂质含量≤1.0%；生霉粒≤2.0%；粗蛋白质（干基）≥8.0%；水分含量≤14.0%；一级饲料用玉米的脂肪酸值（KOH）≤60 mg/100g。该标准以玉米容重、不完善粒为定等级指标（表4-10）。

表4-10 饲料用玉米的等级划分标准

等级	容重/（g/L）	不完善粒/%
一级	≥710	≤5.0
二级	≥685	≤6.5
三级	≥660	≤8.0

表4-10中，根据 CB/T 17890—2008 中的定义，容重是指玉米籽粒在单位容积内的质量。容重作为玉米商品品质的重要指标，能够真实地反映玉米的成熟度、完整度、均匀度和使用价值，是玉米定等级的依据。不完善粒是指受到损伤但尚有饲用价值的玉米粒，包括虫蚀粒、病斑粒、破损粒、生芽粒、生霉粒、热损伤粒等。

2. 高粱

1）营养特性

（1）蛋白质。高粱粗蛋白质含量略高于玉米，一般为9%~11%，但缺乏赖氨酸和色氨酸。

（2）脂肪。高粱所含脂肪低于玉米，其脂肪酸组成中饱和脂肪酸的含量比玉米较多，亚油酸含量较玉米低，约为1.13%。

（3）糖类。高粱淀粉含量与玉米相近，两者淀粉粒的形状与大小也相似，但高粱淀粉粒受蛋白质覆盖程度较高，故消化率较低，有效能值也低。

（4）矿物质与维生素。高粱所含矿物质中磷、镁、钾含量较多而钙含量少，植酸磷为40%~70%。高粱所含维生素中烟酸、泛酸、维生素 B_7 的含量多于玉米。泛酸以结合型存在，利用率低。维生素 B_7 在肉用仔鸡的利用率只有20%。

（5）单宁。单宁是水溶性的多酚化合物，又称鞣酸或单宁酸。高粱籽实中的单宁为缩合单宁，一般含单宁1%以上者为高单宁高粱，低于0.4%的为低单宁高粱。单宁含量与籽粒颜色有关，色深者单宁含量高。单宁的抗营养作用主要是苦涩味重，影响适口性；与蛋白质及消化酶类结合，干扰消化过程，影响蛋白质及其他养分的利用率。高粱中的单宁的某些毒性作用经过肠道吸收后出现。1978年，Elkin 等曾报道，饲喂蛋鸡高单宁水平的日粮后蛋鸡出现以腿扭曲、跗关节肿大为特征的腿异常，这可能是单宁影响了骨有机质的代谢。高粱中的单宁会降低反刍家畜的增重率、饲料转化率和代谢能值。

2）饲用价值

（1）鸡。高粱中叶黄素等色素的含量比玉米低，对鸡皮肤及蛋黄无着色作用，应与蓿草粉、叶粉搭配使用。鸡饲料中高粱用量高时，应注意维生素 A、必需脂肪酸、氨基酸的补充。

（2）猪。高粱籽粒小且硬，整粒喂猪效果不好，但粉碎过细，又影响适口性，且易引起胃溃疡，所以以压扁或粗粉碎效果好。

（3）反刍家畜。高粱的成分接近于玉米，用于反刍家畜有近似于玉米的营养价值。压片、水浸、蒸煮及膨化等均可改善反刍家畜对高粱的利用，可提高利用率 10%～15%。

3. 大麦

1）分类

大麦可按播种季节的不同分为冬大麦和春大麦，两者成分相近。大麦一般根据品种分为以下两大类。

（1）皮大麦。皮大麦是带壳的大麦，即通常所说的大麦。皮大麦按籽粒在穗上的排列方式又分为二棱大麦和六棱大麦。我国大多为六棱大麦，多供酿酒用，饲用效果也好。

（2）裸大麦。裸大麦又称青稞，成熟时皮壳易脱离。其多供食用，营养价值较高，产量低，我国云南、贵州、四川、甘肃等地种植。

2）营养特性

（1）蛋白质。大麦的蛋白质含量高于玉米，氨基酸中除亮氨酸及蛋氨酸外均比玉米多，但利用率却低于玉米。大麦的赖氨酸含量接近玉米的 2 倍，猪消化率为 73.3%。

（2）糖类。粗纤维含量高，为玉米的 2 倍左右，因此有效能值较低，代谢能约为玉米的 89%，净能约为玉米的 82%。其淀粉比玉米少，支链淀粉占 74%～78%，直链淀粉占 22%～26%，另外还含有其他谷实所没有的 β-1，3-葡聚糖。

（3）脂肪。大麦脂肪含量约为 2%，为玉米的一半，饱和脂肪酸含量比玉米高，亚油酸含量只有 0.78%。

（4）矿物质与维生素。大麦所含的矿物质主要是钾和磷，其中 63% 的磷为植酸磷，利用率为 31%，高于玉米中磷的利用率，其次为镁、钙及少量的铁、铜、锰、锌等。大麦富含维生素 B 族，包括维生素 B_1、维生素 B_2、泛酸和烟酸，烟酸含量较高，但利用率较低，只有 10%，脂溶性的维生素 A、维生素 D、维生素 K 含量低，少量的维生素 E 存在于大麦的胚芽中。

（5）抗营养物质。大麦中有抗胰蛋白酶和抗胰凝乳酶，前者含量低，后者可被胃蛋白酶分解，故对动物影响不大。此外，大麦的麦角病，可产生多种有毒的生物碱，如麦角胺、麦角胱胺酸等，会阻止母猪乳腺发育，造成产科疾病。

饲料用皮大麦的等级划分（NY/T118-2021）见表 4-11。

表 4-11　饲料用皮大麦的等级划分

项目	等级	
	一级	二级
千粒重/g	≥40.0	≥30.0
粗灰分/%	≤2.5	≤3.0
粗蛋白质/%	≥8.0	
粗纤维/%	≤6.0	
水分/%	≤13.0	

3）饲用价值

（1）鸡。蛋鸡饲喂大麦不影响产蛋率，但因其能值低而致使饲料利用效率明显下降。大麦不含色素，对蛋黄、皮肤无着色功能，因而大麦不是鸡的理想饲料。

（2）猪。大麦因粗纤维含量高，能值低，不适于喂仔猪，但经脱壳、压片及蒸汽处理的大麦片可取代部分玉米，并可改善饲养效果。用大麦饲喂育肥猪可增加其胴体瘦肉率，能生产白色硬脂肪的优质猪肉，猪肉风味也随之改善。因增重和饲料报酬降低，用大麦取代玉米的量不得超过 50%，或在配合饲料中所占比例不得超过 25%。

（3）反刍家畜。大麦是肉牛、奶牛及羊的优良精饲料，反刍家畜对大麦中所含的 β-1，3-葡聚糖有较高的利用率。大麦用于肉牛育肥的营养价值与玉米的相近，其饲喂奶牛可提高乳和黄油的品质。大麦粉碎太细易引起瘤胃膨胀。大麦进行压片、蒸汽处理后可改善适口性及育肥效果，经微波和碱处理后可提高消化率。

4. 燕麦

燕麦的品种很多，大体分为两类：皮燕麦和裸燕麦。皮燕麦即通常所说的燕麦，成熟时内外紧抱籽粒，不易分离。裸燕麦也称莜麦，成熟时籽粒与稃分离，籽粒以食用为主。根据栽培季节又分为春燕麦和冬燕麦。

1）营养特性

因品种不同，燕麦稃（壳）的比例也不同，一般稃约占 28%。燕麦淀粉含量为玉米淀粉含量的 1/3~1/2。燕麦的脂肪含量比其他谷物高，而且多属于不饱和脂肪酸，主要分布在胚部。燕麦的蛋白质含量高于玉米，而且赖氨酸含量高达 0.4%。燕麦富含维生素 B 族，脂溶性维生素和矿物质含量均较低。

2）饲用价值

（1）鸡、猪。燕麦由于粗纤维含量高、能值低，不能大量用于肉仔鸡、高产蛋鸡和雏鸡的饲料。此外，燕麦对啄羽等异嗜现象有一定的缓解作用。燕麦一般不宜作育肥猪的饲料，喂量较多时会使猪的背脂变软，影响胴体品质，种猪饲料用 10%~20% 为宜。饲喂粉碎燕麦对猪具有预防胃溃疡的效果。

（2）反刍家畜。燕麦是反刍家畜很好的饲料，适口性好，粉碎即可饲用。精饲料中使用 50% 的燕麦，其效果约为玉米的 85%。绵羊也嗜食燕麦，可整粒喂给。燕麦是马属动物最具代表性的饲料，是赛马的最好饲料，因其有松散的质地，颇适合于马属动物的消化生理特点。

5. 稻谷与糙米

我国稻谷按其粒形和粒质分为 3 类：籼稻谷、粳稻谷和糯稻谷。稻谷脱壳后，大部分种皮仍残留在米粒上，称为糙米。糙米可进一步加工成大米，碎米是碾米过程中产生的破碎米粒。

1）营养特性

稻谷粗纤维含量较高，可达 9%，糙米含粗蛋白质 7%~9%，含粗脂肪 2% 左右，其脂肪酸组成以油酸（45%）和亚油酸（33%）为主，淀粉含量高达 75%，矿物质含量不多，约占 1.3%。

2）饲用价值

稻谷粗纤维含量较高，对肉鸡应限量使用。用糙米饲喂育肥猪可增加育肥猪背脂硬度, 使肉质优良, 但变质米对肉质及增重均不利, 且影响适口性。糙米以粉碎较细为宜。稻谷的用量为生长猪 30%、肥育猪 50%、妊娠猪 70%、泌乳猪 40%。糙米或碎米用于反刍家畜可完全取代玉米, 但仍以粉碎后使用为宜。稻谷粉碎后可用于肉牛育肥, 其价值约为玉米的 80%, 可完全作为能量饲料来使用。

3）饲料用稻谷的标准

饲料用稻谷的等级划分标准见表 4-12。

表 4-12　饲料用稻谷的等级划分标准

项目	等级		
	一级	二级	三级
粗蛋白质/%	≥7.0	≥6.0	≥5.0
粗纤维/%	≤9.0	≤11.0	≤12.0
粗灰分/%	≤5.0	≤6.0	≤8.0
水分/%	≤14.0		
杂质/%	≤1.0		
脂肪酸值/［KOH（mg/100g）］	≤37.0		

注: 各项技术指标含量除水分、杂质和脂肪酸值以原样为基础计算外, 其他均以 88% 干物质为基础计算。技术指标必须全部符合相应等级的规定, 低于三级者为等外品

6. 小麦

小麦是人类最重要的粮食作物之一, 全世界有 1/3 以上的人口以它为主食。小麦的能值略低于玉米, 比大麦和燕麦高, 这是由于其粗脂肪含量低所致, 不到玉米的一半。小麦的特点是粗蛋白质含量高, 为玉米粗蛋白质含量的 150%, 因而其各种氨基酸的含量优于玉米, 但苏氨酸含量明显不足。小麦含维生素 B 族和维生素 E 较多, 但含维生素 A、维生素 D、维生素 C、维生素 K 很少。其维生素$_7$的利用率比玉米、高粱要低。矿物质中钙少磷多, 铜、锰、锌等含量较玉米高。

小麦质量指标要求（GB 1351—2023）见表 4-13。其中容重为定等标本, 3 等为中等。

表 4-13　小麦质量指标要求

等级	容重/（g/L）	不完善料/%	杂质/%		水分/%	色泽、气味
			总量	其中: 无机杂质		
1	≥790	≤6.0	≤1.0	≤0.5	≤12.5	正常
2	≥770					
3	≥750	≤8.0				
4	≥730					
5	≥710	≤10.0				
等外	≤	-				

注: "-" 不作要求

鸡饲料中，用小麦全量取代玉米，效果为玉米的90%左右，故小麦取代量以1/3~1/2为宜。猪对小麦的适口性很好，小麦可全量取代玉米用于肉猪饲料，虽然小麦热能值低于玉米，饲料效率略差，但可节省部分蛋白质饲料，而且可改善胴体品质。饲喂前需粉碎小麦，但不宜太细。小麦用于乳猪饲料时以粉末状为好，杂物少、色白，具有较好的商品价值。小麦也是反刍家畜的良好饲料，但整粒饲喂易引起消化不良，一般以粗碎为宜。压片、糊化处理可改善小麦利用率。日粮中小麦用量不宜超过50%，否则可能导致过酸症。

7. 其他谷实

（1）粟。粟脱壳前称为"谷子"，脱壳后称为"小米"，全国各地均有栽培。饲料用粟的质量标准为粗蛋白质≥8.0%，粗纤维<8.5%，粗灰分<3.5%。粟对禽类的饲用价值较高。粟中叶黄素和胡萝卜素含量较高，对禽类皮肤、蛋黄有着色效果，用粟做禽类饲料时，不必粉碎，可直接饲用。粟对猪的饲用价值也较高，饲用时粟粉碎的粒度以1.5~3.0mm为宜。

（2）荞麦。荞麦不仅籽实可以作为能量饲料，其枝叶也是优良的青绿饲料。荞麦的籽实外有一层粗糙的壳，约占重量的30%。荞麦粗纤维含量高达12%。荞麦的消化能对牛为14.6 MJ/kg，对猪为14.31 MJ/kg。荞麦的蛋白质品质较好，含赖氨酸0.73%，含蛋氨酸0.25%。荞麦籽实中含有一种物质——感光咔啉，当动物采食后白色皮肤部分受到日光照射时即发生过敏，并出现红斑点，严重时能影响动物生长及育肥效果。这种感光物质主要存在于外壳中。

（3）黑麦。黑麦中含粗蛋白质11.0%、含粗脂肪1.5%、含无氮浸出物71.5%、含粗纤维2.2%、含钙0.05%。黑麦中含有10%以上的非淀粉多糖等抗营养因子。黑麦对鸡、猪的饲用价值较低，对草食动物的饲用价值较高。

二、糠麸类饲料

糠麸类饲料是谷物的加工副产品，制米的副产品称为糠，制面的副产品称作麸。糠麸类是畜禽的重要能量饲料原料，主要有米糠、小麦麸、大麦麸、燕麦麸、高粱糠及谷糠等，其中以米糠与小麦麸为主。

1. 米糠

稻谷的加工副产品称为稻糠，稻糠可分为砻糠、米糠和统糠。砻糠是粉碎的稻壳；米糠是糙米精制成大米时的副产品，由种皮、糊粉层、胚及少量的胚乳组成；统糠是米糠与砻糠的混合物。

1）营养特性

米糠的营养价值受大米精制加工程度的影响，精制程度越高，米糠中混入的胚乳就越多，其营养价值也就越高。米糠的一般成分如表4-14所示。

表 4-14 米糠的一般成分

成分	米糠		脱脂米糠	
	平均值/%	范围/%	平均值/%	范围/%
水分	10.5	10.00~13.50	11.0	10.00~12.50
粗蛋白质	12.5	10.50~13.50	14.0	13.50~15.05
粗脂肪	14.0	10.00~15.00	1.0	0.40~1.40
粗纤维	11.0	10.50~14.50	14.0	12.00~14.00
粗灰分	12.0	10.50~14.50	16.0	14.50~16.50
钙	0.1	0~0.15	0.1	0.10~0.20
磷	1.6	1.00~1.80	1.4	1.10~1.60

米糠的粗蛋白质含量比麸皮低，但比玉米高，品质也比玉米好，赖氨酸含量高达 0.55%。米糠的粗脂肪含量很高，可达 15%，为麦麸、玉米糠的 3 倍多。米糠的脂肪酸多属不饱和脂肪酸，油酸和亚油酸占 79.2%，脂肪中还含有 2%~5% 的天然维生素 E。米糠除富含维生素 E 外，维生素 B 族的含量也很高，但缺乏维生素 A、维生素 D、维生素 C。米糠的粗灰分含量高，但钙、磷比例极不平衡，磷含量高，但所含的磷约有 86% 属植酸磷，利用率低且影响其他元素的吸收利用。米糠中锰、钾、镁较多。米糠中含有胰蛋白酶抑制因子，加热可使其失活。米糠中脂肪酶活力较高，长期贮存易引起脂肪变质。

2) 饲用价值

(1) 鸡。米糠可补充鸡所需的维生素 B 族、锰及必需脂肪酸。用米糠取代玉米来喂鸡，其饲养效果会随用量的增加（20%~60%）而下降。若用大量米糠饲喂雏鸡，会导致雏鸡胰脏肿大。一般米糠在鸡饲料中以 5% 以下为宜。

(2) 猪。米糠的适口性差，如用于肉猪育肥，随米糠用量的增加（取代玉米 25%~100%），肉猪的生长速度和饲料利用效率降低（表 4-15）。多量饲喂米糠会使肉猪体脂肪软化，降低胴体品质，故其在肉猪饲料中的使用量应在 20% 以下。仔猪不宜使用米糠，以免引起腹泻，但经加热处理破坏胰蛋白酶抑制因子后可少量使用。

表 4-15 肉猪饲喂米糠育肥效果

玉米:米糠	100:0	75:25	50:50	25:75	0:100
日增重/kg	0.81	0.80	0.75	0.66	0.57
日采食量/kg	2.63	2.73	2.67	2.57	2.16
饲料转化率/%	3.23	3.41	3.58	3.87	3.77

(3) 反刍家畜。反刍家畜与单胃畜禽不同，米糠用作牛饲料并无不良反应，适口性好，能值高，在奶牛、肉牛精饲料中可用至 20%。米糠喂量过多会影响牛乳和牛肉的品质，使体脂和乳脂变黄变软。酸败的米糠适口性降低，还会导致腹泻。

2. 小麦麸

小麦麸俗称麸皮，是面粉厂用小麦加工面粉时得到的副产品，由种皮、糊粉层和一部分胚及少量的胚乳组成。小麦麸来源广、数量大，是我国北方畜禽常用的饲料原料。饲料用小麦麸（NY/T 119—2021）的等级划分标准见表 4-16。

表 4-16　饲料用小麦麸的等级划分标准

项目	等级	
	一级	二级
粗蛋白质/%	≥17.0	≥15.0
水分/%	≤13.0	
粗纤维/%	≤12.0	
粗灰分/%	≤6.0	

注：各项理化指标含量除水分外，其他均以 88%干物质为基础计算；低于二级者为等外品

1）营养特性

小麦麸的粗纤维含量因产品而异，含量范围为 1.5%~9.5%，粗蛋白质含量为 13%~17%，钙含量很低（0.14%），磷含量高（1.2%），但是利用率低，不适合单独作为任何畜禽的饲料。因小麦麸价格低廉，蛋白质、锰和维生素 B 族含量较多，所以也是畜禽常用的饲料。

2）饲用价值

（1）鸡。小麦麸的代谢能较低，不适于用作肉鸡饲料，但种鸡、蛋鸡在不影响热能的情况下可少量使用，一般在 10%以下。为了控制生长鸡及后备种鸡的体重，可饲喂小麦麸，用量为 15%~25%，这样可降低日粮的能量浓度，防止体内沉积过多脂肪。

（2）猪。小麦麸适口性好，含有轻泻性的盐类，有助于胃肠蠕动和通便润肠，所以是妊娠后期母猪和哺乳母猪的良好饲料。其用于肉猪的育肥效果较差，有机物质消化率只有67%左右。小麦麸不宜过多用于幼猪，以免引起消化不良。

（3）反刍家畜。小麦麸容积大，纤维含量高，适口性好，是奶牛、肉牛及羊的优良饲料原料。奶牛精饲料中使用 25%~30%的小麦麸，可增加泌乳量，但用量太高反而会失去效果。肉牛精饲料中可用到 50%。

3. 其他糠麸类饲料

其他糠麸类饲料主要包括高粱糠、玉米糠和小米糠。小米糠的粗纤维含量高达23.7%。玉米糠是玉米制粉过程中的副产品，主要包括外皮、胚、种胚和少量的胚乳，因其外皮所占比重较大，粗纤维含量较高，故不适用于饲喂仔猪。高粱糠的消化能和代谢能比较高，但因高粱糠中含有较多的单宁，适口性差，易引起便秘，故喂量受到限制。若在高粱糠中加入 5%的豆粕，高粱糠的饲养效果可得到改善，也可搭配适量青绿饲料，这样饲喂猪、牛的效果更好。

三、块根、块茎及瓜类饲料

块根、块茎及瓜类饲料主要包括薯类（甘薯、木薯、马铃薯）、胡萝卜、饲用甜菜、芜菁、菊芋块茎、南瓜及番瓜等。这类饲料干物质中无氮浸出物含量较高，而蛋白质、脂肪、粗纤维、粗灰分等含量较少或贫乏。

1. 甘薯

新鲜甘薯的水分达 75%，适口性好。脱水甘薯中无氮浸出物含量在 75%以上，蛋白质含量仅为 4.5%，且品质较差。甘薯最宜喂猪，无论生喂还是熟喂，都应将其切碎或切成

小块，以免引起牛、羊、猪等动物食管梗塞。甘薯可在鸡饲粮中占 10%，在猪饲粮中可替代 25% 的玉米，在牛饲粮中可替代 50% 的其他能量饲料。黑斑甘薯有毒，不能作为畜禽的饲料。

2. 马铃薯

马铃薯又名土豆、洋芋、洋山芋、山药蛋。马铃薯的干物质含量约为 25%，其中 80%~85% 为淀粉。其粗蛋白质含量约占干物质的 9%，主要是球蛋白，生物学价值相当高。鲜马铃薯中维生素 C 含量丰富，但其他维生素缺乏。对于反刍家畜，马铃薯可生喂，对于猪则熟喂效果较好。发芽马铃薯的芽眼部位或块茎绿色部位的茄碱含量较高，家畜超量摄入后可以引发中毒反应。

3. 木薯

脱水木薯中无氮浸出物含量达 80%，因此其有效能值较高；粗蛋白质含量很低，以风干物质计算，仅为 2.5%。木薯中矿物质缺乏，维生素含量几乎为零。木薯中含有一定量的有毒物质氢氰酸，脱皮、加热、水煮、干燥可除去或减少木薯中的氢氰酸。去毒后的木薯粉可用于配合饲料生产，但用量不宜超过 15%。

4. 胡萝卜

胡萝卜的主要作用是在冬季饲养畜禽时，作为多汁饲料和供给胡萝卜素。由于胡萝卜中含有一定量的蔗糖，故胡萝卜被列入能量饲料。在冬季青绿饲料缺乏，干草或秸秆比重较大的畜禽日粮中加一些胡萝卜，可以改善日粮的口味，调节畜禽消化功能。给雄性畜禽或繁殖期的雌性畜禽以及幼龄畜禽饲用胡萝卜都能产生良好的作用。

四、甜菜及甜菜渣

甜菜按其块根中的干物质与糖分含量多少，可大致分为糖用甜菜和饲用甜菜。糖用甜菜含糖多，干物质含量为 20%~22%，最高达 25%，但总收获量低；饲用甜菜的总收获量高，但干物质含量低，为 8%~11%，含糖量为 5%~11%。甜菜渣是制糖工业的副产品，是甜菜块根经过浸泡、压榨、提取糖液后的残渣，甜菜渣中不溶于水的物质大量存在，粗纤维几乎可以全部保留。甜菜渣中粗纤维的消化率较高，在 80% 左右。鲜根中所含有的消化能稍低于饲用甜菜，为 1.34 MJ/kg。甜菜渣含钙较丰富，且钙多于磷，多用于育肥牛，饲喂奶牛时应适量，过多时对生产的乳制品（黄油与干酪等）的品质有不良影响，而且喂前宜先用 2~3 倍重量的水浸泡，以避免其后面在消化管内大量吸水而引起膨胀。甜菜渣中含有大量的游离有机酸，常会引起畜禽腹泻。

五、其他能量饲料

由于畜禽生产性能的不断提高，畜禽对饲料营养物质浓度尤其是饲料能量浓度的要求越来越高，用常规饲料难以配制高能量饲料。在配合饲料生产中除添加常用的能量饲料外，还常常添加其他能量饲料，包括动、植物油脂，乳清粉等。其中植物油脂和动物油脂是常用的液体能量饲料。

1. 油脂

油脂种类繁多，按照产品来源可分为植物油脂、动物油脂、饲料级水解油脂和粉末状油脂。在生产中一般规定：饲料用油脂脂肪含量为91%~95%，游离脂肪酸在10%以下，水分在1.5%以下，不溶性杂质在0.5%以下为合格。油脂的总能和有效能远比一般的能量饲料高。如猪脂肪总能为玉米的2.14倍，大豆油代谢能为玉米的2.87倍，植物油和鱼油等富含动物所需的必需脂肪酸，且油脂的热增耗值也比较低。饲料中添加油脂能够显著提高畜禽生产性能并降低饲养成本，尤其对于生长发育快、生产周期短或生产性能高的畜禽，效果更为明显。奶牛饲料中油脂添加量为3%~5%，蛋鸡饲料中油脂添加量为2%~5%，肉猪饲料中油脂添加量为4%~6%，仔猪饲料中油脂添加量为3%~5%。饲料中添加植物油要优于添加动物油，而椰子油、玉米油、大豆油为仔猪的最佳添加油脂。由于油脂价格高，混合工艺存在问题，目前国内的油脂实际添加量远低于上述建议量。加工生产预混料时，为避免产品吸湿结块，同时为减少粉尘，常在原料中添加一定量的油脂。

2. 乳清粉

将乳品加工厂生产工业酪蛋白和酸凝乳干酪的副产物脱水干燥便得到乳清粉。由于牛乳成分受奶牛品种、季节、饲料等因素影响，所以乳清粉的成分含量有较大差异。乳清粉中乳糖含量很高，一般高达70%，所以乳清粉常被认为是一种糖类物质。乳清粉干物质中消化能为16.0 MJ/kg（猪），代谢能为13.0 MJ/kg（鸡）；蛋白质含量不低于11%，乳糖含量不低于61%；钙、磷含量较多，且比例合适；富含水溶性维生素，缺乏脂溶性维生素。乳清粉主要用作猪的饲料，尤其是仔猪的能量饲料、蛋白质补充饲料，在仔猪玉米型补充饲料中加入30%的脱脂乳和10%乳清粉，饲养效果很好。生长猪饲料中乳清粉用量应少于20%，其在育肥猪饲料中的用量应控制在10%以内。

六、籽实饲料的加工

在饲喂前合理加工调制籽实饲料，可提高其营养价值及消化率。常用的加工方法如下。

1. 粉碎

饲料经粉碎后饲喂，可增加其与消化液的接触面积，利于消化。大麦有机物质的消化率在整粒、粗磨和细磨后分别为67.1%、80.6%和84.6%。籽实饲料的磨碎程度可根据饲料的性质，家畜的种类、年龄、饲喂方式等来确定。

2. 压扁

将玉米、大麦、高粱等去皮（喂牛不去皮），加水，用蒸汽加热到120℃左右，再用压扁机压成片状，干燥冷却，即成压扁饲料。压扁后可明显提高饲料消化率。

3. 浸泡

籽实饲料经水浸泡后，膨胀柔软，容易咀嚼，便于消化。有些饲料含单宁、皂角苷等微毒物质，且具有异味，浸泡后毒质与异味均可减轻，从而提高饲料的适口性和利用率。浸泡一般用凉水，饲料、水的比例为1:（1~1.5），浸泡时间随季节及饲料种类而异，但豆类籽实在夏季浸泡时间宜短，以防饲料变质。

4. 蒸煮

蒸煮豆类籽实可提高其营养价值。如适当湿热处理大豆后，可破坏其中的抗胰蛋白酶等抗营养成分并提高消化率，但蒸煮也有使部分蛋白质变性的弊端。

5. 焙炒

禾本科籽实经焙炒后，一部分淀粉会转变成糊精，从而可提高淀粉利用率，还可减少有毒物质、杂菌和病虫，同时饲料变得香脆、适口，可用作仔猪开食料。

6. 膨化

在粒状、粉状及混合饲料中添加适量水分或蒸汽，并于 100~170 ℃高温及 2~10MPa 高压下，迫使物料体积骤然膨胀，水分快速蒸发，由此膨化成多孔状饲料。膨化饲料多用于肉用畜禽。膨化大豆可替代部分饼粕，效果很好。

常用能量饲料的识别

1. 目标要求

能正确识别各种能量饲料，熟悉当地各种饲料的质量标准。

2. 材料准备

各种饲料原料。

3. 操作步骤

1) 操作过程

观察样品瓶中饲料的特征 → 将饲料样品放在一张白纸上 → 观察比较各饲料的差异。

2) 操作要点

①结合实物、标本、挂图、幻灯片的放映，使学生能识别玉米、高粱、大麦、小麦、燕麦、小麦麸、次粉、甘薯、马铃薯和木薯等能量饲料。

②结合实际，熟悉当地各种饲料质量标准。

3) 注意事项

①不要将样品瓶中的饲料样品倒出。

②注意观察比较相似的饲料的差异。

③比较同类饲料的质量标准。

4. 学习效果评价

常用能量饲料的识别的学习效果评价如表 4-17 所示。

表 4-17　常用能量饲料的识别的学习效果评价

序号	评价内容	评价标准	分数/分	评价方式
1	合作意识	有团队合作精神，积极与小组成员合作，共同完成学习任务	10	小组自评 20% 组间互评 30% 教师评价 30% 企业评价 20%
2	沟通精神	成员之间能沟通解决问题的思路	30	
3	正确快速识别操作	能在规定时间内识别每一种饲料原料	40	
4	记录与总结	能完成全部任务，记录详细、清晰，结果正确	20	
合计			100	100%

任务反思

（1）简述能量饲料的营养特性。
（2）能量饲料的种类有哪些？
（3）籽实饲料常用的加工方法有哪些？

任务6　蛋白质饲料

任务目标

知识目标　（1）掌握蛋白质饲料的含义。
（2）掌握常用蛋白质的营养特性。
（3）了解蛋白质饲料中的有毒有害物质。

能力目标　能够分析蛋白质饲料的营养价值。

素质目标　培养节约资源的意识。

任务准备

蛋白质饲料是指干物质中粗蛋白质含量大于或等于 20%，粗纤维含量小于 18% 的饲料。蛋白质饲料可分为植物性蛋白质饲料、动物性蛋白质饲料、单细胞蛋白质饲料和非蛋白氮饲料。本类饲料蛋白质含量丰富，粗纤维含量低，可消化养分多，能值较高，是配合饲料的重要原料之一。

一、蛋白质饲料的营养特性

蛋白质饲料是畜禽生产中重要的营养物质供给物，种类丰富，整体而言，植物性蛋白质饲料与动物性蛋白质饲料具有以下特点。

（1）蛋白质含量高。一般植物性蛋白质饲料的粗蛋白质含量在 20%~50%，因种类和加工工艺不同差异较大。植物性蛋白质的消化率一般为80%左右。动物性蛋白质饲料的粗蛋白质含量在40%~85%，氨基酸组成比较平衡，利用率较高。

（2）粗脂肪含量变化大。植物性蛋白质饲料中，油料籽实粗脂肪含量在15%~30%，非油料籽实的只有1%左右。饼粕类饲料的脂肪含量受加工工艺的影响较大，含量高的可达10%，低的仅1%左右。动物性蛋白质饲料中粗脂肪含量较高，能值含量高，但脂肪易被氧化酸败，不宜长时间储藏。

（3）粗纤维含量一般不高，基本上与谷类籽实近似，饼粕类的稍高些。动物性蛋白质饲料中糖类含量低，不含粗纤维。

（4）植物性蛋白质饲料中钙少磷多，且主要是植酸磷。动物性蛋白质饲料中粗灰分含量高，钙、磷含量丰富，比例适宜。

（5）植物性蛋白质饲料中维生素含量与谷类籽实相似，维生素B族较丰富，而维生素A、维生素D较缺乏。动物性蛋白质饲料中维生素含量丰富（特别是维生素B_2和维生素B_{12}）。

（6）大多数植物性蛋白质饲料含有一些抗营养因子，影响其饲喂价值，而动物性蛋白质饲料中含有促进动物生长的动物性蛋白因子。

二、蛋白质饲料的种类

（一）植物性蛋白质饲料

植物性蛋白质饲料包括豆类籽实饲料、饼粕类饲料和其他植物性蛋白质饲料。本类蛋白质饲料是畜禽生产中使用量最多、最常用的蛋白质饲料。

1. 豆类籽实饲料

豆类籽实饲料包括大豆、黑豆、豌豆、蚕豆等。

1）大豆

大豆为豆科大豆属一年生草本植物，按种皮颜色分为黄大豆、黑大豆、青大豆。大豆由种皮、胚乳和胚芽组成；胚芽包括子叶、幼芽、胚轴和幼根。各部分比例与谷类籽实不同，胚乳仅作为薄的组织残存下来，子叶极大，占90%，种皮占8%，胚轴和幼芽约占2%。

大豆蛋白质含量高，其含量为32%~40%，同等级相比，黑大豆的蛋白质含量比黄大豆高1%~2%。生大豆中蛋白质多属水溶性蛋白质（约90%）。大豆蛋白质主要由球蛋白（约占84.25%）和清蛋白（约占5.36%）组成，品质优于谷类的蛋白质，加热后即溶于水。大豆氨基酸组成良好，必需氨基酸含量高，特别是植物蛋白质中普遍缺乏的赖氨酸，其含量高达2%，但蛋氨酸含量相对较少，是大豆的第一限制性氨基酸。

大豆脂肪含量高，为17%~20%，其中不饱和脂肪酸较多，约85%，亚油酸和亚麻酸含量较高，可占其脂肪总量的55%，营养价值高。油脂中存在磷脂，含量为1.8%~3.2%，具有乳化作用。黑大豆中粗纤维含量略高于黄大豆，而粗脂肪含量略低些，因此其可利用能值低于黄大豆。

大豆含糖量不高，无氮浸出物在26%左右，纤维素占18%。阿聚糖、半乳聚糖及半乳糖酸结合而成黏性的半纤维素，存在于大豆细胞膜中，有碍消化。

大豆粗纤维含量不高，在4%左右，比玉米高，但与其他谷类籽实相当。

大豆粗灰分含量与谷类籽实相似，矿物质中钾、磷、钠较多，同样为钙少磷多，且大部分为不能利用的植酸磷，但钙含量高于玉米。大豆微量元素中仅铁含量较高，特别是黑大豆，但变异很大。大豆所含的维生素与谷类籽实相似，含量略高于谷类籽实，维生素B族含量较多而维生素A、维生素D少。

2）其他豆类

（1）豌豆。

豌豆，主要在四川、甘肃、陕西、云南、贵州、湖北、内蒙古自治区（简称内蒙古）、安徽、江苏、青海等地种植。豌豆含粗蛋白质20%～24%，含粗脂肪约1.7%，含粗纤维7%～8%，含无氮浸出物52%左右，含粗灰分3.5%～4.0%，含消化能约13 MJ/kg（猪），含代谢能约10 MJ/kg（鸡）。豌豆中含有胰蛋白酶抑制因子、肠胀气因子等，因此不能生喂。豌豆炒熟后具有香味，可作为仔猪的开食料。

（2）蚕豆。

蚕豆，又名胡豆、佛豆等，主要在云南、四川、江苏、安徽、湖南等地种植。蚕豆含粗蛋白质21%～27%，含粗脂肪约1.7%，含粗纤维8%～11%（带壳），含无氮浸出物约48%，含粗灰分约3.0%，含消化能约13 MJ/kg（猪），含代谢能约11 MJ/kg（鸡）。蚕豆含少量的单宁（子叶含0.04%，壳中含0.18%），饲用时应注意。

2. 饼粕类饲料

饼粕类饲料是豆科植物籽实或其他科植物籽实提取大部分油脂后的副产品。由于原料不同和加工方法不同，饼粕类饲料的营养及饲用价值有相当大的差异。饼粕类饲料是配合饲料的主要蛋白质原料，使用广泛，用量较大。这类饲料主要包括大豆饼（粕）、棉籽（仁）饼（粕）、菜籽饼（粕）、花生（仁）饼（粕）、向日葵仁饼（粕）、亚麻（仁）饼（粕）、芝麻饼（粕）、椰子饼（粕）、棕榈饼（粕）、茶籽饼（粕）、红花籽饼（粕）等。常用饼粕类饲料的营养成分见表4-18。

表4-18　常用饼粕类饲料的营养成分

饲料名称	大豆粕	菜籽粕	棉籽粕	花生仁粕
饲料编码	5—10—0102	5—10—0121	5—10—0117	5—10—0115
干物质/%	89.00	88.00	90.00	88.00
消化能/（MJ/kg，猪）	15.15	12.03	10.75	14.13
代谢能/（MJ/kg，鸡）	11.06	8.42	8.32	12.36
产奶净能/（MJ/kg，牛）	8.37	7.32	7.75	8.65
粗蛋白质/%	49.40	43.90	48.30	54.30
粗脂肪/%	2.20	1.60	0.80	1.60
粗纤维/%	5.90	13.40	11.50	7.00
无氮浸出物/%	35.60	32.80	32.00	31.00
粗灰分/%	6.90	8.30	7.40	6.10
钙/%	0.37	0.74	0.27	0.31

续表

饲料名称	大豆粕	菜籽粕	棉籽粕	花生仁粕
磷/%	0.70	1.22	1.10	0.64
植酸磷/%	0.34	0.74	0.72	0.26
赖氨酸/%	2.82	1.48	1.81	1.59
蛋氨酸/%	0.74	0.72	0.51	0.47
色氨酸/%	0.78	0.49	0.50	0.51
苏氨酸/%	2.16	1.69	1.49	1.26
铁/ (mg/kg)	208.00	742.00	299.00	418.00
铜/ (mg/kg)	27.00	8.10	15.90	28.50
锰/ (mg/kg)	31.50	93.40	21.30	44.20
锌/ (mg/kg)	52.20	76.70	63.10	63.30
硒/ (mg/kg)	0.07	0.18	0.17	0.07

1) 大豆饼（粕）

大豆饼（粕）是以大豆为原料抽取油脂后的副产物，是使用最广泛、用量最多的植物性蛋白质原料。由于制油工艺不同，通常将利用压榨法取油后的产品称为大豆饼，而将利用浸提法取油后的产品称为大豆粕。浸提法比压榨法可多取油 4%～5%，且粕中残脂少，易保存，为目前生产上主要采用的工艺。

大豆饼（粕）粗蛋白质含量高，一般在 40%～50%，必需氨基酸含量高，组成合理。其赖氨酸含量在饼粕类中最高，为 2.4%～2.8%。大豆饼（粕）中赖氨酸与精氨酸比约为100∶130，比例较为适当，若配合大量玉米和少量的鱼粉，很适合家禽氨基酸营养需求。大豆饼（粕）的异亮氨酸含量是饼粕饲料中含量最高的，约 1.8%。大豆饼（粕）的色氨酸、苏氨酸含量也很高，与谷类籽实饲料配合可起到互补作用。大豆饼（粕）的蛋氨酸含量不足，在以大豆饼（粕）为主的饲料中，一般要额外添加蛋氨酸才能满足畜禽营养需求。大豆饼（粕）的粗纤维含量较低，主要来自大豆皮。其无氮浸出物中淀粉含量低。大豆饼（粕）中胡萝卜素、维生素 B_2 和维生素 B_1 含量少，烟酸和泛酸含量较多，维生素 B_4 含量丰富，维生素 E 在脂肪残量高和储存不久的饼粕中含量较高。大豆饼（粕）中钙少磷多，磷多为植酸磷（约占 61%），硒含量低。

大豆粕和大豆饼相比，脂肪含量较低，而蛋白质含量较高，且质量较稳定。大豆在加工过程中先经去皮而加工获得的粕称去皮大豆粕，近年来此产品有所增加，其与未去皮大豆粕相比，粗纤维含量低，一般在 3.3% 以下，粗蛋白质含量为 48%～50%，营养价值较高。

2) 菜籽饼（粕）

油菜是我国的主要油料作物之一，除作种用外，95% 用作生产食用油。菜籽饼和菜籽粕是油菜籽榨油后的副产品。

菜籽饼（粕）是一种良好的蛋白质饲料，但因含有毒物质，所以应用受到限制。菜籽饼（粕）的合理利用，是解决我国蛋白质饲料资源不足的重要途径之一。油菜品种可分为4 大类：甘蓝型、白菜型、芥菜型和其他型油菜。不同的品种含油量和有毒物质含量也不同。为解决菜籽的毒性问题，改善菜籽饼（粕）的饲用价值，植物育种学家一直致力于"双低"（低芥酸和低硫葡萄糖苷）油菜品种的培育。

菜籽饼（粕）含有较多的粗蛋白质，含量为34%~38%。其氨基酸组成平衡，含硫氨基酸较多，精氨酸含量低，精氨酸与赖氨酸的比例适宜，是一种氨基酸平衡良好的饲料。菜籽饼（粕）的粗纤维含量较高，为12%~13%，有效能值较低。菜籽饼（粕）的糖类为不易消化的淀粉，雏鸡不能利用。菜籽外皮是影响菜籽饼（粕）有效能的根本原因。菜籽饼（粕）的矿物质中钙、磷含量均高，且富含铁、锰、锌、硒，尤其是硒含量远高于豆饼。菜籽饼（粕）的维生素中维生素 B_4、维生素 B_9、烟酸、维生素 B_2、维生素 B_1 的含量均比豆饼高，但维生素 B_4 与芥子碱呈结合状态，不易被肠道吸收。"双低"菜籽饼（粕）与普通菜籽饼（粕）相比，粗蛋白质、粗纤维、粗灰分、钙、磷等常规成分的含量差异不大，有效能值略高，其赖氨酸含量和消化率显著高于普通菜籽饼（粕），蛋氨酸、精氨酸略高。

3）棉籽（仁）饼（粕）

棉籽饼（粕）是棉籽经脱壳取油后的副产品，完全去壳的称为棉仁饼（粕）。棉籽经螺旋压榨法和预压浸提法，得到棉籽饼和棉籽粕。

棉仁饼（粕）的粗纤维含量主要取决于制油过程中棉籽的脱壳程度。国产棉籽饼（粕）粗纤维含量较高，在13%以上，有效能值低于大豆饼（粕）。脱壳较完全的棉仁饼（粕）粗纤维含量约为12%，代谢能水平较高。

棉籽饼（粕）的粗蛋白质含量较高，在34%以上，棉仁饼（粕）粗蛋白质可达44%；氨基酸中赖氨酸较低，仅相当于大豆饼（粕）的50%~60%，蛋氨酸亦低，精氨酸含量较高，赖氨酸与精氨酸之比在100∶270以上；矿物质中钙少磷多，其中71%左右为植酸磷，含硒少；维生素 B_1 含量较多，维生素A、维生素D的含量少。

棉籽饼（粕）中的有毒有害和抗营养因子主要为棉酚、环丙烯脂肪酸、单宁和植酸。

4）花生（仁）饼（粕）

花生（仁）饼（粕）是花生脱壳后，经机械压榨或溶剂浸提油后的副产品。花生脱壳取油的工艺可分浸提法、机械压榨法、预压浸提法和土法夯榨法。花生经机械压榨法和土法夯榨法榨油后的副产品为花生饼，经浸提法和预压浸提法榨油后的副产品为花生粕。

花生（仁）饼的粗蛋白质含量约为44%，花生（仁）粕的粗蛋白质含量约为47%，粗蛋白质含量高，但氨基酸组成不平衡，赖氨酸、蛋氨酸含量偏低，精氨酸含量在所有植物性饲料中最高，赖氨酸与精氨酸之比在100∶380以上，饲喂家畜时适于和精氨酸含量低的菜籽饼粕、血粉等配合使用。花生（仁）饼（粕）的有效能值在饼粕类饲料中最高；无氮浸出物中大多为淀粉、可溶性糖和戊聚糖；残余脂肪熔点低，脂肪酸以油酸为主，不饱和脂肪酸占53%~78%；钙、磷含量低，磷多为植酸磷，铁含量略高，其他矿物元素较少；胡萝卜素、维生素D、维生素C含量低，维生素B族较丰富，尤其泛酸含量高，约为174 mg/kg，维生素 B_2 含量低，含维生素 B_4 1 500~2 000 mg/kg。

5）芝麻饼（粕）

芝麻饼（粕）是芝麻取油后的副产品，芝麻饼（粕）是一种很有价值的蛋白质来源。

芝麻饼（粕）的粗蛋白质含量较高，约为40%；氨基酸组成中蛋氨酸、色氨酸含量丰富，尤其蛋氨酸含量高达0.8%，赖氨酸缺乏，赖氨酸含量与精氨酸含量之比为

100：420，比例严重失衡；粗纤维含量约为 7%；代谢能低于花生、大豆饼（粕），约为 9.0 MJ/kg；矿物质中钙、磷较多，但多为植酸磷形式存在，故钙、磷、锌的吸收均受到抑制；维生素 A、维生素 D、维生素 E 含量低，维生素 B_2、烟酸含量较高。芝麻饼（粕）中的抗营养因子主要为植酸和草酸，两者能影响矿物质的消化和吸收。

6）向日葵仁饼（粕）

向日葵仁饼（粕）是向日葵籽生产食用油后的副产品，可制成脱壳或不脱壳两种。向日葵仁饼（粕）榨油工艺有压榨法、预压浸提法和浸提法。

向日葵仁饼（粕）的营养价值取决于脱壳程度。完全脱壳的饼粕营养价值很高，粗蛋白质含量可分别达到41%、46%，与大豆饼（粕）相当；脱壳程度差的产品，营养价值较低。向日葵仁饼（粕）的氨基酸组成中，赖氨酸含量低，含硫氨基酸丰富；粗纤维含量较高，有效能值低，脂肪含量为 6%～7%，其中 50%～75% 为亚油酸。矿物质中钙、磷含量高，但磷以植酸磷为主，微量元素中锌、铁、铜的含量丰富；烟酸、泛酸的含量均较高。

向日葵仁饼（粕）中的难消化物质有木质素和高温加工条件下形成的难消化糖类，此外还有少量的酚类化合物，主要是绿原酸，含量为 0.70%～0.82%，氧化后变黑，这是饼粕色泽变暗的内因。绿原酸对胰蛋白酶、淀粉酶和脂肪酶有抑制作用，加入蛋氨酸和氯化胆碱可抵消这种不利影响。

7）亚麻仁饼（粕）

亚麻仁饼（粕）是亚麻籽脱油后的副产品。因亚麻籽中常混有芸芥籽及菜籽等，部分地区又将亚麻称为胡麻。

亚麻仁饼（粕）的粗蛋白质含量一般为 32%～36%，氨基酸组成不平衡，赖氨酸、蛋氨酸的含量低，富含色氨酸，精氨酸含量高，赖氨酸与精氨酸之比为 100：250。饲料中添加亚麻仁饼（粕）时，应添加赖氨酸或搭配赖氨酸含量较高的饲料。亚麻仁饼（粕）的粗纤维含量高，为 8%～10%；热能值较低，代谢能仅约 9.0 MJ/kg；脂肪中亚麻酸含量在 30%～58%；钙、磷含量较高，硒含量丰富，是优良的天然硒源之一；维生素中维生素 D 含量少，但维生素 B 族含量丰富。

亚麻仁饼（粕）中的抗营养因子包括生氰糖苷、亚麻籽胶、抗维生素 B_6。生氰糖苷在亚麻仁自身所含亚麻酶作用下，生成氢氰酸而有毒。亚麻籽胶是一种可溶性糖，主要成分为乙醛糖酸，它完全不能被单胃畜禽消化利用，饲料中存在过多，会影响畜禽食欲。

8）其他植物饼（粕）

（1）棕榈仁饼。棕榈仁饼为棕榈果实提油后的副产品。其粗蛋白质含量低，为 14%～19%，属于粗饲料；赖氨酸、蛋氨酸及色氨酸均缺乏；脂肪酸属于饱和脂肪酸。关于棕仁饼，肉鸡和仔猪的饲料中不宜使用，生长育肥猪的饲料中用量需控制 15% 以下，奶牛的饲料中使用可提高奶酪质量，但大量使用影响适口性。

（2）椰子饼（粕）。椰子饼（粕）是将椰子胚乳部分干燥为椰子干，再提油后所得的副产品，为淡褐色或褐色。椰子饼（粕）纤维含量高而有效能值低；缺乏赖氨酸、蛋氨酸及组氨酸，但精氨酸含量高；所含脂肪属饱和脂肪酸；维生素 B 族含量高。椰子粕易滋生霉菌而产生毒素。肉鸡饲料一般不用椰子饼（粕）。其适口性不好，雏鸡和仔猪饲料中应尽量少用，在其他禽类饲料中用量宜在 5% 以下，在育肥猪饲料中用量控制在 10% 以下。椰子粕为反刍家畜的良好蛋白质来源，但为防止便秘，精饲料中使用 20% 以下为宜。

（3）苏子饼（粕）。苏子饼（粕）为苏子种子榨油后的产品。其粗蛋白质含量为35%~38%，赖氨酸含量高；粗纤维含量高，有效能值低。苏子饼中含有抗营养因子单宁和植酸。机榨法制得的苏子饼含有苏子特有的臭味，适口性不好，应限量饲喂。

3. 其他植物性蛋白质饲料

1）玉米蛋白粉

玉米蛋白粉是玉米加工的主要副产物之一，为玉米除去淀粉、胚芽、外皮后剩下的产品。玉米蛋白粉经酶水解、干燥后获得玉米酶解蛋白。

玉米蛋白粉的粗蛋白质含量为40%~60%，氨基酸组成不佳，蛋氨酸、精氨酸的含量高，赖氨酸和色氨酸的含量严重不足，其赖氨酸含量与精氨酸含量之比为100：（200~250），与理想比值相差甚远；粗纤维含量低，易消化；代谢能与玉米近似或高于玉米，为高能饲料；矿物质含量少，含铁较多，含钙、磷较低；维生素中含维生素B族少；富含色素，主要是叶黄素和玉米黄质，前者含量是玉米黄质含量的15~20倍，是较好的着色剂。

在使用玉米蛋白粉的过程中，应注意霉菌含量，尤其是黄曲霉毒素含量。

2）豆腐渣

豆腐渣是来自豆腐、豆奶加工厂的副产品，为黄豆浸渍成豆乳后，过滤所得的残渣。

豆腐渣干物质中粗蛋白质、粗纤维和粗脂肪的含量较高，维生素含量低且大部分转移到豆浆中，与豆类籽实一样含有抗胰蛋白酶因子。鲜豆腐渣是牛、猪、兔的良好多汁的饲料，可提高奶牛产奶量，提高猪日增重，育肥猪使用过多会出现软脂现象而影响胴体品质。鲜豆腐渣经干燥、粉碎后可作为配合饲料原料，但加工成本较高，宜鲜喂。

3）酱渣、醋渣

酱渣、醋渣含有大量的菌体蛋白，粗蛋白质含量高达40%，脂肪含量约为14%，含有维生素B族、无机盐、未发酵淀粉、糊精、氨基酸、有机酸等。其粗纤维含量高，无氮浸出物含量低，有机物质消化率低，有效能值低。

酱渣不宜用于仔猪，育肥猪用量宜小于5%。酱渣对鸡适口性差，用量应低于3%，雏鸡禁用。酱渣多用于牛、羊、奶牛的精饲料中，用量不超过20%不影响适口性、产奶量及乳品质。肉牛饲料中用量不宜超过10%。

醋渣含有大量乙酸，有酸香味，可刺激猪的食欲，最好和碱性饲料配合，以免过酸。

4）粉丝蛋白

粉丝蛋白是指利用绿豆、豌豆或蚕豆制作粉丝过程中的浆水经浓缩而获得的蛋白质饲料。粉丝蛋白营养丰富，含有原料豆中除淀粉以外的蛋白质、脂肪、矿物质、维生素等营养物质，粗蛋白质含量可达80%，总氨基酸含量可达75%。

5）浓缩叶蛋白

浓缩叶蛋白为从新鲜植物叶汁中提取的一种优质蛋白质饲料。目前商业化产品是浓缩紫花苜蓿叶的蛋白，其粗蛋白质含量在38%~61%，它的蛋白质消化率比紫花苜蓿草粉高得多，使用效果仅次于鱼粉而优于大豆饼。浓缩叶蛋白的叶黄素含量相当突出，着色效果比玉米蛋白粉佳。浓缩叶蛋白含有皂苷，使用量过多会影响畜禽生长速度和料肉比。

6）酿酒副产物

酿酒厂和酒精厂生产的干酒精糟也是蛋白质饲料之一。而后者的营养价值比前者好。

7）大豆分离蛋白

大豆分离蛋白是以低温大豆粕为原料，利用碱溶酸析原理处理得到的，蛋白质含量不低于90%。

8）大豆浓缩蛋白

大豆浓缩蛋白是以低温大豆粕除去其中的非蛋白成分后获得的，蛋白质含量不低于65%。

（二）动物性蛋白质饲料

动物性蛋白质饲料主要指水产、畜禽加工、缫丝及乳品业等的加工副产品，包括鱼粉、肉骨粉、血粉、羽毛粉等。

1. 鱼粉

（1）概述。鱼粉是以一种或多种鱼类为原料经过一定工艺加工后的高蛋白质饲料。鱼粉主要有4种分类方式。①根据来源将鱼粉分为国产鱼粉和进口鱼粉。②按原料性质、色泽，将鱼粉分为普通鱼粉（橙白色或褐色）、白鱼粉（灰白或黄灰白色，以鳕鱼为主）、褐鱼粉（橙褐色或褐色）、混合鱼粉（浅黑褐色或浓黑色）和鱼粕（鱼类加工残渣）等。③按原料部位与组成可分为全鱼粉（以全鱼为原料制得的鱼粉）、强化鱼粉（全鱼粉+鱼溶浆）、粗鱼粉（以鱼类加工残渣为原料）、调整鱼粉（全鱼粉+粗鱼粉）、混合鱼粉（调整鱼粉+肉骨粉或羽毛粉）、鱼精粉（鱼溶浆+吸附剂）6种。④按是否脱脂可分为全脂鱼粉和脱脂鱼粉。

（2）营养特性。鱼粉的主要营养特点是蛋白质含量高，一般脱脂全鱼粉的粗蛋白质含量高达60%，氨基酸组成齐全、均衡，其主要氨基酸与猪、鸡体组织的氨基酸组成基本一致；钙、磷含量高，比例适宜，微量元素中碘、硒含量高；富含维生素 B_{12} 及脂溶性维生素 A、维生素 D、维生素 E 和未知生长因子。所以，鱼粉不仅是一种优质蛋白源，还是一种不易被其他蛋白质饲料完全取代的动物性蛋白质饲料。

鱼粉营养成分因原料质量和加工工艺不同，差异较大。一般进口鱼粉因生产国的工艺及原料而异。质量较好的是秘鲁鱼粉及白鱼粉，粗蛋白质含量可达60%。使用鱼粉时应考虑鱼粉的含盐量，以防畜禽中毒。

2. 虾粉、虾壳粉、蟹粉

（1）概述。虾粉、虾壳粉是指利用新鲜小虾或虾头、虾壳，经干燥、粉碎而成的一种色泽新鲜、无腐败异臭的粉末状饲料。蟹粉是指用蟹壳、蟹内脏及部分蟹肉加工生产的一种饲料。这类饲料的共同特点是含有一种被称为几丁质的物质，其化学组成类似纤维素，很难被动物消化。

（2）营养特性及饲用价值。这类产品中的成分随品种、处理方法、肉和壳的组成比例不同而异。一般虾粉的粗蛋白质含量约为40%，虾壳粉、蟹壳粉的粗蛋白质含量约为30%，其中1/2为几丁质氮。此类饲料含粗灰分30%左右，并含有大量不饱和脂肪酸、磷脂、固醇和具有着色效果的虾红素。

3. 肉骨粉与肉粉

（1）概述。肉骨粉是以动物屠宰后不宜食用的下脚料以及肉类罐头厂、肉品加工厂等的残余碎肉、内脏、杂骨等为原料，经高温消毒、干燥粉碎后制成的粉状饲料。肉粉是以纯肉屑或碎肉制成的饲料。

（2）营养特性。因原料组成和肉、骨的比例不同，肉骨粉的质量差异较大。肉骨粉含粗蛋白质 20%~50%；含赖氨酸 1%~3%；含硫氨基酸 3%~6%；色氨酸含量低于 0.5%；粗灰分含量为 26%~40%；钙含量为 7%~10%，磷含量为 3.8%~5.0%，是畜禽良好的钙、磷供源；脂肪含量为 8%~18%；维生素 B_{12}、烟酸、维生素 B_4 含量丰富，维生素 A、维生素 D 含量较少。

肉骨粉和肉粉作为一类蛋白质饲料原料可与谷实类饲料搭配，以补充谷实类饲料蛋白质的不足。由于肉骨粉品质变异很大，储存不当时，脂肪易氧化酸败，影响适口性和畜禽产品品质，总体饲养效果较鱼粉差。

4. 血粉

（1）概述。血粉是以畜禽血液为原料，经脱水加工而制成的粉状动物性蛋白质饲料。利用全血生产血粉的方法主要有喷雾干燥法、蒸煮法和晾晒法。

（2）营养特性。血粉干物质中粗蛋白质含量一般在 80% 以上，色氨酸、亮氨酸、缬氨酸含量也高于其他动物性蛋白质，但缺乏异亮氨酸、蛋氨酸。血粉总的氨基酸组成非常不平衡。血粉适口性差，饲料中血粉的添加量不宜过高。一般仔鸡、仔猪饲料中血粉用量应小于 2%，成年猪、鸡饲料中血粉用量不应超过 4%，育成牛和成牛饲料中可少量使用血粉，范围在 6%~8% 为宜。

5. 羽毛粉

（1）概述。水解家禽羽毛经过蒸煮、酶水解、粉碎或膨化成粉状的饲料。

禽类的羽毛是皮肤的衍生物。羽毛的蛋白质中 85%~90% 为角蛋白质。常用的加工工艺有高压水解法、酶解法、膨化法等。

（2）营养特性。羽毛粉中粗蛋白质的含量为 80%~85%，胱氨酸的含量为 2.93%。据分析，羽毛粉中缬氨酸、亮氨酸、异亮氨酸的含量分别约为 7.23%、6.78%、4.21%，高于其他动物性蛋白质，但赖氨酸、蛋氨酸和色氨酸的含量相对缺乏。羽毛粉的过瘤胃蛋白含量约为 70%，是反刍家畜良好的过瘤胃蛋白源，营养价值与棉籽饼相当。

羽毛粉常因蛋白质生物学价值低，适口性差，氨基酸组成不平衡，而被限量利用。其在单胃畜禽饲料中的添加量不应过高，控制在 5%~7% 比较合适。

除上述动物性蛋白质饲料外，畜禽生产中还在一定程度上应用了昆虫粉、蚕蛹、昆虫粉、脱脂奶粉、酪蛋白粉等动物性蛋白质饲料。

（三）单细胞蛋白质饲料

单细胞蛋白质饲料又称微生物蛋白质饲料，是利用酵母、细菌和藻类等单细胞生物作为蛋白质的饲料。在当今世界蛋白质资源严重不足的情况下，单细胞蛋白质饲料的生产越来越受到各国的重视，单细胞蛋白质饲料主要包括酵母、微型藻、非病原菌和真菌。

单细胞蛋白质饲料蛋白质含量高（30%~70%），质量较好，同时还含有较多维生素、矿物质。干酵母粗蛋白质的消化率较高，如猪对啤酒酵母的消化率可达 92%，对木糖酵母的消化率可达 88%。

酵母一般具有苦味，对畜禽的适口性不好。牛特别不喜采食酵母，羊、猪、禽尚能适应，但其一般不宜超过日粮的 10%。

（四）非蛋白氮饲料

凡含氮的非蛋白可饲物质均可称为非蛋白氮饲料。非蛋白氮包括饲料用的尿素、双缩脲、氨、铵盐及其他合成的简单含氮化合物。这类化合物不含能量，只能借助反刍家畜瘤胃中共生的微生物活动，因此非蛋白氮饲料广泛用作反刍家畜的蛋白质料。

1. 尿素

（1）概述。尿素为白色、无臭、结晶状物质，味微咸苦，易溶于水，吸湿性强。纯尿素含氮量为 46%，一般商品尿素的含氮量为 45%。试验证明，用适量的尿素取代牛、羊饲料中的蛋白质饲料，不仅可降低生产成本，还能提高生产力。

瘤胃微生物能产生活性很强的脲酶。尿素进入瘤胃后，很快被脲酶水解为氨和二氧化碳。尿素水解产生的氨与饲料蛋白质降解下产生的氨，均可用于合成菌体蛋白。菌体蛋白在真胃和小肠内，经酶的作用，转化为游离氨基酸，在小肠被吸收利用。

（2）尿素的利用。当饲料中尿素水平过高时，反刍家畜吸收的氨量就会超过肝脏降解氨的量，造成氨中毒，会导致神经症状的发生。因此，尿素的用量不能过多。6 个月以上的反刍家畜的尿素用量不能超过饲料总氮量的 1/3 或超过饲料总量的 1%。高产奶牛饲料中不应添加尿素。

尿素也不宜单一饲喂，应与其他精饲料合理搭配。生豆粕、生大豆、南瓜等饲料含有大量脲酶，切不可与尿素一起饲喂，以免导致畜禽中毒。可以利用脲酶抑制剂如乙酰氧肟酸等抑制脲酶活性，以提高尿素氮利用效率与饲料氮的利用效率。

2. 其他非蛋白氮饲料

为降低尿素在瘤胃中的水解速度和减缓氨的生成速度，目前比较有效的产品有以下几种。

（1）缩二脲。缩二脲在瘤胃中水解成氨的速度要比尿素慢，释放的氨随时可被微生物利用，所以能提高氮的利用率。缩二脲无味，适口性比尿素好。

（2）脂肪酸尿素。脂肪酸尿素又称脂肪脲，是脂肪膜包被的尿素，可提高能量，改善适口性和降低尿素分解速度。脂肪酸尿素的含氮量一般大于 30%，呈浅黄色颗粒。

（3）腐脲。腐脲是尿素和腐殖酸在 100～150 ℃温度下生产的一种黑褐色粉末，含氮量为 24%～27%。

（4）氨基浓缩物。氨基浓缩物系用 20%尿素、75%谷实和 5%膨润土混匀，在高温、高湿和高压下制成的。

（6）磷酸脲。磷酸脲又称尿素磷酸盐，是一种含磷非蛋白氮饲料添加物，含氮 10%～30%，含磷 8%～19%。其毒性低于尿素，对牛、羊的增重效果明显。

（7）铵盐。铵盐包括无机铵盐（如碳酸氢铵、硫酸铵、多磷酸铵、氯化铵）和有机铵盐（如醋酸铵、丙酸铵、乳酸铵、丁酸铵）两类。

（8）液氨和氨水。液氨又称无水氨，一般由气态氨液化而成，含氮 82%。氨水系氨的水溶液，含氮 15%～17%，具刺鼻气味，可以用来处理青贮饲料及糟渣等饲料。

三、蛋白质饲料中的有毒有害物质

蛋白质饲料中的有毒有害物质，一方面包括饲料原料本身存在的抗营养因子，另一方面还包括饲料原料在生产、加工、贮存、运输等过程中因发生理化变化而产生的有毒有害物质。

1. 豆类饲料中的有毒有害物质

豆类饲料中存在不同的抗营养因子，若生喂畜禽，可造成畜禽拉稀和抑制生长，会对畜禽健康和生产性能产生不利影响。其中，作为主要植物性蛋白质的生大豆存在的抗营养因子种类较多，其他豆类也可能含有部分抗营养因子。

（1）胰蛋白酶抑制因子。胰蛋白酶抑制因子引起生长抑制的机制普遍认为有两种，一是胰蛋白酶抑制因子在肠道与胰蛋白酶和糜蛋白酶结合成稳定的复合物而使酶失活，导致蛋白质消化率下降，外源氮损失。二是肠道中胰蛋白酶和糜蛋白酶含量下降，反馈性刺激胰腺合成和分泌这两种酶，而这些酶蛋白含有丰富的含硫氨基酸，当其在肠道中与胰蛋白酶抑制因子形成复合物而从粪中排出时，导致内源氮和机体含硫氨基酸大量损失。大豆和豌豆籽实中含有胰蛋白酶抑制因子。

（2）胃肠胀气因子。主要是豆类籽实中的低聚糖，畜禽肠道中缺乏对应的分解酶，当其进入大肠后，被肠道微生物发酵，产生大量的二氧化碳和氢，少量的甲烷，从而引起肠道胀气，并导致腹痛、腹泻、肠鸣等。胃肠胀气因子耐高温，可溶于水和80%的酒精。大豆和豌豆中均含有。

（3）大豆凝集素。大豆凝集素是一种能够凝集动物和人红细胞的蛋白质，不耐热。大豆凝集素分子量大，难以被完整吸收进入血液，引起红细胞凝集，但它仍能引起动物生长抑制，甚至产生其他毒性。大豆凝集素主要存在于生大豆中。

（4）植酸。大豆中含有一定量的植酸，会干扰矿物元素和其他养分的消化利用。

（5）脲酶。一般说来，脲酶对动物生产性能无影响，但若和尿素等非蛋白氮同时用于饲喂反刍家畜，则可能加速尿素分解而引起氨中毒。脲酶不耐热。生大豆中脲酶活性较高，此外生黑大豆中也含有脲酶。

（6）大豆抗原。大量研究表明，大豆中存在的抗原物质能引起断奶仔猪和犊牛过敏反应，导致肠道损伤，进而引起腹泻。

（7）单宁。蚕豆含少量的单宁，饲用时应注意。

2. 饼粕类饲料中的有毒有害物质

（1）菜籽饼（粕）。菜籽饼（粕）含有硫葡萄糖苷、芥子碱、植酸、单宁等抗营养因子，它们不仅影响其适口性，还可引起甲状腺肿大，采食量下降，生产性能下降。

（2）棉籽饼（粕）。棉籽饼（粕）中的有毒有害和抗营养因子主要为棉酚、环丙烯脂肪酸、单宁和植酸。游离棉酚可使种用畜禽尤其是雄性畜禽的生殖细胞发生障碍，因此种用雄性畜禽应禁止用棉籽饼（粕），雌性种畜也应尽量少用。

（3）花生（仁）饼（粕）。花生（仁）饼（粕）中含有少量胰蛋白酶抑制因子。花生（仁）饼（粕）极易产生黄曲霉毒素，引起畜禽中毒。

3. 动物性蛋白质饲料中的有毒有害物质

动物性饲料中存在的有毒有害物质因原料种类、加工及贮藏条件不同而有很大差异。

动物性蛋白质饲料由于所用原料、制造过程与干燥方法不同，其品质也不相同。品质不佳的鱼粉和肉骨粉易感染细菌。

此外，鱼粉加工温度过高、时间过长或运输、贮藏过程中发生的自然氧化过程，都会使鱼粉中的组胺与赖氨酸结合，产生肌胃糜烂素。肌胃糜烂素可使胃酸分泌亢进、胃内pH值下降，从而严重损害胃黏膜。

肉骨粉的原料很容易感染沙门氏菌，在加工处理过程中，要进行严格的消毒。

 任务实施

鱼粉掺假的鉴定

1. 目的和要求

使学生初步掌握鱼粉掺假的鉴别方法。

2. 用具与试剂

①烧杯：50 mL、100 mL。②蒸发皿：50 mL。③试管：10 mL、50 mL。④滤纸。⑤白瓷滴试板。⑥碘：化学纯。⑦碘化钾：化学纯。⑧间苯三酚：化学纯。⑨碘化汞：化学纯。⑩氢氧化钠：化学纯。⑪乙醇：化学纯。⑫浓盐酸。⑬6mol/L、1 mol/L的氢氧化钠溶液。⑭碘-碘化钾溶液：取6 g碘化钾溶于100 mL水中，再加入2g碘，使其溶解摇匀后置于棕色瓶中保存。⑮间苯三酚溶液：取2 g间苯三酚，加90%乙醇至100 mL，并使其溶解，摇匀，置于棕色瓶内保存。⑯奈斯勒试剂：称取23 g碘化汞、1.6 g碘化钾于100 mL的6 mol/L氢氧化钠溶液中，混合均匀，静置，倾取上清液置于棕色瓶内备用。⑰生豆粉：取新鲜干燥的大豆，粉碎后，过40目筛，置于干燥器内，加盖保存。⑱甲酚红指示剂：称取0.1 g甲酚红溶于10 mL乙醇中，再加入乙醇使之至100 mL。

3. 操作步骤

1）鱼粉中掺入植物性物质的检验

原理：植物性物质中含有淀粉，淀粉与碘接触发生颜色变化明显的显色反应，这些显色反应的灵敏度很高，可以用作鉴别淀粉的方法。

取1~2 g鱼粉试样于50 mL烧杯中，加入10 mL水，加热5 min，冷却，滴入2滴碘-碘化钾溶液，观察颜色变化，如果溶液颜色立即变成蓝色或黑蓝色，则表明试样中有淀粉存在，说明鱼粉中掺入了植物性物质。另取1 g鱼粉试样置于表面皿中，用间苯三酚溶液浸湿，放置5~10 min，滴加浓盐酸2~3滴，观察颜色，如果试样呈深红色，则表明试样中含有木质素，说明掺入了植物性物质。

2）鱼粉中掺入尿素的检验

（1）奈斯勒试剂法。

原理：生豆粉中含有尿素酶。尿素在碱性条件下，由于尿素酶的催化作用，可生成氨态氮，氨态氮与奈斯勒试剂反应产生黄褐色沉淀。

取 1~2 g 鱼粉试样于试管中，加 10 mL 水，振摇 2 min，静置 20 min（必要时过滤），取上清液约 2 mL 于蒸发皿中，加入 1 mol/L 氢氧化钠溶液 1 mL，置于水浴上蒸干，再加入水数滴和生豆粉少许（约 10 mg），静置 2~3 min，加 2 滴奈斯勒试剂，如试样有黄褐色沉淀产生则表明有尿素存在。

（2）尿素甲酚红显色法。

称取 10 g 鱼粉试样，加 100 mL 水，搅拌 5 min，用中速滤纸过滤，用移液管分别吸取滤液及尿素标准液（0、1%、2%、3%、4%、5% 的尿素溶液）1 mL 于白瓷滴试板上，再分别滴入甲酚红指示剂 3 滴，静置 5 min，观察反应液颜色。若试样中有尿素存在，则反应液产生与标准液同样的颜色，比较试样与标准液的颜色，判断尿素大致含量，此试验需在 10~12 min 内观察完毕。

3）鱼粉中掺入铵盐的检验

用奈斯勒试剂法。取 1~2 g 鱼粉试样于 50 mL 试管中，加 10 mL 水，振摇 2 min，静置 20 min（必要时过滤），取上清液约 2 mL 于 10 mL 试管中，加入 1 mol/L 氢氧化钠溶液 1 mL，加入 2 滴奈斯勒试剂，如试样有黄褐色沉淀则表明有铵盐存在。

4. 学习效果评价

鱼粉掺假的鉴定的学习效果评价如表 4-19 所示。

表 4-19 鱼粉掺假的鉴定的学习效果评价

序号	评价内容	评价标准	分数/分	评价方式
1	团队合作意识	有团队合作精神，积极与小组成员合作，共同完成学习任务	15	小组自评30% 组间互评35% 教师评价35%
2	鱼粉掺假鉴别的检验	按要求操作，结果正确	30	
3	记录与总结	记录详细、清晰，总结报告及时上交	55	
合计			100	100%

任务反思

（1）简述蛋白质饲料的含义。
（2）简述蛋白质饲料大豆、大豆饼（粕）、菜籽饼（粕）、棉籽饼（粕）、鱼粉的营养特性。
（3）蛋白质饲料中可能存在的有毒有害物质有哪些？

任务7 矿物质饲料

任务目标

知识目标 （1）掌握常量矿物质饲料的种类。
（2）掌握微量矿物质饲料的种类。
（3）了解矿物质饲料中的有毒有害物质。

能力目标 能合理选择应用矿物质饲料。

素质目标 培养科学严谨的态度。

任务准备

一、矿物质饲料的概述

动物在维持生命活动和生产等过程中，需要大约 27 种矿物元素。许多饲料虽然含有多种矿物元素，但往往不能满足动物的营养需要，需向饲料中补充富含矿物元素的饲料。该补充物一般就称为矿物质饲料。矿物质饲料包含常量矿物质饲料、微量矿物质饲料和天然矿物质饲料。

二、矿物质饲料的种类

（一）常量矿物质饲料

1. 钙源性饲料

天然植物性饲料中均含有钙，但一般都不能满足动物的营养需要，特别是产蛋家禽、泌乳奶牛和生长幼畜的营养需要。因此，在动物饲料中应注意补充钙。常用的钙源性饲料有石灰石粉、贝壳粉、蛋壳粉、轻质碳酸钙与石膏等。

1）石灰石粉

石灰石粉又称为石粉，俗称钙粉，为天然的碳酸钙，一般含碳酸钙 95% 以上，含钙35% 以上。品质优良的石灰石粉中，钙的含量约 38%。石灰石粉中只要铅、汞、砷、氟的含量不超过安全系数，都可用于饲料。石灰石粉成本低廉，资源丰富，为饲料中应用较普遍、用量较多的钙源性原料。

一般而言，碳酸钙颗粒越细，吸收率越好，但用于蛋鸡产蛋期时以粗粒为宜，粉碎粒度为 1.5~2 mm。石灰石粉在肉鸡、猪、牛、羊饲料中的用量一般为 1%~2%，在奶牛饲料中稍高些，在产蛋鸡饲料中用量在 7% 左右。

此外，石灰石粉流散性好，不吸水，也可作为微量元素添加剂的载体。

2）贝壳粉

贝壳粉主要指牡蛎等去肉后的外壳经粉碎而成的产品，包括蚌壳粉、牡蛎壳粉、蛤蜊壳粉、螺蛳壳粉等。鲜贝壳须加热消毒后粉碎，以免传播疾病。贝壳粉的主要成分为碳酸钙，一般含钙30%以上，是良好的钙源。品质好的贝壳粉杂质少，含钙量高，呈白色粉状或片状。市场上少数贝壳粉掺有沙石、泥土等杂质。贝壳内如果贝肉未除尽，又储存不当，则易发霉、腐臭。若是这种贝壳粉，就不能饲用。

贝壳粉用于蛋鸡、种鸡饲料中，可增强蛋壳强度，片状贝壳粉效果更好。

3）蛋壳粉

蛋壳粉为蛋加工厂的废弃物（包括蛋壳、蛋膜、蛋等混合物），经干燥粉碎而得。蛋壳粉含钙34%，含蛋白质7%，含磷0.09%。蛋壳灭菌、粉碎后，可作为动物的钙源性矿物质饲料。

蛋壳粉用于蛋鸡、种鸡饲料中，与贝壳粉一样具有增加蛋壳硬度的效果，所产鸡蛋蛋壳硬度优于使用碳酸钙的蛋壳硬度。

4）轻质碳酸钙

轻质碳酸钙是将石灰石煅烧成氧化钙，加水调制成石灰乳，再经二氧化碳作用生成的碳酸钙，也被称为沉淀碳酸钙。轻质碳酸钙中的钙纯度高，可达39.2%，是良好补钙剂之一。

5）石膏

石膏即为硫酸钙，通常是二水硫酸钙，为灰色或白色的结晶粉末，有天然石膏粉碎后的产品，也有化学工业产品。若是来自磷酸工业的副产品，则因其含有大量的氟、砷、铝等而品质较差，使用时应加以处理。石膏含钙20%～23%，含硫16%～18%，既可提供钙，又是硫的良好来源，生物利用率高。石膏有预防鸡啄羽、啄肛的作用，一般在饲料中的用量为1%～2%。

研究表明，贝壳粉对动物的有效性较高，蛋壳粉的有效性次之，而石灰石粉的有效性最差。

此外，大理石、白云石、白垩石、方解石、熟石灰、石灰水等也可作为钙源性饲料。葡萄糖酸钙、乳酸钙等有机酸钙中的钙利用率均很高，但由于价格较高，目前主要被用于水产饲料，在畜禽饲料中应用较少。

2. 磷源性饲料

磷源性饲料有磷酸钙类、磷酸钠类、磷酸钾类等。在应用这类饲料时，除了注意不同磷源有不同的利用率外，还要考虑饲料中的有害物质如氟、铝、砷等含量是否超标。

1）磷酸一钙

磷酸一钙又称为磷酸二氢钙或过磷酸钙，纯品为白色结晶粉末，多为一水盐。其含磷22%左右，含钙15%左右，利用率较磷酸二钙或磷酸三钙好，最适合用于水产动物饲料。由于本品含磷量高，含钙量低，在配制饲料时易于调整钙、磷平衡。

2）磷酸二钙

磷酸二钙也称为磷酸氢钙，为白色或灰白色的粉末或粒状，又分为无水盐和二水盐两种，后者的钙、磷利用率较高。磷酸二钙一般含磷18%以上，含钙21%以上。

3）磷酸三钙

磷酸三钙又称为磷酸钙，纯品为白色无臭粉末，分为一水盐和无水盐两种，而以后者居多。其经脱氟处理后，被称为脱氟磷酸钙，为灰白色或茶褐色粉末，含钙29%以上，含磷15%以上，含氟0.12%以下。

除上述磷源性饲料外，在畜禽生产中还有磷酸一钾、磷酸二钾、磷酸一钠、磷酸二钠、磷酸铵、磷酸液、磷酸脲等磷源性饲料。

3. 钙、磷源性饲料

这类饲料主要包括磷酸氢钙、各种骨粉与骨制的沉淀磷酸盐等。因原料与加工方法不同，故其中的钙、磷含量有异，但这类饲料几乎都是钙多于磷。

骨粉是以家畜骨骼为原料加工而成的，由于加工方法不同，成分含量与名称各不相同，是补充家畜钙、磷营养需要的良好来源。

骨粉一般为黄褐色乃至灰白色的粉末，有肉骨蒸煮过的味道。骨粉的含氟量较低，只要杀菌消毒彻底，就可安全使用。由于其成分变化大，来源不稳定，而且常有异臭，在国外饲料工业上的用量逐渐减少。按加工方法，可将骨粉分为4种。①煮制骨粉。将原料骨放入开放式锅炉煮沸，直至附着组织脱落，再经干燥、粉碎制成。用这种方法制得的骨粉色泽发黄，骨胶溶出少，蛋白质和脂肪含量较高，易吸湿腐败，适口性差，不宜久存。煮制骨粉一般含钙量为24.5%，含磷量在11%左右。②蒸制骨粉。将原料骨在高压（2.03 kPa）、蒸汽条件下加热，除去大部分蛋白质与脂肪，使骨骼变脆，再加以压榨、干燥、粉碎制成。蒸制骨粉一般含钙量为24%，含磷量在10%左右，含粗蛋白质10%。③脱胶骨粉。脱胶骨粉也称特级蒸制骨粉，制法与蒸制骨粉基本相同：用40.5 kPa的压力蒸制处理抽出骨胶的骨骼，由于骨髓和脂肪几乎全部被除去，故无异臭，色泽洁白，可长期储存。脱胶骨粉一般含钙量为36.4%，含磷量为16.4%左右。④焙烧骨粉。焙烧骨粉即骨灰，是将骨骼堆放在金属容器中经烧制而成的，这是利用可疑废弃骨骼的可靠方法，充分烧透，既可灭菌又易粉碎。

骨粉的钙、磷比例接近2∶1，是一种钙、磷比例平衡，利用率高的钙、磷补充饲料，为饲料同时缺乏钙、磷时的最佳补充物，但有的骨粉含氟量很高，需注意脱氟。

4. 钠源性饲料

1）氯化钠（一般称为食盐）

在常用的植物性饲料中，钠、氯含量都少。食盐是补充钠、氯的最简单、价廉和有效的添加源。碘化食盐中还含有0.007%的碘。饲料用食盐多属工业用盐，含氯化钠95%以上。

食盐在畜禽配合饲料中的用量一般为0.25%~0.50%。食盐不足可引起畜禽食欲下降，采食量低，生产性能差，并导致异嗜癖。食盐过量时，只要有充足饮水，一般对畜禽健康无不良影响，但若饮水不足，可能导致畜禽出现食盐中毒，使用含盐量高的鱼粉、酱渣等饲料时应特别注意。

除加入到配合饲料中应用外，还可直接将食盐加入到饮水中，但要注意浓度和饮用量。将食盐制成盐砖更适合放牧动物舔食。

食盐还可作为微量元素添加剂的载体。由于食盐吸湿性强，在相对湿度75%以上时就开始潮解，因此，作为载体的食盐必须保持含水量在0.5%以下，制作微量元素预混料以后也应妥善贮藏保管。

食盐除了具有维持体液渗透压和酸碱平衡的作用外，还可刺激唾液分泌，提高饲料适口性，增强畜禽食欲。

2）碳酸氢钠

碳酸氢钠又名小苏打，分子式为 $NaHCO_3$，为无色结晶粉末，无味，略具潮解性，其水溶液因水解而呈微碱性，受热易分解放出二氧化碳。碳酸氢钠含钠27%以上，生物利用率高，是优质的钠源性饲料。

碳酸氢钠不仅可补充钠，更重要的是其具有酸碱缓冲作用，能调节饲粮电解质平衡、胃肠道 pH 值。在奶牛和肉牛饲料中添加碳酸氢钠，可调节瘤胃 pH 值，防止精料型饲料引起的代谢性疾病，提高体重、产奶量和乳脂率，一般添加量为 0.5%~2.0%，与氧化镁配合使用效果更佳。夏季，在肉鸡和蛋鸡饲料中添加碳酸氢钠可缓解热应激，防止生产性能下降，添加量一般为 0.5%。

3）硫酸钠

硫酸钠又名芒硝，分子式为 Na_2SO_4，为白色粉末。其含钠32%以上，含硫22%以上，生物利用率高，既可补钠又可补硫，特别是补钠时不会增加氯含量，是优良的钠、硫源性饲料。在家禽饲料中添加硫酸钠，可提高金霉素的效价，同时有利于禽类羽毛的生长发育，防止啄羽癖。

5. 硫源性饲料

饲料中的含硫量能够满足正常情况下畜禽的需要量，不需补充，但反刍家畜在大量应用非蛋白氮时需补充硫。常用补硫添加剂有蛋氨酸、胱氨酸、硫酸盐及硫。

就反刍家畜而言，蛋氨酸的硫利用率为100%，硫酸钠的硫利用率为54%，元素硫的利用率为31%，且硫的补充量不宜超过饲料干物质的0.05%。幼雏对硫酸钠、硫酸钾、硫酸镁均可较好地利用，但对硫酸钙的利用性较差。对单胃畜禽，游离硫或无机硫几乎不能被利用，因此需以有机态硫如含硫氨基酸等补给。

6. 镁源性饲料

天然饲料中含镁量较多，大多数饲料的含镁量都在0.1%以上，因此一般情况下不需要额外补充镁。但是，初春牧草中镁的利用率低，放牧家畜往往会因缺镁而出现"青草痉挛"。因此，对放牧的牛、羊以及用玉米作为主要饲料并补加非蛋白氮饲料饲喂的牛，常需要补饲镁。兔对镁的营养需要量大，故必须补饲镁。常用镁盐有硫酸镁和氧化镁。硫酸镁常用七水盐，为无色柱状或针状结晶，无臭，有苦味及盐味，无潮解性，稳定性好，生物利用率优良，但因具有轻泻性质，用量应受限制。氧化镁为白色或灰黄色细粒状，稍具潮解性，暴露于水汽下易结块，本品通常用于反刍家畜饲料中。

（二）微量矿物元素饲料

微量矿物元素饲料主要包括铁源性饲料、铜源性饲料、锌源性饲料、锰源性饲料、碘源性饲料、硒源性饲料、钴源性饲料等。

1. 铁源性饲料

1）硫酸亚铁

铁源性饲料主要有硫酸亚铁、碳酸亚铁、氯化亚铁、氧化铁、富马酸亚铁、葡萄糖酸亚铁、氨基酸螯合铁、乳铁蛋白等，其中无机供铁的饲料中，硫酸亚铁的生物学效价较好，氧化铁最差，有机铁源性饲料整体生物学效价较高，但价格相对较昂贵。由于七水硫酸亚铁具有较强的吸湿性，易结块，不易搅拌均匀，使用前需要进行脱水处理；一水硫酸亚铁经过专门的烘干焙烧，过120目筛后可作为饲料使用。

2. 铜源性饲料

铜源性饲料主要有硫酸铜、碳酸铜、氯化铜等。硫酸铜生物学效价高，是首选的补铜制剂，也是评价其他补铜制剂生物学效价的基准物质。硫酸铜易吸湿返潮，不易拌匀。饲料用的硫酸铜有五水和一水两种，细度要求通过200目筛。饲料级碱式氯化铜不溶于水，溶于酸，是颗粒均匀、流动性好、粉尘小、不吸潮、不结块的绿色结晶粉末，广泛用作畜禽的铜源性饲料。

许多试验表明，在仔猪饲粮中添加高剂量（≥200 mg/kg）的铜（剂型为硫酸铜），可产生营养效应之外的一些特殊作用，如抑制微生物的作用，可能促进生长激素的分泌，增加采食量，改变排泄物性状。在猪饲料中长期添加高剂量的铜，一方面对猪体健康有损害，另一方面大量的铜随粪便排泄可造成环境污染。

3. 锌源性饲料

锌源性饲料主要有硫酸锌、碳酸锌、氧化锌、氯化锌等。硫酸锌包括一水硫酸锌和七水硫酸锌。七水硫酸锌又名锌矾、皓矾，水溶性好，吸收率高，生物学效价高，常作为评价其他含锌原料生物学利用率的标准。氧化锌的锌含量为70%～80%，比硫酸锌含锌量高一倍以上，价格比硫酸锌高，生物学效价低于硫酸锌。饲料用的氧化锌细度要求过100目筛。氯化锌有毒性与腐蚀性，应慎用。

饲料中含有80～150 mg/kg的锌能满足猪的营养需要。一些试验结果表明，在仔猪饲料中添加高剂量的锌（2 000～3 000 mg/kg）（剂型氧化锌），有助于控制断奶仔猪腹泻。

4. 锰源性饲料

锰源性饲料主要有硫酸锰、碳酸锰、氯化锰、氧化锰等。碳酸锰是畜禽的锰源之一，与硫酸锰比较，其生物学效价分别为90%左右（家禽）和100%（猪）。饲料企业目前一般使用硫酸锰。

5. 碘源性饲料

碘源性饲料主要有碘化钾、碘酸钾、碘酸钙。碘化钾水溶性好，生物利用率高，是良好的补碘剂，应用广泛，但是该品不稳定，其游离碘对维生素、抗生素等有破坏作用。碘酸钾，稳定性好，生物利用率高，是优良的碘源，稳定性强于碘化钾。碘酸钙与碘化钾的生物利用率差不多，但碘酸钙稳定性更好。

6. 硒源性饲料

硒源性饲料主要有亚硒酸钠、硒酸钠。

亚硒酸钠是白色至粉红色的结晶或结晶性粉末，有吸水性，易溶于水。其饲料级产品的纯度为98%。亚硒酸钠为良好的补硒剂，生物利用率达100%，使用广泛、效果理想。由于它在饲料中添加量很少，为了保证它在饲料中的混合均匀度，故多将它制成1%或0.1%的预混剂。亚硒酸钠毒性强，因此，对其应用和保存，要有严格的安全防护措施。

硒酸钠易溶于水，水溶性优于亚硒酸钠，稳定性弱于亚硒酸钠，其工业品按98%纯度计算，含硒40.92%、含钠23.86%。硒酸钠的生物利用率与亚硒酸钠差不多。

7. 钴源性饲料

钴源性饲料主要有氯化钴、碳酸钴。氯化钴水溶性好，生物利用率高，是良好的补钴制剂，在实际应用中一般将其制成1%或0.1%的预混剂。碳酸钴生物学效价略低于硫酸钴。

三、矿物质饲料中的有害物质

矿物质饲料来源很广，种类很多。不论是天然的还是工业合成的矿物质饲料，都可能含有某些有毒杂质，主要有氟、铅、砷、镉、汞等。含有有毒物质的饲料原料必须经过脱毒处理，并且保证各项指标符合国家对饲料原料的检测标准后才能作为饲料饲喂，否则会对畜禽产生毒害作用。

骨粉掺假的鉴定

1. 目的和要求

使学生初步掌握骨粉掺假的鉴别方法。

2. 用具与试剂

骨粉样品、显微镜、培养皿、小烧杯、盐酸溶液。

3. 操作步骤

（1）感官鉴定。观察骨粉的温度、颜色、光泽、细度等。质量好的骨粉为灰白色至黄褐色的粉状细末，用力握不成团块，不发滑，放下即散。如果产品呈半透明的白色，表面有光泽，搓之发滑，说明是滑石粉、石粉等；如果产品呈白色或灰色、粉红色，有半透明光泽，搓之颗粒质地坚硬，不黏结，说明是贝壳粉或掺有贝壳粉。

（2）显微镜镜检法。取样品1 g，置于培养皿中，铺成薄薄的一层，放在20～50倍显微镜下观察。骨粉颗粒为小片状，不透明，灰白色，光泽暗淡，表面粗糙；肉颗粒软，血及血球呈破碎球体形，形状不规则，呈黑色或深紫色，难于破碎；贝壳粉颗粒质硬，不透明，白色、灰色或粉红色，光泽暗淡或半透明程度低，颗粒光滑，有些颗粒外表面具有同心或平行的线纹；石粉颗粒有光泽，呈半透明白色，颗粒相互团附在一起，形似绵白糖。

（3）化学法。取被检骨粉1 g置于小烧杯中，加5 ml 25%的盐酸溶液，纯骨粉可发出短暂的"沙沙"声，骨粉颗粒表面不断产生气泡，最后全部溶解，溶液变浑浊。加入脱脂骨粉的盐酸溶液，表面漂浮有极少量的有机物，加入蒸骨粉和生骨粉的盐酸溶液表面漂浮物较多，而加入假骨粉的盐酸溶液均无以上现象。如果有大量气泡迅速产生，并发出"吱吱"响声，表明被检品中有石粉、贝壳粉存在。若烧杯底部有一定量的不溶物，则表明被检品中可能掺有细砂。由此可见，在稀盐酸中不溶解或溶解快速的均不属纯骨粉。

4. 学习效果评价

骨粉掺假的鉴定的学习效果评价如表4-20所示。

表4-20   骨粉掺假的鉴定的学习效果评价

序号	评价内容	评价标准	分数/分	评价方式
1	团队合作意识	有团队合作精神，积极与小组成员合作，共同完成学习任务	15	小组自评30% 组间互评35% 教师评价35%
2	骨粉掺假的鉴别	按要求操作	30	
3	记录与总结	记录详细、清晰，总结报告及时上交	55	
合计			100	100%

任务反思

（1）简述矿物质饲料的含义。

（2）常用的钙源性矿物质饲料有哪些？

（3）微量矿物元素饲料有哪些？

任务8   饲料添加剂

任务目标

知识目标　（1）了解饲料添加剂的概念、分类及常用的种类。

（2）能正确选择利用饲料添加剂。

能力目标　能识别常用饲料添加剂。

素质目标　培养生物安全意识。

任务准备

一、概述

（一）饲料添加剂的概念

《饲料和饲料添加剂管理条例》中的饲料添加剂，是指在饲料加工、制作、使用过程中添加的少量或者微量物质，包括营养性饲料添加剂和一般饲料添加剂。根据定义，具有生物学活性的添加剂为营养性饲料添加剂，能改善饲料效益的添加剂为非营养性饲料添加剂。饲料添加剂在饲料中用量甚微，但作用显著，添加过量时一般会出现不良反应甚至中毒，在使用时应予以注意。

（二）饲料添加剂应具备的条件

（1）安全。长期使用或在添加剂使用期内不会对动物产生急、慢性毒害作用及其他不良影响；不会导致种畜生殖生理的恶性变化或对其胎儿造成不良影响；在畜禽产品中无蓄积，或残留量在安全标准之内，其残留及代谢产物不影响畜禽产品的质量及畜禽产品消费者的健康；不得违反国家有关饲料、食品法规定的限用、禁用等规定。

（2）有效。在畜禽生产中使用，有确实的饲养效果和经济效益。

（3）稳定。符合饲料加工生产的要求，在饲料的加工与存储中有良好的稳定性，与常规饲料组成成分无配伍禁忌，生物学效价好。

（4）适口性好。在饲料中添加使用，不影响畜禽对饲料的采食。

（5）对环境无不良影响。经畜禽消化代谢、排出机体后，对植物、微生物和土壤等环境无有害作用。

二、营养性饲料添加剂

（一）氨基酸添加剂

天然饲料中氨基酸的平衡性很差，因此需要添加氨基酸来平衡或补充某种特定生产目的之需要。饲料中添加人工合成氨基酸可以达到4个目的：一是节约饲料蛋白质，提高饲料利用率和畜禽生产性能；二是改善畜禽产品品质；三是改善和提高畜禽消化功能，防止消化系统疾病；四是减轻畜禽的应激症。

（1）蛋氨酸添加剂。饲料工业中广泛使用的蛋氨酸有两类，一类是 DL-蛋氨酸，另一类是 DL-蛋氨酸羟基类似物（液体）及其钙盐（固体）。目前国内使用最广泛的是粉状 DL-蛋氨酸。蛋氨酸羟基类似物虽没有氨基，但含有转化为蛋氨酸所特有的碳架，故具有蛋氨酸的生物活性，其生物活性相当于蛋氨酸的80%。蛋氨酸羟基类似物对反刍家畜还具有过瘤胃保护作用。D 型与 L 型蛋氨酸的生物利用率相同。

（2）赖氨酸添加剂。生产中常用的商品为 L-赖氨酸盐酸盐，其 L-赖氨酸的含量为78%，所以计算 L-赖氨酸用量时，要以78%来计算。天然的饲料中赖氨酸的 ε-氨基比较活泼，易在加工、贮存中形成复合物而失去作用，故可利用的氨基酸一般只有化学分析值的80%左右。

（3）色氨酸添加剂。畜禽体内的色氨酸可以转化为烟酸，故其需要量与饲料中烟酸水平有关，色氨酸还具有抗应激作用。L-色氨酸的活性为100%，而 DL-色氨酸的活性只有 L-色氨酸的50%~80%。

（4）苏氨酸添加剂。一般会在仔猪饲料中添加苏氨添加剂。

（5）甘氨酸与谷氨酸添加剂。甘氨酸具有甜味，谷氨酸及其钠盐（味精）具有鲜味，因此这两类常作调味剂使用，另外甘氨酸还是雏鸡的必需氨基酸。

在生产中，氨基酸添加剂的添加量较大，且以平衡饲料中氨基酸为根本目的，所以通常将氨基酸直接添加于全价配合饲料之中。

（二）维生素添加剂

用于饲料工业的维生素添加剂，除含有纯的维生素化合物的活性成分之外，还含有载体、稀释剂、吸附剂等，有时还有抗氧化剂等化合物，以保持维生素的活性及便于在配合饲料中混合。因此，严格地讲，维生素添加剂属于添加剂预混料的范畴。

（1）维生素 A 添加剂。维生素 A 易受许多因素的影响而失活，所以维生素 A 添加剂的商品形式为维生素 A 醋酸酯或其他酸酯，然后采用微型胶囊技术或吸附方法做进一步处理。常见的粉剂每克含维生素 A 50 万 IU，也有 65 万 IU/g 和 25 万 IU/g 的。

（2）维生素 D_3 添加剂。维生素 D_3 的生产工艺类似于维生素 A，一般商品型维生素 D_3 添加剂维生素 D_3 的含量为 50 万 IU/g 或 20 万 IU/g。维生素添加剂中，也有把维生素 A 和维生素 D_3 混在一起的，每克该产品含有 50 万 IU 维生素 A 和 10 万 IU 的维生素 D_3。

（3）维生素 E 添加剂。商品型维生素 E 添加剂一般是用 α-生育酚醋酸酯为原料制成的，含量为 50%。

（4）维生素 K_3 添加剂。天然饲料中的维生素 K 为脂溶性 K_1，饲料添加剂中使用的是化学合成的水溶性维生素 K_3，它的活性成分为甲萘醌。商品型维生素 K_3 添加剂的活性成分是甲醛醌的衍生物，主要有 3 种：一种是活性成分占 50% 的亚硫酸氢钠甲萘醌；二是活性成分占 25% 的亚硫酸氢钠甲萘醌复合物；三是含活性成分占 22.5% 的亚硫酸嘧啶甲萘醌。

（5）维生素 B_1 添加剂。维生素 B_1 添加剂的商品形式一般有盐酸硫胺素（盐酸硫胺）和单硝酸硫胺素（硝酸硫胺）两种，一般活性成分的含量为 96%，有的经过稀释，活性成分只有 5%，故使用时应注意其活性成分含量。

（6）维生素 B_2 添加剂。维生素 B_2 添加剂通常含有 96% 或 80% 的维生素 B_2，因具有静电作用和附着性，故需进行抗静电处理，以保证混合均匀度。

（7）维生素 B_6 添加剂。其商品形式一般为盐酸吡哆醇制剂，活性成分为 98%，也有稀释为其他浓度的。

（8）维生素 B_{12} 添加剂。其常稀释为 0.1%、1% 和 2% 等不同活性浓度的制品。

（9）泛酸添加剂。其形式有两种：一为 D-泛酸钙，二为 DL-泛酸钙。只有 D-泛酸钙才具有活性。其商品型添加剂中，活性成分一般为 98%，也有经稀释只含有 66% 或 50% 的剂型。

（10）烟酸添加剂。烟酸添加剂有两种，一是烟酸，另一种是烟酰胺，两者营养效用相同。在畜禽体内被吸收的形式为烟酸胺。商品型烟酸添加剂的活性成分含量为 98%~99.5%。

（11）维生素 B_7 添加剂。生物素添加剂的活性成分含量为 1% 或 2%。以 1% 为例，在其标签上标有 H-1 或 H_1。

（12）维生素 B_9 添加剂。维生素 B_9 添加剂的活性成分含量一般为 95%。

（13）维生素 B_4 添加剂。维生素 B_4 用作饲料添加剂的化学形式是其衍生物，即氯化胆碱。氯化胆碱添加剂有两种：液态氯化胆碱（含活性成分 70%）和固态氯化胆碱（含活性成分 50%）。

（14）维生素 C 添加剂。常用的维生素 C 添加剂有抗坏血酸钠、抗坏血酸钙以及包被的抗坏血酸等。

（15）其他维生素类似物。其他维生素类似物有肌醇、对氨基苯甲酸、甜菜碱、肉毒碱等。

为了生产中使用方便，预先按各类畜禽对维生素的需要，拟制出实用型配方，按配方将各种维生素与抗氧化剂和疏散剂加到一起，再加入载体和稀释剂，经充分混合均匀，即成为复合维生素预混料，使用十分方便。此类产品一般用铝箔塑料覆膜袋封装，大包装还要外罩纸板筒或塑料筒。为了满足不同种类、不同年龄及不同生产力水平的畜禽对维生素的营养需要，复合维生素预混料生产厂家有针对性地生产出系列化的复合维生素产品，用户可根据自己的生产需要选用。

（三）微量元素添加剂

此类饲料添加剂多为微量元素的无机盐类。近年来微量元素的有机酸盐和螯合物以其生物效价高和抗营养干扰能力强而受到重视，但因质量不稳和价格昂贵而使其在大范围使用上受到限制。确定微量元素添加剂原料时，应注意 3 个问题：一是微量元素化合物及其活性成分含量；二是微量元素化合物的可利用性；三是微量元素化合物的规格（包括细度、卫生指标及某种化合物的特殊特点等）。

微量元素添加剂的原料基本上采用饲料级微量元素盐，一般不采用化工级或试剂级产品，前者没有通过微量元素预处理工艺，产品中水分多，粒度大，杂质高，后者价格昂贵，不经济。

任务实施

常用饲料添加剂的识别

1. 目的和要求

对所提供的饲料添加剂能正确识别。

2. 材料准备

氨基酸样品：赖氨酸、蛋氨酸、苏氨酸。

微量元素样品：硫酸亚铁、硫酸铜、硫酸锰、硫酸锌、碘化钾、亚硒酸钠。

维生素样品：维生素 A、维生素 D、维生素 E、维生素 B_1、维生素 B_2、维生素 B_6、维生素 B_{12}、烟酰胺、泛酸钙、氯化胆碱。

3. 操作步骤

将学生分成 3 个组，实验样品分成 3 个区（1 区：氨基酸样品；2 区：微量元素样品；3 区：维生素样品），按顺序轮流观察。

4. 学习效果评价

常用饲料添加剂的识别的学习效果评价如表 4-21 所示。

表 4-21　常用饲料添加剂的识别的学习效果评价

序号	评价内容	评价标准	分数/分	评价方式
1	合作意识	有团队合作精神，积极与小组成员协作，共同完成学习任务	10	小组自评 20% 组间互评 40% 教师评价 40%
2	沟通精神	成员之间能沟通解决问题的思路	30	
3	饲料添加剂识别	能在规定时间内完成	40	
4	记录与总结	能完成全部任务，记录详细、清晰，结果正确	20	
合计			100	100%

任务反思

（1）名词解释：饲料添加剂。

（2）作为饲料用添加剂应具备哪些条件？

任务 9　饲料的加工调制

 任务目标

知识目标　（1）了解饲料的加工调制方法。

（2）能对常用饲料进行加工调制。

技能目标　能对常用饲料进行加工调制。

素质目标　培养科学严谨的工作态度和生物安全意识。

 **任务准备**

一、精饲料的加工调制

精饲料一般指作物籽实及其加工副产品，其按营养物质的组成可分为能量饲料和蛋白质饲料两大类。

（一）粉碎

粉碎是最常用、最简单的调制方法。粉碎饲料后可以大大提高饲料的消化率和利用率。一般用粉碎机进行粉碎，饲料的粉碎程度应根据畜禽种类而定：猪的饲料可碎成 1 mm；牛、羊的饲料可碎成 2 mm；马、驴、骡的饲料可碎成 4 mm。

（二）压扁

在玉米、大麦、高粱等原料中加一定量的水，用蒸汽加热到 120 ℃左右，用压扁机将原料压成片状后，再配以各种添加剂，制成压扁饲料。压扁可明显提高饲料消化率。

（三）浸泡

将饲料放入池子或缸等容器内，加水［一般料和水的比例为 1：（1~1.5），以手握加水后的饲料指缝渗出水滴为标准，菜籽饼不能用热水浸泡］，拌匀后浸泡。浸泡时间根据天气和饲料种类不同而有差异。

浸泡后的饲料柔软，易咀嚼，适口性好，便于消化。浸泡可使豆科籽实及饼类饲料含毒量降低，异味减轻。

（四）焙炒

焙炒是幼小家畜补料用的一种加工调制方法。禾本科籽实类经过 130~150 ℃ 短时间的高温焙炒后，能提高淀粉的利用率，同时还能消除有害菌和虫卵。焙炒过的饲料香甜可口，适口性强。

（五）发芽

将谷粒清洗除杂后放入缸、盆或桶内，用 30~40 ℃ 的温水浸泡一昼夜，等谷粒充分膨胀后捞出，将捞出的谷粒摊在能滤水的容器内，厚度不宜超过 5 cm，温度保持在 15~25 ℃。其上用纱布或麻袋等透气物品覆盖，每天早晚用 15 ℃ 清水各冲洗 1 次，经 3~5 d 即可发芽。一般经过 6~7 d，芽长 3~6 cm 时即可饲喂。发芽后的饲料，部分蛋白质分解成氨化物，糖分、维生素、各种酶、纤维素的含量增加。

（六）糖化

将粉碎的谷类精饲料分次装入木桶内，按 （1：2）~2.5 的比例加入 80~85 ℃ 的水，搅拌成糊状，使木桶内温度保持在 60 ℃ 左右。在饲料表面撒一层 5 cm 厚的干料，盖上木板即可，糖化时间一般为 3~4 h。为加快糖化过程，可按干料重的 2% 加入麦芽曲（为大麦或燕麦经过 3~4 d 发芽后干制磨粉而成）。谷类精料糖化后可使含糖量由 0.5%~2% 提高到 8%~12%，味道香甜可口，适口性强，消化率提高。

（七）制浆

将精饲料粉碎后，用水浸泡发酵即成，也可将谷类饲料洗净，先用 15~20 ℃ 的温水浸泡 2 d 左右，待软化并有微酸味时磨成糨糊状即成。制浆的饲料，适口性好，易消化，可提高饲料利用率。

（八）发酵

每 100 kg 粉碎料加酵母 0.5~1 kg，温水（30~40 ℃）150~200 kg。先将温水加到发酵容器内，再用少量温水将酵母化开，然后慢慢放入温水中，边搅拌边倒入饲料，搅拌要均匀，以后每隔 30 min 搅拌一次，经 6~9 h 发酵完成。发酵后的饲料，适口性提高，营养价值增加。蛋白质饲料不宜发酵。

（九）蒸煮

豆类籽实及其饼类宜用蒸煮的方法加工调制。将原料洗净放入蒸笼中直接蒸或放入锅内直接煮即可。加热处理时间不宜过长，一般 130 ℃，不超过 20 min。经过蒸煮的豆类籽实及其饼类，消化率和营养价值提高。禾本科籽实饲料不宜蒸煮，蒸煮会降低消化率。

（十）菜籽饼的脱毒

菜籽饼含有芥子硫苷等物质，在酶的作用下会分解产生多种有毒物质。因此，喂前必须进行脱毒处理。常用的脱毒方法有土埋法，此法可以基本脱去菜籽饼中的毒素。其方法是：挖 $1~m^3$ 的土坑，上铺草席，给粉碎成末的菜籽饼加水（饼、水比例为 1：1），将其浸泡后装进土坑里，两个月后即可饲用。

二、粗饲料的加工调制

粗饲料是指那些不易消化的植物饲料，如青贮料、干草、秸秆等。这些饲料含有丰富的纤维素和半纤维素，对反刍家畜的消化系统非常重要。但是，由于其纤维素含量高，消化难度大，需要进行加工调制，以提高其营养价值和消化率。

（一）物理加工

1. 机械加工

机械加工是指利用机械将粗饲料铡短、粉碎或揉搓，这是粗饲料加工调制最简便而又常用的方法。尤其是秸秆饲料比较粗硬，加工后可便于咀嚼，可减少能耗，提高采食量，并减少饲喂过程中的饲料浪费。

（1）铡短。利用铡草机将粗饲料切短成 1~2 cm，稻草较柔软，可稍长些，而玉米秸较粗硬且有结节，以 1 cm 左右为宜。玉米秸秆青贮时，应使用铡草机切碎，以便踩实。

（2）粉碎。粗饲料粉碎后可提高饲料利用率，便于与精饲料混拌。冬、春季节饲喂绵羊、山羊的粗饲料应加以粉碎，但粉碎的细度不应太细，以便反刍。粉碎机筛底孔径以8~10 mm 为宜。如用于猪、禽配合饲料中的干草粉，要粉碎成面粉状，便于充分搅拌。

（3）揉搓。揉搓机械是近年来推出的新产品。为适应反刍家畜对粗饲料利用的特点，可将秸秆饲料揉搓成丝条状，揉搓的玉米秸秆可饲喂牛、羊等反刍家畜。秸秆揉搓后不仅可提高饲料适口性，也提高了饲料利用率，是当前利用秸秆饲料比较理想的加工方法。

2. 盐化

盐化是指将铡碎或粉碎的秸秆饲料与等重量的 1% 的食盐水充分搅拌后，放入容器内或在水泥地面上堆放，用塑料薄膜覆盖，放置 12~24 h，使其自然软化，盐化可明显提高饲料适口性和利用率。

（二）化学处理

利用酸碱等化学物质对秸秆饲料进行处理，降解纤维素和木质素中部分营养物质，以提高其饲用价值。在生产中广泛应用的方法有碱化、氨化和氨-碱复合化处理。

1. 碱化

碱类物质能使饲料纤维内部的氢键结合变弱，使纤维素分子膨胀和细胞壁中纤维素与木质素间的联系削弱，从而溶解半纤维素，有利于反刍家畜对饲料的消化，可提高粗饲料的消化率。碱化处理所用的原料，主要是氢氧化钠和石灰水。

利用氢氧化钠处理。将粉碎的秸秆放入盛有 1.5% 氢氧化钠溶液的池内浸泡 24 h，然后用水反复冲洗，晾干后可饲喂反刍家畜，此法可提高有机物的消化率，但用水量大，许多有机物被冲掉，且污染环境。也可以将占秸秆风干重 4%~5% 的氢氧化钠，配制成30%~40% 的溶液，将配制成的溶液喷洒在粉碎的秸秆上，堆积数日，不经冲洗直接饲喂，该方法可提高有机物消化率。这种方法虽有改进，但牲畜采食后粪便中含有大量的钠离子，对土壤和环境有一定的污染。

利用石灰水处理。生石灰加水后生成的氢氧化钙，是一种弱碱溶液，经充分熟化和沉淀后，用上层的澄清液（即石灰乳）处理秸秆。具体方法是：每 100 kg 秸秆，需 3 kg 生石灰和 200~300 kg 水，将石灰乳均匀喷洒在粉碎的秸秆上，将其堆放在水泥地面上，经 1~2 d 后即可直接饲喂牲畜。这种方法成本低，方法简便，效果明显。

2. 氨化

氨化处理秸秆饲料始于 20 世纪 70 年代。秸秆饲料蛋白质含量低，经氨化处理后，粗蛋白质含量可大幅度地提高，纤维素含量可降低 10%，有机物消化率可提高 20% 以上。氨化处理后的秸秆是牛、羊等反刍家畜良好的粗饲料。可利用尿素、碳酸氢铵作氨源，靠近化工厂的地方，氨水价格便宜，也可作为氨源使用。氨化饲料制作方法简便，饲料营养价值提高显著。

氨化池氨化法。选择在向阳、背风、地势较高、土质坚硬、地下水位低，同时便于制作、饲喂、管理的地方建氨化池。池的形状可为长方形或圆形。池的大小根据氨化秸秆的数量而定，而氨化秸秆的数量又决定于饲养家畜的种类和数量。一般每立方米池（窖）可装切碎的风干秸秆 100 kg 左右。1 头体重 200 kg 的牛，年需氨化秸秆 1.5~2 t。挖好池后，用砖或石头铺底，砌垒四壁，水泥抹面。将秸秆粉碎或切成 1.5~2 cm 的小段。将相当于秸秆重 3%~5% 的尿素用温水配成溶液，温水多少视秸秆的含水量而定，一般秸秆的含水量为 12% 左右，而秸秆氨化时应使秸秆的含水量保持在 40% 左右，所以温水的用量一般为每 100 kg 秸秆用水 30 kg 左右。将配好的尿素溶液均匀地喷洒在秸秆上，边喷洒边搅拌，或者装一层秸秆均匀喷洒 1 次尿素溶液，边装边踩实。装满池后，用塑料薄膜盖好池口，四周用土覆盖密封。

窖贮氨化法。选择地势较高、干燥、土质坚硬、地下水位低、距畜舍近、贮取方便、便于管理的地方挖窖，窖的大小根据贮量而定。窖可挖成地下式或半地下式，土窖、水泥窖均可。窖必须不漏气、不漏水，土窖壁一定要修整光滑，若用土窖，可用 0.08~0.20 mm 厚的农用塑料薄膜平整铺在窖底和四壁，或者在原料入窖前在底部铺一层 10~20 cm 厚的秸秆或干草，以防潮湿，窖周围紧密排放着一层玉米秸秆，以防窖壁上的土进入饲料内。将秸秆切成 1.2~2.0 cm 的小段。配制尿素溶液（方法同上）。秸秆边装窖，边喷洒尿素溶液，尿素溶液要喷洒均匀。原料装满窖后，在原料上盖一层 5~20 cm 厚的秸秆或碎草，上面覆土 20~30 cm 并踩实。封窖时，原料要高出地面 50~60 cm，以防雨水渗入，并要经常检查，如发现裂缝要及时补好。

塑料袋氨化法。塑料袋大小以方便使用为宜，塑料袋一般长 2.5 m，宽 1.5 m，最好用双层塑料袋。用配制好的尿素溶液（方法同上）均匀喷洒切断的秸秆，装满塑料袋后，封严袋口，将塑料袋放在向阳干燥处。存放期间，应经常检查，若嗅到袋口处有氨味，应重新扎紧，发现塑料袋破损，要及时用胶带封住。

3. 氨-碱复合处理

为了既提高饲料营养成分含量，又提高饲料的消化率，可把氨化与碱化两者的优点结合利用，即秸秆饲料氨化后再进行碱化。如稻草经氨化处理后的消化率仅 55%，而复合处理后则达到 71.2%。虽然复合处理投入成本较高，但能够充分发挥秸秆饲料的经济效益和生产潜力。

（三）生物学处理

生物学处理主要是指微生物的处理，微生物种类很多，但用于饲料生产真正有价值的是乳酸菌、纤维分解菌和某些真菌。应用这些微生物加工调制的饲料有接种乳酸菌青贮饲料、糖化发酵饲料等。

1. 接种乳酸菌青贮饲料

接种乳酸菌能促使乳酸发酵，增加乳酸含量，以提高青贮饲料的质量。目前使用的菌种主要是德氏乳酸杆菌。一般添加量为每吨青贮原料加乳酸菌培养物 0.5 L 或者是乳酸菌剂 450 g，添加时应注意与饲料混合均匀。

2. 糖化发酵饲料

糖化发酵就是把酵母、曲种等接种在饲料中，从而产生有机酸、酶、维生素和菌体蛋白，使饲料变得软熟香甜，略带酒味，还可分解其中部分难以消化的物质，从而提高了粗饲料的适口性和利用效率。

曲种的制法。取麦麸 5 kg，稻糠 5 kg，瓜干面、大麦面、豆饼面各 1 kg（料不全时可全用麦麸），曲种 300 g，水约 13 kg（料和水的重量相同），将它们混合后放在曲盆中或地面上培养，料厚 2 cm，12 h 左右即增温，要控制温度不超过 45 ℃。经 1 天半，曲料可初步成饼，翻曲 1 次，3 天后成曲。曲种应放在阴凉通风、干燥处存放，避免受潮和阳光照射。

发酵饲料的制法。可选择各种粗饲料如农作物秸秆、蔓叶和各种无毒的树叶、野草、野菜，粉碎后作为原料，原料不能发霉腐烂，以豆科作物作为原料时，必须同禾本科植物混合，否则质量差，味道不正。取粗饲料 50 kg，加曲适量，加水 50 kg 左右，拌匀后，用手紧握，指缝有水珠而不滴落为宜。冬天可加温水以利升温发酵，堆厚为 20 cm，冬季盖席片，待堆温上升到 40 ℃时即可饲喂。

综上所述，粗饲料加工调制的方法很多，在实际应用中，往往是多种方法结合应用。如秸秆饲料粉碎或切碎后，进行青贮、碱化或氨化处理，如有必要，可再加工成颗粒饲料、草砖或草饼。加工调制方法，要根据当地生产条件、粗饲料的特点、经济投入的大小、饲料营养价值提高的幅度和家畜饲养的经济效益等综合因素进行选择。

📋 任务实施

青贮饲料的品质鉴定

1. 目的和要求

要求学生掌握青贮饲料品质鉴定的方法。

2. 材料准备

（1）不同等级的青贮饲料。

（2）滴瓶、吸管、玻璃棒、烧杯、白瓷比色盘、试管、滤纸。

（3）甲基红指示剂：称取甲基红 0.1 g，溶于 18.6 mL 的 0.02 mol/L 氢氧化钠溶液中，用蒸馏水稀释到 250 mL。

（4）溴甲酚绿指示剂：称取溴甲酚绿 0.1g，溶于 7.15 mL 的 0.02 mol/L 氢氧化钠溶液中，再用蒸馏水稀释到 250 mL。

（5）混合指示剂：甲基红指示剂与溴甲酚绿指示剂按 1∶1.5 的体积混合即成。

3. 操作步骤

取样时，去除堆压的黏土、碎草等覆盖物和上层霉烂物，从整个表面取出一层青贮饲料后，按照饲料样品的采集与制备中要求的方法进行采集。取样后，立即覆盖青贮饲料，以免过多空气侵入。在冬季还要防止青贮饲料冻结。

（1）感官鉴定法。用手抓一把有代表性的青贮饲料样品，紧握手中，再放开，观察样品颜色、结构，闻闻酸味，评定其质地优劣。根据青贮饲料的颜色、气味、质地和结构等指标评定其品质等级（表 4-7）。

（2）实验室鉴定法。将待测样品切短后装入烧杯，至少装至烧杯 1/2 处，以蒸馏水或凉开水浸没样品，然后用玻璃棒不断地搅拌，静止 15~20 min 后，将水浸物经滤纸过滤。吸取滤液 2 mL，移入白瓷比色盘内，加 2~3 滴混合指示剂，用玻璃棒搅拌，观察盘内浸出液的颜色。根据以下表（表 4-22）判断出近似 pH 值，并评定样品的品质等级。

表 4-22　青贮饲料颜色反应对应近似 pH 值与品质等级

品质等级	颜色反应	近似 pH 值
优良	红色、乌红色、紫红色	3.8~4.4
中等	紫色、紫蓝色、深蓝色	4.6~5.2
低劣	蓝绿色、绿色、黑色	5.4~6.0

4. 学习效果评价

青贮饲料的品质鉴定的学习效果评价如表 4-23 所示。

表 4-23　青贮饲料的品质鉴定的学习效果评价

序号	评价内容	评价标准	分数/分	评价方式
1	合作意识	有团队合作精神，积极与小组成员协作，共同完成学习任务	10	小组自评20% 组间互评40% 教师评价40%
2	沟通精神	成员之间能沟通解决问题的思路	30	
3	青贮饲料的品质鉴定	能在规定时间内完成	40	
4	记录与总结	能完成全部任务，记录详细、清晰，结果正确	20	
合计			100	100%

任务反思

（1）精饲料的加工调制方法有哪些？

（2）粗饲料的加工调制方法有哪些？

项目小结 ▶▶▶

饲料及加工小结如表 4-24 所示。

表 4-24　饲料及加工小结

饲料及加工	饲料的概念与分类	任务准备	饲料的概念、分类；饲料编码；饲料资源概况
		任务实施	常用饲料的识别
	粗饲料	任务准备	干草与干草粉；秸秆、秕壳类饲料
		任务实施	秸秆的氨化处理
	青绿饲料	任务准备	青绿饲料的营养特性及饲用价值；青绿饲料的种类；青绿饲料中的有害物质
		任务实施	青绿饲料的识别
	青贮饲料	任务准备	青贮饲料的优点；青贮的原理和发酵过程；青贮原料；青贮所需的设备；青贮的方法与步骤；青贮饲料的品质鉴定；青贮饲料的合理饲用
		任务实施	青贮饲料的调制操作技术
	能量饲料	任务准备	谷实类饲料；糠麸类饲料；块根、块茎及瓜类饲料；甜菜及甜菜渣；其他能量饲料；籽实饲料的加工
		任务实施	常用能量饲料的识别
	蛋白质饲料	任务准备	蛋白质饲料的营养特性、种类；蛋白质饲料中的有毒有害物质
		任务实施	鱼粉掺假的鉴定
	矿物质饲料	任务准备	矿物质饲料的概述、种类；矿物质饲料中的有害物质
		任务实施	骨粉掺假的鉴定
	饲料添加剂	任务准备	营养性饲料添加剂
		任务实施	常用饲料添加剂的识别
	饲料的加工调制	任务准备	精饲料、粗饲料的加工调制
		任务实施	青贮饲料的品质鉴定

一、单项选择题

1. 粗饲料粉碎过细，会引起 　　　　　　　　　　　　　　　　　　　　（　　）

　　A. 采食量减少　　　B. 消化率降低　　　C. 消化率提高　　　D. 营养价值提高

2. 国际饲料分类法中，第五类饲料是 　　　　　　　　　　　　　　　　（　　）

　　A. 能量饲料　　　B. 蛋白质饲料　　　C. 矿物质饲料　　　D. 饲料添加剂

3. 玉米秸秆属于 （　　）

　　A. 能量饲料　　　　B. 矿物质饲料　　　　C. 粗饲料　　　　D. 蛋白质饲料

4. 一般青贮时，饲料原料的适宜含水量为 （　　）

　　A. 25%~35%　　　B. 45%~55%　　　C. 65%~75%　　　D. 85%~95%

5. 国际饲料分类法将饲料分为（　　）大类

　　A. 6　　　　　　　B. 8　　　　　　　C. 10　　　　　　D. 16

6. 粗饲料干物质中粗纤维的含量为 （　　）

　　A. 3%~5%　　　　B. 6%~10%　　　　C. 10%~16%　　　D. 18%~40%

7. 下列饲料中不属于能量饲料的是 （　　）

　　A. 玉米　　　　　B. 甘薯　　　　　C. 糖蜜　　　　　D. 鱼粉

8. 生大豆饼（粕）中降低蛋白质消化率的是 （　　）

　　A. 双香豆素　　　B. 霉菌　　　　　C. 抗胰蛋白酶　　D. 氢氰酸

9. 下面的饼粕类饲料品质最好的是 （　　）

　　A. 花生饼（粕）　B. 大豆饼（粕）　C. 菜籽饼（粕）　D. 玉米胚芽饼

10. 下列不属于蛋白质饲料的是 （　　）

　　A. 米糠　　　　　B. 鱼粉　　　　　C. 花生饼　　　　D. 血粉

11. 补充钙最廉价、最方便的矿物质饲料是 （　　）

　　A. 石粉　　　　　B. 贝壳粉　　　　C. 石膏　　　　　D. 白云石

12. 能量含量居谷实类饲料之首的是 （　　）

　　A. 小麦　　　　　B. 玉米　　　　　C. 高粱　　　　　D. 稻谷

二、多项选择题

1. 属于能量饲料的有 （　　）

　　A. 麸皮　　　　　B. 大米　　　　　C. 蚕蛹　　　　　D. 糖蜜

2. 属于蛋白质饲料的有 （　　）

　　A. 血粉　　　　　B. 鱼粉　　　　　C. 高粱　　　　　D. 啤酒酵母

3. 在一般青贮制作中，对青贮有利的微生物有 （　　）

　　A. 乳酸菌　　　　B. 酵母菌　　　　C. 腐败菌　　　　D. 丁酸菌

4. 属于营养性饲料添加剂的有 （　　）

　　A. 硫酸铜　　　　B. 石粉　　　　　C. 甲硫氨酸　　　D. 维生素 A

5. 属于动物性蛋白质饲料的有 （　　）

　　A. 鱼粉　　　　　B. 血粉　　　　　C. 大豆　　　　　D. 肉骨粉

三、判断题

（　　）1. 矿物质饲料是指可供饲用的天然矿物质及化工合成的无机盐类。

（　　）2. 富含维生素丰富的天然青绿饲料就是维生素饲料。

（　　）3. 饲料添加剂包括合成氨基酸、维生素。

（　　）4. 干制后的树叶类饲料在国际饲料分类中属于粗饲料。

（　　）5. 块根、块茎及瓜果类在国际饲料分类中属于能量饲料。

（　　）6. 所有的豆类在国际饲料分类中都属于蛋白质饲料。

（　　）7. 只要干物质中粗蛋白质含量大于等于20%就是蛋白质饲料。

（　　）8. 骨粉在国际饲料分类中属于第六类饲料。

（　　）9. 人工干燥制成的干草富含维生素 D_2。

（　　）10. 新鲜的树叶不仅是一种很好的蛋白质来源，还是很好的维生素来源。

（　　）11. 树叶干制成叶粉后可喂猪、禽，但用量不宜过多。

（　　）12. 切短是调制秸秆饲料最简便而又重要的方法。

（　　）13. 青绿饲料对单胃畜禽来说，其蛋白质的营养价值接近纯蛋白质。

（　　）14. 豆科青绿饲料所含的蛋白质和钙、磷比禾本科青绿饲料所含的丰富。

（　　）15. 青绿饲料各种养分的消化率，随着植物的成熟而递减。

（　　）16. 一般植物上部茎叶中的蛋白质含量低于下部茎叶的，而粗纤维含量高于下部茎叶的。

（　　）17. 青绿饲料的叶占全株比例越大，则营养价值就越高，反之，营养价值越低。

（　　）18. 青绿饲料一般不含氢氰酸。

（　　）19. 调制青贮饲料的关键是降低青贮饲料的 pH 值，使 pH 值接近 4.0。

（　　）20. 要掌握好各种青贮原料的收割时间，及时收割。

💡 项|目|链|接 ▶▶▶

我国饲料行业发展现状

一、产量产值快速上升

除 2019 年外，2018—2022 年我国饲料工业产值呈快速增长状态，从 8 872 亿元扩张至 13 169 亿元，整体增幅近 50%。其 2020 年、2021 年增长率分别为 17%、29.3%。2022 年国内饲料产量突破 3 亿 t，较 2018 年产量水平增长约 27%，整体增长较快；但 2022 年增长率回落至 3.1%，动能略显不足。

二、配合饲料为市场主流

我国绝大多数生产产能集中于配合饲料，2022 年配合饲料产量达 28 021 万 t，占饲料整体产量近 93%；浓缩饲料和预混饲料的产量较少，2022 年分别为 1426 万 t 和 652 万 t。此外，结合 2021 年数据，仅配合饲料在 2022 年有小幅增长，后两者产量基本无变化，配合饲料仍是未来市场主流产品。

三、生产区域分布广泛

2022 年全国饲料产量超千万吨的省（区、市）有 13 个，与上年持平，分别为山东、广东、广西、辽宁、河南、江苏、河北、四川、湖北、湖南、福建、安徽、江西。其中，山东和广东产量领跑全国，分别达 4 484.8 万 t、3 527.2 万 t，产品总产值分别为 1 712 亿元和 1 517 亿元；广西产量位居第三，为 2 023 万 t，与前两者有一定差距；其余省（区、市）产量则集中在 1 000 万~2 000 万 t。此外，福建、安徽、河南 3 省产量增幅超过 10%，实现了有序较快发展。

四、原料进口集中度高

2022 年，我国饲料产品进口量 1 227.88 万 t，出口量 395.76 万 t，以进口为主。在饲料原料方面，国内原料同样难以满足生产需求，需要通过进口来补足。对比 2022 年、2023 年我国饲用谷物原料（以玉米、大麦、高粱为主）的进口源分布，主要有三点变化：一是美国占比大幅下降，从 57.4% 缩减至 26.4%；二是主要进口源之一由阿根廷变为巴西；三是其他国家合计占比由 15.5% 提高至 33.3%。以上变化一定程度上反映出我国饲料原料进口源的优化，对主要进口国特别是美国的依赖度显著下降。

项目五
配合饲料及配方设计

在 20 世纪 80 年代，农村养猪普遍是地里收什么，猪就吃什么，多利用当地农副产品如米糠、麦麸饲喂，稍好一点的再根据不同季节搭配玉米、稻谷、甘薯等饲料饲喂，饲料组成简单，营养水平低，猪长势慢。一般从出生到饲养 1 年后猪只能达到 75 kg。由于饲料所含营养物质的限制，单一的饲料原料无法全面满足畜禽的营养需求。因此应选取不同的饲料原料，按各种畜禽的营养要求及每种原料的营养物质含量互相搭配，使其所提供的各种营养物质均符合饲养标准所规定的数量，按饲料百分比配制出大量配合饲料，从而保证了饲料的营养和全价性。由于配合饲料在实际养殖中的普遍应用，现在生猪养殖 150~180 d，体重普遍能达到 110~125 kg。那么能让畜禽生长快、育肥周期短的配合饲料是如何配制的呢？

本项目有 4 个任务：（1）了解配合饲料的相关概念及种类。

（2）了解全价配合饲料配方设计。

（3）了解浓缩饲料配方设计。

（4）了解预混料配方设计。

任务1　配合饲料

任务目标

知识目标　（1）掌握配合饲料的概念及分类。
（2）掌握全价配合饲料配方设计的原则与方法。

能力目标　（1）能分辨各类配合饲料。
（2）根据畜禽具体情况，能正确选用配合饲料。

素质目标　（1）具备科学、严谨、求实的专业态度和爱岗敬业的精神。
（2）牢固树立饲料安全即食品安全的观念，遵守饲料相关法规。

任务准备

一、配合饲料的相关概念

日粮是指满足一头（只）动物一昼夜所需各种营养物质而采食的各种饲料总量。在畜牧生产实践中，除极少数动物尚保留个体单独日粮饲养外，通常采用群体饲养。特别是集约化畜牧业，为了便于饲料生产工业化及饲养管理操作机械化，常将按照群体中"典型动物"的具体营养需要量配合成的日粮中的各原料组成换算成百分含量，而后配制成满足动物一定生产水平要求的混合饲料。

在饲养业中为了区别于日粮，将这种按日粮百分比配合成的混合饲料称为饲粮。将根据动物的营养需要及饲料资源等状况，把多种饲料原料按科学比例均匀混合的饲料产品称为配合饲料。配合饲料系统全面地考虑了动物对各种养分的需求及养分之间的适宜比例，最大限度地发挥动物的生长潜力，提高饲料利用效率，节约饲料资源。

载体是能够承载活性成分，改善其分散性，有良好的化学稳定性的可饲物质，表面粗糙或具有小孔洞。常用的载体为粗小麦粉、麸皮、稻壳粉、玉米芯粉、石灰石粉、沸石粉等。稀释剂是用于与高浓度组分混合以降低其浓度的可饲物质，但不要求表面粗糙或有小孔洞。这两者的作用都在于扩大体积和有利于混合均匀。

二、配合饲料的种类

1. 按营养成分分类（见图5-1）

（1）添加剂预混料。添加剂预混料是由一种或多种饲料添加剂与适宜的载体或稀释剂按一定比例配制而成的均匀混合物。其基本原料添加剂大体可分为营养性和非营养性两类。前者包括维生素、微量元素、必需氨基酸等；后者包括酶制剂、酸化剂、益生菌、着色剂、植物提取物、抗氧化剂、防霉剂等。由一类饲料添加剂配制而成的称单项添加剂预混料，如维生素预混料、微量元素预混料；由几类饲料添加剂配制而成的称为综合添加剂预混料。添加剂预混合料是全价配合饲料的核心部分，一般占全价配合饲料的 0.5% ~ 1.0%，属于半成品饲料，不能单独饲喂动物，只有通过与其他饲料配合，才能发挥作用。

使用时应注意：必须混合均匀；不能直接饲喂；不能随意增加或减少用量；不能随意加入任何其他饲料添加剂；贮存于低温干燥条件下；开封后快速使用，以免变质。

保质期：单项添加剂预混料 6~12 个月，复合添加剂预混料 1~6 个月。

（2）浓缩饲料。浓缩饲料是由添加剂预混料、蛋白质饲料和矿物质饲料（钙、磷、氯化钠等）按一定配比制成的均匀混合物。其一般占全价配合饲料的 20%~40%。浓缩饲料使用前必须按照推荐配方，与一定比例的能量饲料均匀混合制成全价配合饲料或精料补充料后方可使用。

使用时应注意：浓缩饲料是半成品饲料，不能单独饲喂动物，不能大幅度增加或减少用量，一般不能额外添加其他饲料添加剂或添加剂预混料，发霉、变质时不能饲用。

（3）精料补充料。精料补充料是由浓缩饲料与能量饲料配合而成。精料补充料与全价配合饲料不同的是，饲喂反刍家畜时要加入大量的青绿饲料、粗饲料，且精料补充料与青绿饲料、粗饲料比例要适当。它是用以补充反刍家畜采食青绿饲料、粗饲料时的营养不足。

（4）全价配合饲料。全价配合饲料由浓缩饲料与能量饲料配合而成。全价配合饲料营养全面、营养平衡，可直接饲喂完全舍饲的非草食单胃畜禽，能全面满足其营养需要，不需要额外添加任何其他饲料。全混合日粮是根据反刍家畜的营养需要，按照科学的日粮配方配制的全价配合饲料，用特制的搅拌机对日粮中各组成原料进行搅拌、切割、混合的一种先进的饲养工艺。全混合日粮保证了牛、羊所采食的每一口饲料都具有均衡的营养。精、粗饲料混合均匀，避免了反刍家畜挑食，能维持瘤胃中 pH 值稳定，防止瘤胃酸中毒，有利于瘤胃健康。

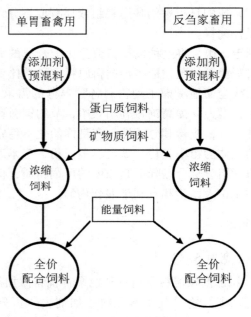

图 5-1　配合饲料的种类

2. 按饲料形状分类

根据饲料形状不同，配合饲料又可分为 5 种类型。生产实践中，配合饲料的形状取决于配合饲料的营养特性、饲喂对象及饲喂环境。

（1）粉料。粉料是指多种饲料原料的粉状混合物。其优点是生产加工工艺简单，加工成本低，易与其他饲料种类搭配使用，应用广泛；缺点是在贮藏和运输过程中养分易受外界环境的干扰而失活，饲喂过程中易导致畜禽挑食，造成饲料浪费。国内外蛋鸡产蛋高峰期的配合饲料均采用粉料。

（2）颗粒饲料。颗粒饲料是指以粉料为基础经过蒸汽调质加压处理而制成的颗粒状配合饲料。其主要适用于幼龄畜禽、肉用型畜禽的饲料中。其优点是营养均衡，适口性好，可提高畜禽采食量，避免畜禽挑食，保证了饲料营养的全价性，饲料报酬高；缺点是加工过程中由于加热、加压处理，部分维生素、酶等的活性受到影响，生产成本比较高。颗粒饲料有以下几类。

①软颗粒饲料，指含水量高的颗粒饲料，应用于水产养殖。

②常见的硬颗粒饲料为柱状硬颗粒饲料，普遍应用于养殖业。

③碎粒料，指生产好的颗粒饲料经过破碎机加工而形成适当粒度的饲料。碎粒料解决了生产小畜禽颗粒饲料时费工、费时、费电、产量低等问题，它具有颗粒饲料的各种优点，适于饲喂幼龄畜禽。

④膨化颗粒饲料分为膨化浮性饲料和膨化沉性饲料。膨化颗粒饲料是由混合好的粉状配合饲料经调质、增压挤出模孔和骤然降压过程而制得。膨化颗粒饲料适口性好，易于消化吸收，是幼龄畜禽的良好开食饲料。

（3）液体饲料。液体饲料是由粉状全价配合饲料在饲喂前加一定量的水混匀而成或直接由液体饲料原料生产，主要用于幼龄畜禽。

（4）压扁饲料。压扁饲料是指将各类籽实饲料（玉米、大麦、高粱）去皮（反刍家畜可不去皮）后加入一定量的水，通过蒸汽加热到120 ℃左右，然后压成扁片状，经冷却干燥处理，再加入各种所需的饲料添加剂制成的扁片状饲料。加热使饲料中部分淀粉糊化，畜禽能很好地消化吸收，压扁后饲料的表面积增大，消化液可充分浸透，能提高饲料的消化率和能量利用效率。该饲料可单独饲喂动物，应用广泛，使用方便，效果良好。

（5）块状饲料。由某种饲料原料或混合饲料压制而成的大团块为块状饲料。部分饲料原料因为运输和贮存需要，常压制成块状。饲料工业产品中，反刍家畜应用的舔砖属于块状饲料。

3. 按饲喂对象分类

如猪用配合饲料、鸡用配合饲料、鸭用配合饲料、牛用配合饲料等。

三、配合饲料配方设计的原则

（一）营养性原则

1. 确定适宜的营养水平

（1）根据气候、饲养条件确定各营养物质的营养水平。季节与气候不同，畜禽营养需要量也不同。畜禽均有最适宜的温度，在适宜温度范围内，营养需要量变动不大。

（2）根据畜禽生产性能确定营养水平。畜禽生产性能高时，营养需要量相对较高，同时饲料效率也高；畜禽生产性能低时，饲料效率较低。因此，应根据畜禽生产性能，确定实际、经济的营养供应量。

（3）确定营养供应量时，应参考品种或品系的营养需要，尽量发挥畜禽的生产性能潜力，确定最经济的营养供应量，以创造更大的经济效益。

（4）根据对畜禽产品的具体要求，确定合理的营养供应量。现代社会对畜禽产品的需求多样化，应当针对畜禽产品需求，有目的的强化某种或某些营养。如控制胴体品质、蛋重、蛋品质等。

（5）考虑饲养管理水平。畜禽生产性能与饲养管理水平有关，确定饲料营养水平时，必须考虑饲养管理水平。

2. 能量优先满足

在蛋白质和其他营养供应量满足需要时，能量是决定畜禽生产性能的重要因素。畜禽有为能量而食的特点。因此，在确定营养供应量时，应首先满足畜禽对能量的需要。日粮能量水平确定后，即可考虑确定其他营养物质的供应量。

3. 多养分平衡

饲粮营养物质平衡包括两方面含义。营养素供应量应满足畜禽营养需要，营养物质之间保证平衡。营养物质之间平衡关系包括：能量与蛋白质、必需氨基酸与非必需氨基酸平衡；必需氨基酸之间平衡；能量与矿物质平衡；矿物质之间平衡；能量与维生素供应量的平衡及维生素之间的平衡等。

（二）生理性原则

1. 适口性

饲料的适口性直接影响采食量。通常影响配合饲料适口性的因素有：味道（例如甜味、某些芳香物质等可提高饲料的适口性）、粒度（过细不好）、矿物质或粗纤维的多少。应选择适口性好、无异味的饲料。若采用营养价值虽高，但适口性却差的饲料须限制其用量。如血粉、菜籽饼（粕）、棉籽饼（粕）、芝麻饼（粕）、葵花饼（粕）等，特别是为幼龄畜禽和妊娠畜禽设计饲料配方时更应注意。对适口性差的饲料也可采用适当搭配适口性好的饲料或加入调味剂以提高其适口性，以增加畜禽采食量。

2. 饲料体积

饲料体积应与畜禽消化管容积相适应，既保证畜禽能够摄入足量的营养，又使畜禽有饱腹感。通常情况下，若饲料的体积过大，畜禽消化管内充满饲料后，畜禽仍然没有摄入足够的营养，使养分浓度不足，从而造成生长发育或生产性能受阻；反之，饲料的体积过小，即使能满足养分的需要，但畜禽达不到饱感而处于不安状态，影响畜禽的生产性能或饲料利用效率。

3. 符合畜禽的消化特点

不同的畜禽种类具有不同的消化生理特点。幼龄畜禽消化功能差，采食量小，生长发育快，营养相对需要量大，要求营养更全面。因此，针对幼龄畜禽的饲料产品应做到易消化、营养水平高、营养全面且平衡。单胃畜禽与反刍家畜相比，对粗纤维的消化能力较差，饲料配方中不宜采用含粗纤维较高的饲料，而且饲料中的粗纤维含量过高直接影响配合饲料的能量浓度。因此，设计家禽和猪等单胃畜禽的饲料配方时应注意控制粗纤维的含量。

(三) 饲料原料选择原则

1. 饲料品质

应选用新鲜无毒、无霉变、质地良好的饲料。饲料中黄曲霉和重金属（砷、汞等）等有毒有害物质不能超过规定含量。含毒素的饲料应在脱毒后使用，或控制一定的喂量。

2. 来源及营养成分含量

饲料原料的供应、营养成分含量及品质应相对稳定，因地因时制宜，充分利用当地的饲料资源，降低成本。原料营养成分值尽量有代表性，避免极端数字，要注意原料的规格、等级和品质特性。对重要原料的重要指标最好进行实际测定，以提供准确的参考依据。

3. 原料组成多样化

配料时应选用种类多样的饲料原料，使不同饲料间养分的有无和多少互相搭配补充，提高配合饲料的营养价值。例如，在氨基酸互补上，玉米、高粱、棉仁饼、花生饼和芝麻饼不管怎么搭配，饲养效果都不理想。因为它们都缺少赖氨酸，不能很好地起到互补作用。试验证明，玉米配芝麻饼的日粮和高粱配花生饼的日粮，其饲养效果都远远不如玉米配大豆饼（粕）的日粮，即使它们的蛋白质水平比配大豆饼（粕）的日粮高一倍，效果也不如配大豆饼（粕）的日粮好。这是因为，由于日粮中蛋白质增加，赖氨酸含量虽然足够，但其他氨基酸都相对过剩，以至整个日粮中氨基酸发生了不平衡，从而降低利用效率。

4. 考虑饲料原料对畜禽产品品质的影响

某些饲料原料对畜禽产品品质有影响。例如，菜籽饼（粕）添加量过大，会导致褐壳鸡蛋产生鱼腥味；蚕蛹粉在猪育肥后期饲料中添加会导致猪肉有异味等。

(四) 经济性和市场性原则

配方加工成的产品，应该在饲喂效果和价格上有竞争优势。产品的物理性状（粒度、色泽、气味等）、营养水平、使用方法等应符合市场需要。

(五) 生产可行性原则

配方在饲料原料选用的种类、质量稳定程度、价格及数量上都应与市场情况及企业条件相配套。产品的种类与阶段划分应符合养殖业的生产要求，还应考虑加工工艺的可行性。

(六) 逐级预混原则

为了提高微量养分在全价配合饲料中的均匀度，原则上，凡是在成品中的用量少于1%的原料，均应首先进行预混合处理。如预混料中的硒，必须先预混，混合不均匀可能造成畜禽生产性能不良，整齐度差，饲料转化率低，甚至造成畜禽死亡。

(七) 安全性与合法性原则

按配方设计出的产品应严格符合国家法律法规及标准，如营养指标、感官指标、卫生指标、包装等。对畜禽和人体有害的物质的使用或含量应强制性遵照国家规定。国家法律法规主要包括《饲料和饲料添加剂管理条例》《饲料药物添加剂使用规范》等；国家标准主要包括《饲料标签》《饲料卫生标准》等。

 任务实施

参观配合饲料厂

1. 目的和要求

通过参观配合饲料厂，初步了解配合饲料的原料组成、配合饲料的种类、配合饲料生产工艺、配合饲料质量管理措施及经营策略。

2. 参观内容

（1）请配合饲料厂有关负责人介绍配合饲料厂的基本情况、生产规模、生产任务、设备及饲料的生产工艺等。并通过座谈了解产品质量管理、生产管理和销售管理的措施及经营策略。

（2）参观内容。

①厂区：了解厂区布局及面积。②饲料仓库：熟悉配合饲料原料的种类及原料堆放的原则与要求。③生产车间：熟悉配合饲料生产工艺及生产过程中产品质量的控制措施。④饲料质量检测实验室：熟悉实验室的布局和各类饲料原料与产品的检测项目及检测方法。

3. 撰写实训报告

分小组以书面形式就上述参观内容写出实训报告。

4. 学习效果评价

参观配合饲料厂的学习效果评价如表5-1所示。

表5-1　参观配合饲料厂的学习效果评价

序号	评价内容	评价标准	分数/分	评价方式
1	合作意识	有团队合作精神，积极与小组成员协作，共同完成学习任务	10	小组自评20% 组间互评40% 教师评价40%
2	沟通精神	积极与配合饲料厂相关人员、小组成员沟通	30	
3	正确快速完成	能在规定时间内完成参观内容	40	
4	记录与总结	能完成全部任务，实训报告翔实、清晰、正确	20	
合计			100	100%

任务反思

（1）名词解释：日粮、饲粮、载体、稀释剂、配合饲料、全价配合饲料、浓缩料、预混料、精料补充料。

（2）配合饲料的种类及其相互间的关系。

（3）简述配合饲料配方设计的原则。

任务 2 **全价配合饲料配方设计**

任务目标

知识目标 （1）掌握用试差法设计全价配合饲料配方的方法。

（2）掌握用交叉法设计全价配合饲料配方的方法。

（3）了解单胃畜禽和反刍家畜全价配合饲料的特点。

能力目标 （1）会正确选用饲养标准。

（2）能独立完成全价配合饲料的配方设计。

素质目标 （1）具备饲料成本意识和质量意识。

（2）牢固树立饲料安全即食品安全的观念，遵守饲料法规。

任务准备

一、全价配合饲料的配方设计的步骤

全价配合饲料的配方设计按下列步骤依次进行。

1. 明确设计目标

设计饲料配方时，首先应明确饲料产品饲喂的对象，即配方用于什么种类、什么生产阶段、什么生产性能的畜禽。其次，明确饲料配方的预期目标值，如使 75~100 kg 体重的瘦肉型生长育肥猪日采食量为 2 710 g，日增重达 900 g（GB/T 39235—2020）。再次，考虑饲料产品的定位问题，明确产品档次与市场竞争力，是引领产品还是大众化产品，是适用于家庭养殖还是针对集约化饲养。如果是商业饲料，除要求符合一定的饲养标准外，还应符合相应的行业产品质量标准；若是养殖自配料，应考虑尽量使用本地饲料原料。

2. 合理选择饲养标准

（1）选择饲养标准。配方设计目标明确以后，就要选择相应的饲养标准或产品标准。目前，可供选择的饲养标准主要包括国家标准、国外标准、地方标准、专业育种公司针对自己培育品种制定的饲养标准等；产品标准主要包括国家标准、地方标准、企业标准等。饲养标准中规定的指标数量很多，在设计配方时不可能满足全部指标，应有重点地进行筛选，主要考虑以下几条原则。

①重要指标。根据营养作用的重要性，重点选择能量、蛋白质、可消化氨基酸、钙、磷、有效磷、钠和氯等指标。对于禽类，要注意能量与蛋白质的比例和氨基酸平衡。

②饲养方式。在自然放养或粗放饲养管理条件下，由于生产水平较低，可以适当放宽饲养标准中规定的某些指标；而在高度集约化饲养方式下，因畜禽所需的营养完全依赖于日粮供给，必须严格执行标准。

③环境温度。高温和寒冷对畜禽的采食量都有影响，应根据环境温度适当调整标准。

以高温季节鸡饲料配方设计为例，通过降低代谢能，利用鸡为能量而食的特点提高采食量。同时，按照理想蛋白质模式，以可消化氨基酸为基础配制日粮，降低配方的粗蛋白质水平，减少体增热。

④添加物质。按照理想蛋白质模式，以可消化氨基酸为基础设计低蛋白日粮配方时，应尽量考虑赖氨酸、蛋氨酸、苏氨酸、色氨酸等氨基酸指标，这4种氨基酸都有工业级产品，可降低配方成本。维生素和微量矿物元素有相应的添加剂预混料产品，通常按量添加，不作指标计算。

（2）选择产品标准。饲养标准对配方运算具有指导性作用，可分为国外标准和国内标准，国外标准以美国国家科学院、英国农业研究委员会等较为权威，而国内标准亦有国家标准、地方标准及企业标准之分，作为技术人员应注意积累有关标准的发布，并对各种饲养标准的特点有一定的了解，建立好饲养标准库，以便随时调用。在设计商业饲料产品配方时，要凸显产品特色，除满足该产品标准（国家标准、地方标准、企业标准）中主要营养成分含量表列出的所有指标外，还必须严格遵守国家有关法律法规。

3. 选择饲料原料

（1）尽量利用地方饲料资源。尽量选择本地资源充足、价格低廉而且营养丰富的原料，以达到降低配方成本的目的。

（2）注意各种原料间的合理搭配。如设计一个配合饲料配方，应选用5～7种能量饲料原料和蛋白质饲料原料。同时，基于对畜禽的适口性、可消化性和经济性等考虑，关注饲料原料间的合理搭配，充分发挥各原料营养物质的互补作用，可有效提高饲料的生物学价值和饲料利用效率。然而，原料种类过多，也会给实际生产中的采购、品控、库管、加工等环节带来麻烦。

（3）原料的适宜用量。每种饲料原料自身都有优、缺点，用量都有一个适宜范围，并非无限制添加。设计配方时，必须考虑饲料营养组成、抗营养因子和有毒有害物质含量对畜禽身体健康和生产性能的影响，以确定其最高用量。商品饲料还应考虑原料用量比例对饲料加工和商品外观物理性状的影响。

4. 原料营养价值取值

查阅《中国饲料成分及营养价值表》最新版本，确定所选原料各养分含量，在此基础上，配方设计人员还应考虑如何对饲料营养成分取值。同一原料品种，由于产地、品质、等级不同，其营养成分也往往不同。在没有把握选用已有数据时，可实测。对于饲料生产企业，最好自检或委托送检每批原料的关键指标，建立数据库（包括原料描述、价格、营养物质含量、消化率等），作为配方设计的依据。

另外，平时应经常查看化验室的分析记录，留意当地或购入原料及成品的成分变化，对所用原料的成分波动范围做到心中有数，这样才不会盲从于饲料成分表。

5. 配方计算

选择合适的方法计算配方。常用的饲料配方设计方法包括手工法和电子计算机法。其中手工法又分为试差法、代数法等。电子计算机设计法的原理是采用线性规划、目标规划和模糊线性规划，将畜禽对营养物质的最适需要量和饲料原料的营养成分及价格作为已知条件，把满足畜禽营养需要量作为约束条件，再把最小饲料成本作为配方设计的目标函数。

6. 配方检验

配方检验目的是以便再次调整配方。一个配方设计计算完成后，能否用于实际生产，还必须从以下几方面进行检查或验证：该配方产品能否完全预防畜禽营养缺乏症发生；配方设计的营养需要是否适宜，有无过量；配方组成是否经济有效；配方组成对饲料产品的加工特性（如颗粒平滑整齐度、粉化率、产量）有无影响；配方产品是否影响畜禽产品的风味和外观（如异味、异色、软脂）等。配方的好坏需由实践检验，应主动追踪饲养效果的反馈信息，及时对配方做出评价、重新修订和完善后再投入批量生产。

二、全价配合饲料配方设计的方法

全价配合饲料配方的设计方法有试差法、方形法、代数法、电子计算机设计法等。

（一）试差法

试差法又称凑数法。此种方法是根据产品设计方案、有关标准与法规、饲料资源等，初步拟出一个饲料配方，计算该配方的营养成分含量，将所得结果与饲料标准对照，营养成分不足或超过部分，通过反复调整比例，直到符合或接近标准为止。此法简单，可用于各种配方设计。缺点是计算烦琐，有一定的盲目性，不易筛选出最佳配方。

1. 试差法设计配方的步骤

（1）查饲养标准，确定配料对象的营养需要量。在参考饲养标准的基础上，依据配料对象的实际情况，结合畜禽营养需要的变化规律，合理地确定配料对象的营养需要量。

（2）选择原料。查饲料营养成分表并确定各种原料的大致比例。选择原料既要考虑当地的饲料资源情况，又要考虑饲料原料的营养特点及利用特点，合理地选择饲料原料进行搭配，确保营养的全面和平衡。确定各种原料的大致比例，对于初配料者有一定的难度，但可以参考相应的配方来确定各种饲料原料的大致比例。

（3）调整配比，使所有配料的各种营养成分含量与配料对象的营养需要量接近。

（4）整理列出饲料配方及营养水平。

2. 试差法设计配方示例

示例：试用玉米、豆粕、小麦麸、菜籽粕、花生饼、磷酸氢钙、石粉、食盐、1%的复合预混料和 L-赖氨酸盐酸盐，为体重 35~60 kg 瘦肉型生长育肥猪设计配合饲料。

（1）确定该阶段猪的营养需要量，将其列于表格中（见表 5-2）。

表 5-2　35~60 kg 瘦肉型生长育肥猪的营养需要量

消化能/（MJ/kg）	粗蛋白质/%	钙/%	磷/%	赖氨酸/%	蛋氨酸+半胱氨酸/%
12.97	16.0	0.6	0.5	0.75	0.38

（2）确定饲料原料的营养价值。查饲料营养成分表（表 5-3）。

表 5-3　饲料营养成分表

饲料名称	消化能/（MJ/kg）	粗蛋白质/%	钙/%	磷/%	赖氨酸/%	蛋氨酸+胱氨酸/%
玉米	14.35	8.5	0.02	0.21	0.20	0.30
豆粕	13.56	41.6	0.32	0.50	2.57	0.77
小麦麸	10.59	13.5	0.22	1.09	0.61	0.55
菜籽粕	11.59	37.4	0.61	0.95	1.62	1.61
花生饼	14.06	43.8	0.33	0.58	1.35	0.94
磷酸氢钙			23.10	18.70		
石粉			35.00			
L-赖氨酸盐酸盐					78.8	

（3）初拟配方。根据经验先拟定一个配方。一般情况下，参照以下原料用量。

生长育肥猪配合饲料中能量饲料原料一般占配合饲料的 65%~75%，且可广泛使用谷物籽实，如玉米的用量可占配合饲料的 0~75%，大麦的用量可占 0~50%，高粱的用量可占 0~10%，小麦麸的用量可占 0~30%。蛋白质饲料原料的用量一般占配合饲料的 15%~25%，且以植物性蛋白质饲料为主，如豆粕占配合饲料的 10%~25%，棉、菜籽粕总用量应控制在 10% 以下，其他饼粕一般占 5% 以下；动物性蛋白质饲料原料一般不超过 3%。此外，配合饲料中可补充适量的优质粗饲料，如干草粉、树叶粉，用量不宜超过 5%。矿物质、复合预混料占 1%~4%。

（4）原始配方运算。首先计算各个原料提供的消化能和粗蛋白质含量，然后累加，得出初配计算结果，即为表格中的合计值，并将其与饲养标准中的数值进行比较，用合计值减去饲养标准中的数值得到差值（表 5-4）。

表 5-4　消化能和粗蛋白质含量的初配计算结果及与饲养标准的比较

饲料名称	配比/%	消化能/（MJ/kg）	粗蛋白质/%
玉米	50	14.35×0.50=7.1750	8.5×0.50=4.250
豆粕	19	13.56×0.19=2.5764	41.6×0.19=7.904
小麦麸	20	10.59×0.20=2.1180	13.5×0.20=2.700
菜籽饼	4	11.59×0.04=0.4636	37.4×0.04=1.496
花生饼	4	14.06×0.04=0.5624	43.8×0.04=1.752
合计	97	12.90	18.1
饲养标准		12.97	16.0
差值		-0.07	+2.1

（5）调整消化能、粗蛋白质的含量，使之与饲养标准一致。从表 5-4 可知，初配饲粮中的粗蛋白质含量比饲养标准中粗蛋白质含量高出 2.1%，减少蛋白质饲料的用量可降低粗蛋白质含量。

示例中应减少的豆粕的量为 6.3%，即用 6.3% 的玉米替代 6.3% 的豆粕（表 5-5）。

表5-5　配方调整后的消化能和粗蛋白质含量的计算结果及饲养标准的比较

饲料名称	配比/%	消化能/（MJ/kg）	粗蛋白质/%
玉米	56.3	14.35×0.563≈8.0791	8.5×0.563＝4.7855
豆粕	12.7	13.56×0.127≈1.7221	41.6×0.127＝5.2832
小麦麸	20	10.59×0.20＝2.1180	13.5×0.20＝2.7000
菜籽饼	4	11.59×0.04＝0.4636	37.4×0.04＝1.4960
花生饼	4	14.06×0.04＝0.5624	43.8×0.04＝1.7520
合计	97	12.95	16.0
饲养标准		12.97	16.0
差值		-0.02	0

注：一般消化能、粗蛋白质含量与饲养标准的差值在0.05%以内时可以不必再调整。

（6）平衡钙、磷，并计算其他营养成分的含量（表5-6）。

表5-6　钙、磷及其他营养成分含量的计算结果

饲料名称	配比/%	钙/%	磷/%	赖氨酸/%	蛋氨酸+胱氨酸/%
玉米	56.3	0.0113	0.1182	0.1126	0.1689
豆粕	12.7	0.0406	0.0635	0.3264	0.0978
小麦麸	20	0.0440	0.2180	0.1220	0.1100
菜籽粕	4	0.0244	0.0380	0.0648	0.0644
花生饼	4	0.0132	0.0232	0.0540	0.0376
合计	97	0.13	0.46	0.68	0.48
饲养标准		0.6	0.5	0.75	0.38
差值		-0.47	-0.04	-0.07	+0.1

从表5-6中可以看出，与营养需要量相比，钙、磷需补充。由于补充磷的原料中往往都含有钙，故在平衡饲粮的钙、磷供应时，应首先考虑补足磷，现用磷酸氢钙来补磷。现在缺磷0.04%，因此所需补充的磷酸氢钙为0.21%，即用0.21%的磷酸氢钙可补足磷的需要。磷酸氢钙同时可补充的钙量为0.0485%，还缺钙的量为0.4215%，所以还需添加石粉1.2%。

此外赖氨酸还差0.07%，所以需补充L-赖氨酸盐酸盐0.09%。

另外还需要添加0.3%的食盐、1%的复合预混料。

（7）核算原料总量盈缺。原始配方以外，另添加的料的比例总和为0.21%+1.2%+0.09%+0.3%+1%＝2.8%，比预留的3%少0.2%，因消化能还差0.02 MJ/kg，所以把0.2%加到玉米中，即玉米含量增加至56.5%。

（8）最终的饲料配方及营养成分含量见表5-7。

表 5-7　最终的饲料配方及营养成分含量

饲料名称	配比/%	消化能/（MJ/kg）	粗蛋白质/%	钙/%	磷/%	赖氨酸/%	蛋氨酸+胱氨酸/%
玉米	56.5	8.1078	4.8025	0.0113	0.1182	0.1126	0.1689
豆粕	12.7	1.7221	5.2832	0.0406	0.0635	0.3264	0.0478
小麦麸	20	2.1180	2.7000	0.0440	0.2180	0.1220	0.1100
菜籽粕	4	0.4636	1.4960	0.0244	0.038	0.0648	0.0644
花生饼	4	0.5624	1.7520	0.0132	0.0232	0.0540	0.0376
磷酸氢钙	0.21			0.0485	0.0400		
石粉	1.2			0.4180			
食盐	0.3						
L-赖氨酸盐酸盐	0.09					0.0700	
1%复合预混料	1.0						
合计	100	12.97	16.0	0.6	0.5	0.75	0.48
饲养标准		12.97	16.0	0.6	0.5	0.75	0.38
差值							+0.1

（二）方形法

方形法又称四角法、交叉法、对角线法或图解法。在饲料种类不多及营养指标少的情况下，采用此法，较为简便。在采用多种类饲料及复合营养指标的情况下，亦可采用本法。该法计算时要反复进行两两组合，比较麻烦，而且不能使配合饲粮同时满足多项营养指标。

1. 两种饲料配合

例如，以玉米、大豆粕为主给体重 75~100 kg 的生长育肥猪配制饲料，步骤如下。

（1）查饲养标准或根据实际经验及质量要求制定营养需要量，75~100 kg 生长育肥猪一般要求饲料的粗蛋白质水平为 13.5%。经取样分析或查饲料营养成分表，设玉米含粗蛋白质为 8.0%，大豆粕含粗蛋白质为 43.0%。

（2）作十字交叉图（见图 5-2），把混合饲料所需要达到的粗白质含量 13.5% 放在交叉处，玉米和大豆粕的粗蛋白质含量分别放在左上角和左下角；然后以左方上、下角为出发点，各向对角通过中心作交叉，大数减小数，所得的数分别记在右上角和右下角。

（3）上面所计算的各差数，分别除以这两差数的和，就得到 2 种饲料混合的百分比。

玉米应占比例=29.5%÷（29.5%+5.5%）= 84.29%

大豆粕应占比例=5.5%÷（29.5%+5.5%）= 15.71%

因此，体重 75~100 kg 的生长育肥猪的含蛋白质 13.5% 的混合饲料，由 84.29% 玉米与 15.71% 豆粕组成。

用此法时，应注意 2 种饲料养分含量必须分别高于和低于所求的数值。

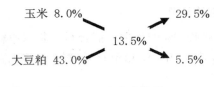

图 5-2　十字交叉图

2. 两种以上饲料组分的配合

例如要用玉米、高粱、小麦麸、豆粕、棉籽粕、菜籽粕和矿物质饲料（骨粉和氯化钠）为体重 75~100 kg 的生长育肥猪配制含粗蛋白质为 13.5% 的混合饲料，则需先根据经验和养分含量把以上饲料分成比例已定好的 3 组饲料，即混合能量饲料、混合蛋白质饲料和矿物质饲料。把能量饲料和蛋白质饲料当作两种饲料做交叉配合。方法如下。

（1）先明确所用玉米、高粱、小麦麸、豆粕、棉籽粕、菜籽粕和矿物质饲料的粗蛋白质含量，一般玉米为 8.0%、高粱为 8.5%、小麦麸为 13.5%、豆粕为 43.0%、棉籽粕为 40.0%、菜籽粕为 38.0%。

（2）将能量饲料类和蛋白质饲料类分别组合，按类分别算出混合能量和混合蛋白质饲料组粗蛋白质的平均含量。设混合能量饲料组由 60% 玉米、20% 高粱、20% 麦麸组成，混合蛋白质饲料组由 70% 大豆粕、20% 棉籽粕、10% 菜籽粕构成。则：

混合能量饲料组的粗蛋白质含量为：$60\% \times 8.0\% + 20\% \times 8.5\% + 20\% \times 13.5\% = 9.2\%$

混合蛋白质饲料组的粗蛋白质含量为：$70\% \times 43.0\% + 20\% \times 40.0\% + 10\% \times 38.0\% = 41.9\%$

矿物质饲料，一般占混合料的 2%，其成分为骨粉和氯化钠。按饲养标准氯化钠宜占混合料的 0.3%，则氯化钠在矿物质饲料中应占 15%，骨粉占 85%。

（3）算出未加矿物质饲料前混合料中粗蛋白质的应有含量。

因为配好的混合料再掺入矿物质饲料会变稀，其中粗蛋白质含量不足 13.5%，所以要先将矿物质饲料用量从总量中扣除，以便按 2% 添加后混合料的粗蛋白质含量仍为 13.5%。未加矿物质饲料前混合料的总量为 98%，未加矿物质饲料前混合料的粗蛋白质含量应为 13.8%。

（4）将混合能量饲料和混合蛋白质饲料当作两种饲料，做交叉（见图 5-3）。

图 5-3　混合能量饲料和混合蛋白质饲料做交叉

混合能量饲料应占比例 $= 28.1\% \div (28.1\% + 4.6\%) = 85.9\%$

混合蛋白质饲料应占比例 $= 4.6\% \div (28.1\% + 4.6\%) = 14.1\%$

（5）计算出混合饲料中各成分应占的比例。

计算结果为玉米占 50.5%，高粱占 16.9%、麦麸占 16.9%、豆粕占 9.7%、棉籽粕占 2.7%、菜籽粕占 1.3%、骨粉占 1.7%、食盐占 0.3%。

3. 蛋白质混合料配方连续计算

要求配制粗蛋白质含量为 40.0% 的蛋白质混合料，其中原料有亚麻仁粕（含粗蛋白质 33.8%）、大豆粕（含粗蛋白质 43.0%）和菜籽粕（含粗蛋白质 38.0%）。各种饲料配比如下：

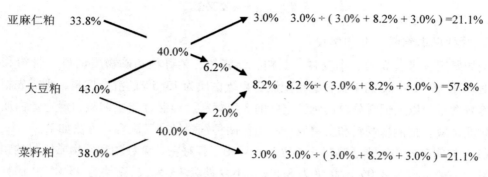

图 5-4　蛋白质混合料配方连续计算

用此法计算时，同一四角 2 种饲料的养分含量必须分别高于和低于所求数值，即左列饲料的养分含量按间隔大于和小于所求数值排列。

（三）代数法

代数法是利用数学上联立方程求解法来计算饲料配方。优点是条理清晰，方法简单。缺点是饲料种类多时，计算较复杂。

例如某猪场要配制含 15% 粗蛋白质的混合饲料。现有含粗蛋白质 9% 的能量饲料（其中玉米占 80%，大麦占 20%）和含粗蛋白质 40% 的蛋白质补充料，其方法如下。

（1）混合饲料中能量饲料占 $x\%$，蛋白质补充料占 $y\%$，得：

$$x + y = 100$$

（2）能量混合饲料的粗蛋白质含量为 9%，蛋白质补充饲料含粗蛋白质为 40%，要求配合饲料含粗蛋白质为 15%。得：

$$9\%x + 40\%y = 15$$

（3）列联立方程：

$$\begin{cases} x + y = 100 \\ 9\%x + 40\%y = 15 \end{cases}$$

（4）解联立方程，得出：

$$x \approx 80.65$$
$$y \approx 19.35$$

（5）求玉米、大麦在配合饲料中所占的比例：

$$玉米占比例 = 80.65\% \times 80\% = 64.52\%$$
$$大麦占比例 = 80.65\% \times 20\% = 16.13\%$$

因此，配合饲料中玉米、大麦和蛋白质补充料各占 64.52%、16.13% 及 19.35%。

 **任务实施**

猪全价日粮配方设计

1. 目的和要求

熟悉猪饲料标准，掌握猪日粮配合的原则及方法，并在规定的时间内为猪设计出较为合理的全价日粮配方。

2. 材料设备

猪的饲料标准、猪常用饲料成分及营养价值表、计算器。

3. 方法步骤

见教材全价日粮配方设计示例，选用本地区常用的饲料原料，利用计算器为体重140 kg的哺乳母猪配制全价日粮配方。

4. 学习效果评价

猪全价日粮配方设计的学习效果评价如表5-8所示。

表5-8　猪全价日粮配方设计的学习效果评价

序号	评价内容	评价标准	分数/分	评价方式
1	合作意识	有团队合作精神，积极与小组成员协作，共同完成学习任务	10	小组自评20% 组间互评40% 教师评价40%
2	沟通精神	小组成员之间能沟通解决问题的思路	30	
3	正确快速完成	能在规定时间内完成配方设计	40	
4	记录与总结	能完成全部任务，配方设计合理、计算正确	20	
合计			100	100%

任务反思

（1）名词解释：试差法、方形法、代数法。

（2）用试差法和方形法配制蛋鸡育成期（12~18周龄）饲料配方。供选饲料原料为玉米、高粱、麦麸、豆粕、棉籽粕、干酒糟、磷酸氢钙、石粉、蛋氨酸、赖氨酸、0.5%复合预混料等。

（3）现有玉米（消化能14.35 MJ/kg）和麦麸（消化能10.59 MJ/kg）两种饲料原料，试用方形法和代数法分别配制一混合料，使其消化能达到13.75 MJ/kg。

任务 3 浓缩饲料配方设计

任务目标

知识目标 （1）掌握用试差法设计浓缩饲料配方的方法。
（2）掌握浓缩饲料配方设计的方法。
（3）了解单胃畜禽和反刍家畜的浓缩饲料的特点。

能力目标 （1）会正确选用饲养标准。
（2）能独立完成浓缩饲料的配方设计。

素质目标 （1）具备饲料成本意识和质量意识。
（2）牢固树立饲料安全即食品安全的观念，遵守饲料法规。

任务准备

一、浓缩饲料的概念及使用

浓缩饲料由蛋白质饲料、矿物质饲料、添加剂预混料按一定比例混合而成。在不同的国家或地区，浓缩饲料的名称不同，如在美国被称为平衡用配合饲料，在东欧一些国家被称为蛋白质-维生素补充料，有些国家和我国部分地区称其为精饲料。其一般蛋白质含量占 40%~80%（其中动物性蛋白质占 15%~20%，反刍家畜除外），矿物质饲料占 15%~20%，添加剂预混料占 5%~10%。在生产实践中，由于生产需要的不同，浓缩饲料的概念也逐渐扩大，它既可以不包括蛋白质饲料的全部，又可以把一部分能量饲料包括在内。有的浓缩饲料中还可加入干草粉或叶粉。

浓缩饲料按一定比例与当地能量饲料混合后，在营养水平上要达到或接近所喂养畜禽的饲养标准或者在主要营养标准上达到所规定的配合饲料的质量标准，如能量、蛋白质、钙、磷、盐、限制性氨基酸、地方性缺乏的微量元素等。

猪与禽类的浓缩饲料在全价配合饲料中所占比例以 20%~40% 为宜，而且为方便使用，最好使用整数，如 20%、40%，以避免诸如 25.8% 之类小数的出现。所占比例与应用的蛋白质原料、矿物质及维生素等添加剂的量有关。当比例太低时，需要用户配合的原料的种类增加，浓缩饲料生产厂家对终产品的质量控制范围减小；而比例太高时，如 50% 以上，又失去了浓缩的意义。因此，应本着有利于保证质量，又充分利用当地资源、方便群众和经济实惠的原则确定比例。

建议的浓缩比例：仔猪（15~35 kg）30%~45%，生长猪（35~60 kg）30%，育肥猪60 kg 以上）20%~30%；育成鸡（7~20 周龄）30%~40%，产蛋鸡 40%（含贝壳粉或石粉）或 30%（不含贝壳粉或石粉），肉鸡 40%。牛、羊浓缩饲料占全饲粮干物质的15%~40%。

二、猪、禽用浓缩饲料的配制

猪、禽用浓缩饲料的配制主要有两种方法，即由全价配合饲料配方推算浓缩饲料配方，以及由浓缩饲料与能量饲料的已知搭配比例推算浓缩饲料配方。

1. 由全价配合饲料配方推算浓缩饲料配方

设计此配方的基本步骤包括：①首先设计全价配合饲料的配方。②根据浓缩饲料的定义从全价配合饲料中抽去全部能量饲料的比例。③由剩余饲料占原全价配合饲料的总百分比及各自百分比计算出浓缩饲料配方。④标明浓缩饲料的名称、规格、使用对象及使用方法。

示例：设计体重 25～50 kg 的生长育肥猪的浓缩饲料配方。

（1）按全价配合饲料配方设计方法设计出体重 25～50 kg 的生长育肥猪的全价配合饲料的配方（见表5-9）。

表5-9 体重 25～50 kg 的生长育肥猪的全价配合饲料的配方

原料	比例/%	原料	比例/%
玉米	50.05	菜籽粕	3.00
糙米	20.00	磷酸氢钙	0.31
麸皮	5.00	石粉	1.18
鱼粉	1.00	L-赖氨酸盐酸盐	1.21
豆粕	12.00	氯化钠	0.30
棉籽粕	4.95	预混料	1.00

（2）把全价配合饲料配方中的所有能量饲料去掉（去掉玉米 50.05%、糙米 20%、麸皮 5%）后，其余属浓缩饲料部分占全价料的 24.95%，并将鱼粉、豆粕、棉籽粕、菜籽粕、磷酸氢钙、石粉、L-赖氨酸盐酸盐、氯化钠及添加剂预混料在全价料中的含量分别除以 24.95%，即得体重 25～50 kg 的生长育肥猪的浓缩饲料配方。如表5-10 所示。

表5-10 体重 25～50 kg 的生长育肥猪的浓缩饲料配方

原料	比例/%	原料	比例/%
鱼粉	4.00	石粉	4.76
豆粕	48.09	L-赖氨酸盐酸盐	4.85
棉籽粕	19.84	食盐	1.20
菜籽粕	12.02	预混料	4.00
磷酸氢钙	1.24		

（3）采用这种浓缩饲料配制全价配合饲料时，产品说明书上可注明每 25 份浓缩饲料加上 50 份玉米、5 份麸皮和 20 份的糙米混合均匀即得体重 25～50 kg 的生长育肥猪用的全价配合饲料。

2. 由浓缩饲料与能量饲料已知的搭配比例推算浓缩饲料配方

这种方法一般适用于专门从事浓缩饲料生产的厂家。此法原料选择的余地比较宽，有利于饲料资源的开发利用和降低饲料成本，便于饲料厂规模化生产，但在设计时需要有一定的实践经验，对浓缩饲料的使用比例、方法有一定的了解。

设计配方的基本步骤是：①首先根据实际经验确定全价配合饲料中浓缩饲料与能量饲料的比例［一般是（30~40）∶（60~70）］以及能量饲料的组成。②由能量饲料的组成计算其中所含营养成分含量，并与饲养标准相比，计算出需由浓缩饲料补充的营养成分的含量。③根据浓缩饲料补充的营养成分量和浓缩饲料所占日粮的比例，计算浓缩饲料中各种营养成分的含量。④通过试差法或其他方法，设计浓缩饲料配方（原料主要是蛋白质饲料、常量矿物质饲料、微量矿物元素预混料、维生素预混料及其他饲料添加剂等）。⑤标明使用方法。

示例：为 0~8 周龄罗曼蛋用雏鸡设计浓缩饲料配方。

（1）查饲养标准，见表 5-11。

表 5-11　0~8 周龄罗曼蛋用雏鸡饲养标准

项目	代谢能/ （MJ/kg）	粗蛋白质 /%	钙 /%	有效磷 /%	赖氨酸 /%	蛋氨酸 /%	蛋氨酸+胱氨酸 /%	氯化钠 /%
需要量	11.51	18.50	1.00	0.45	0.95	0.38	0.67	0.37

（2）确定浓缩饲料和能量饲料的比例，假定为 35∶65。

（3）确定能量饲料，并计算出能量饲料能达到的营养水平。根据经验能量饲料全部使用玉米。查饲料成分表，并计算出它能达到的营养含量。

（4）计算浓缩饲料提供的营养水平，见表 5-12。

表 5-12　能量饲料和浓缩饲料分别提供的营养水平

项目	代谢能/ （MJ/kg）	粗蛋白质 /%	钙 /%	有效磷 /%	赖氨酸 /%	蛋氨酸 /%	蛋氨酸 +胱氨 酸 /%
能量饲料提供的营养水平	8.814	5.655	0.013	0.078	0.156	0.117	0.247
与营养标准比，浓缩饲料应提供的营养水平	2.6375	12.845	0.987	0.372	0.794	0.263	0.423
浓缩饲料应达到的营养水平	7.54	36.70	2.82	1.06	2.27	0.75	1.23

（5）确定浓缩饲料原料种类，并查出养分含量，见表 5-13。

表 5-13　浓缩饲料原料种类及养分含量

项目	代谢能/ （MJ/kg）	粗蛋白质 /%	钙 /%	有效磷 /%	赖氨酸 /%	蛋氨酸 /%	蛋氨酸+胱氨酸 /%
豆粕	9.62	44.0	0.32	0.31	2.56	0.64	1.30
菜籽粕	7.41	37.0	0.65	0.42	1.30	0.63	1.50
花生粕	11.63	44.7	0.25	0.31	1.32	0.32	0.77
棉籽粕	7.32	42.5	0.24	0.33	1.59	0.45	1.27
磷酸氢钙			23.00	16.00			
石粉			35.00				

（6）按照试差法，计算出该浓缩饲料配方，见表 5-14。

表 5-14　浓缩饲料配方

原料	含量/%	原料	含量/%	原料	含量/%
豆粕	50.00	磷酸氢钙	4.80	蛋氨酸	0.24
菜籽粕	14.00	石粉	4.00	1%添加剂预混料	3.86
棉籽粕	15.00	氯化钠	1.06		
花生粕	6.44	赖氨酸	0.60		

该配方能达到的营养水平见表 5-15。

表 5-15　0~8 周龄罗曼蛋用雏鸡浓缩饲料营养水平

项目	代谢能/ （MJ/kg）	粗蛋白质 /%	钙 /%	有效磷 /%	赖氨酸 /%	蛋氨酸 /%	蛋氨酸+胱氨酸 /%
需要量	7.77	36.80	2.81	1.06	2.27	0.75	1.23

（7）写出该浓缩饲料配方的使用说明。

饲料名称：罗曼蛋用雏鸡浓缩料。

饲喂对象：适用于 0~8 周龄蛋用罗曼雏鸡。

本浓缩饲料含：粗蛋白质≥36.5%，钙 2.5%~3.0%，有效磷 0.8%~1.2%，赖氨酸≥2.2%，蛋氨酸≥0.75%。

使用方法：35 kg 本浓缩饲料+65 kg 玉米，混合均匀即可。

三、反刍家畜浓缩饲料的配制

反刍家畜浓缩饲料配方设计的方法，根据选用的蛋白质饲料原料种类不同，可分为以常规蛋白质饲料原料配制方法和以尿素等非蛋白氮饲料补充蛋白质配制方法。

1. 以常规蛋白质饲料原料的配制方法

一般首先设计反刍家畜的精料补充料配方，然后推算出浓缩饲料配方。

示例：给产奶牛设计浓缩饲料配方。

（1）根据奶牛饲养标准及饲料原料营养特点，设计出奶牛的精料补充料配方，如表 5-16 所示。

表 5-16　奶牛精料补充料配方

原料	比例/%	原料	比例/%	原料	比例/%
玉米	57.0	糖蜜	5.0	碳酸钙	1.0
大豆粕	23.0	脂肪	2.0	磷酸氢钙	1.0
麸皮	10.0	食盐	0.5	预混料	0.5

（2）确定浓缩饲料配方。

在精料补充料配方中去掉 57 份玉米和 10 份的麸皮，剩余部分除以 33%，即得奶牛浓缩饲料配方，如表 5-17 所示。

表 5-17　奶牛浓缩饲料配方

原料	比例/%	原料	比例/%	原料	比例/%
豆粕	69.70	脂肪	6.06	预混料	1.52
糖蜜	15.15	食盐	1.52		
碳酸钙	3.03	磷酸氢钙	3.03		

2. 以尿素等非蛋白氮饲料补充蛋白质配制浓缩饲料

以尿素等非蛋白氮饲料可以代替成年反刍家畜饲料中一部分蛋白质，并能提高低蛋白质饲料中纤维的消化率，增加反刍家畜的体重和氮素沉积量，降低饲料成本，提高养殖业的经济效益。所以，配制反刍家畜浓缩饲料时，可用一定量的尿素或其他高效非蛋白氮饲料替代浓缩饲料中的常规蛋白质饲料，但使用时要严格按照反刍家畜对非蛋白氮的利用方法与原则进行。

某种不用谷粒饲料作载体，相当于含粗蛋白质为 64% 的高尿素浓缩饲料，见表 5-18。

表 5-18　反刍家畜含尿素浓缩饲料配方示例含粗蛋白质

原料	用量/kg	备注
饲用尿素（含氮 45%）	200	
玉米糖蜜	140	
脱水紫花苜蓿粉（含粗蛋白质 17%）	510	添加剂预混料 10 kg，其中含有维生素 A 4 400万 IU，氧化锌 2 756 g，碳酸钴8.8 g，脱水紫花苜蓿粉 7 kg
磷酸氢钙	105	
碘化氯化钠	35	
添加剂预混料	10	
合计	1 000	

表 5-18 中浓缩饲料的用量可占到精料补充料的 10%，按粗蛋白质计算，约占整个蛋白质含量的 1/3，可安全饲喂。

二、浓缩饲料的使用

（一）发展浓缩饲料的意义

（1）使用浓缩饲料，可便于农场及广大养殖户利用自产的谷物籽实类饲料和其他能量饲料。

（2）有利于就近利用饲料资源，减少运输费用。

（3）有利于在广大农村推广饲料科技知识，提高饲料利用效率，为农民增产增收。

（二）使用浓缩饲料时应注意的事项

使用浓缩饲料时，必须严格按照产品说明中补充能量饲料的种类和比例，使用前各种原料必须混合均匀。贮藏浓缩饲料时，要注意通风、阴凉、避光，严防潮湿、雨淋和暴晒。超过保质期的浓缩饲料要慎用。

 **任务实施**

鸡浓缩饲料配方设计

1. 目的和要求

熟悉鸡的饲料标准，掌握浓缩饲料配方设计的方法，并在规定时间内为鸡设计出较为理想的浓缩饲料配方。

2. 材料设备

鸡的饲料标准、鸡常见饲料成分及营养价值表、计算器。

3. 方法步骤

见教材浓缩饲料配方设计示例，选用本地区常用的饲料原料，利用计算器为产蛋率大于85%的母鸡配制全价日粮配方，根据产蛋母鸡的全价日粮配方推算出产蛋母鸡的浓缩饲料配方。

4. 学习效果评价

鸡浓缩饲料配方设计的学习效果评价如表5-19所示。

表5-19　鸡浓缩饲料配方设计的学习效果评价

序号	评价内容	评价标准	分数/分	评价方式
1	合作意识	有团队合作精神，积极与小组成员协作，共同完成学习任务	10	小组自评20% 组间互评40% 教师评价40%
2	沟通精神	小组成员之间能沟通解决问题的思路	30	
3	正确快速完成	能在规定时间内完成配方设计	40	
4	记录与总结	能完成全部任务，配方设计合理、计算正确	20	
合计			100	100%

任务反思

（1）如何配制猪、禽用的浓缩饲料？

（2）如何设计反刍家畜浓缩饲料的配方？

（3）教师请同学回答上次课留下的蛋鸡育成期（12~18周龄）饲料配方结果，学生共同讨论此配方的合理性，最后教师给出评价。同学课后推算出相关的浓缩料配方。

预混料配方设计

任务目标

知识目标　（1）掌握预混料活性成分需要量与添加量确定的原则。
　　　　　　　　（2）了解影响活性成分添加量的主要因素。
　　　　　　　　（3）掌握预混料原料与载体的选择。
　　　　　　　　（4）掌握预混料配方设计的步骤与方法。

能力目标　（1）能根据具体养殖条件确定预混料中活性成分添加量。
　　　　　　　　（2）能独立完成预混料配方的设计。

素质目标　（1）具备饲料成本意识和质量意识。
　　　　　　　　（2）牢固树立饲料安全即食品安全的观念，遵守饲料法规。

任务准备

一、概述

（一）预混料中活性成分需要量与添加量确定的原则

1. 需要量与添加量的概念

预混料中活性成分主要是指维生素、微量元素和氨基酸成分等。

（1）活性成分需要量。活性成分需要量主要是指动物对维生素、微量元素、氨基酸的需要量，包含两层含义，即最低需要量和最适需要量。

最低需要量是指在试验条件下，为预防动物产生某种维生素或微量元素缺乏症，对该维生素或微量元素的需要量。现行的饲养标准中推荐的维生素或微量元素需要量都是指最低需要量。最低需要量未包括生产实际情况下各种影响因素所致的需要量的提高，因而在实际生产条件下并不完全适宜，尤以维生素更为突出。

最适需要量，是指能取得最佳的生产效益和饲料利用率时的活性成分供给量。最适需要量一般高于最低需要量。

（2）活性成分添加量。实际供给动物某种活性成分的量称为活性成分的总供给量。它包括两部分，即基础饲料中的部分和通过预混料供给的部分，后者称为活性成分的添加量。

2. 影响活性成分添加量的主要因素

（1）动物因素。不同动物对维生素、微量元素的需要量不同，即使同类动物又由于其生理状况、年龄、健康状况、饲养水平和生产目的的不同，对维生素、微量元素的需要量也不同。

（2）活性成分因素。各种活性成分的稳定性和生物学效价相差较大，有的在加工、贮藏、运等过程很容易失去活性,有的相对比较稳定,这就决定了添加量与需要量相差的程度不同。

(3) 饲养环境与饲养技术。现代养殖业正朝着高密度集约化封闭式饲养的方向发展,一方面使动物生产潜力得到充分发挥,降低了劳动力成本,减少了动物维持需要,提高了饲料报酬和养殖业的经济效益;另一方面给动物生长、发育、生产也带来了许多负面效应,动物产生了一系列的应激反应,减少了动物从自然界获取维生素、微量矿物元素的机会。其中维生素的表现尤为突出,提高维生素的供给量已成为现代养殖生产中缓解应激的一项重要措施。

(4) 基础饲料。现在养殖业的基础饲料往往是由多种饲料原料配制而成的混合饲料,不同饲料原料中所含的维生素、微量元素不同,有的饲料原料中还含有抗营养因子,这些都影响了预混料中活性成分的添加量。

(5) 活性成分的配伍禁忌。在预混料中多种活性成分并存,它们之间存在着复杂的关系。如烟酸容易引起泛酸钙的损失,氯化胆碱对维生素 A、胡萝卜素、维生素 D 和泛酸钙等有破坏作用;微量元素间存在着复杂的协同和拮抗作用等都影响着活性成分在预混料中的添加量。

(6) 原料成本和产品规格。各种饲料添加剂的用量和成本不同,在预混料总成本中所占的比例不同。为了降低成本,获得最大的经济效益,活性成分的添加量也应有所区别。

3. 确定预混料中活性成分添加量的原则

总的原则是依据动物饲养标准,考虑动物生产特点,结合各种活性成分的理化特性,科学合理地确定预混料中活性成分的添加量。

维生素添加量。总体来讲,维生素添加剂的稳定性相对较差,且各种维生素的稳定性差别较大,影响其添加量的因素多而复杂,而动物对维生素的耐受量与需要量相差甚大,所以各预混料厂家确定的维生素添加量变化很大,各科研机构对维生素的供给量推荐不一。总的趋势是忽略基础饲料中维生素的含量,直接以美国国家研究委员会 (NRC) 制定的标准所推荐的最低需要量作为添加量,更多的是在最低需要量基础上增加一定量 (作为保险系数) 来设计 (如国外某些公司或科研机构的推荐供给量)。另一方面维生素在贮藏、运输过程中,活性很容易被破坏,所以预混料通常都规定了有效期和在有效期内活性成分的分析保证值,确定添加量时还应考虑有效期内的损失。

微量元素添加量。微量元素添加量的确定原则上严格遵守动物饲养标准,但允许根据基础饲料的情况、生产水平、应激因素等作适当调整。具体拟定微量元素添加量时,理论上添加量应该是动物需要量与基础饲料中的含量的差值。但在生产中,往往将基础饲料的微量元素的含量作为安全量处理 (即忽略不计),这是因为基础饲料中的微量元素含量变化大,且动物对微量元素的最高耐受量与需要量间有一定的差值,忽略基础饲料中的微量元素含量,而直接以动物的需要量作为添加量一般不会超过安全限度。另一方面在确定微量元素添加量时,还要考虑某些元素的特殊作用 (如高铜的促生长作用等),以及各种元素之间的关系。确定毒性比较大的微量元素和国家法规上有严格上限限制的微量元素 (如铜、锌) 的添加量时,需考虑基础饲料中的含量,尤其是富含这些元素的地区,更应如此。

（二）原料与载体的选择

1. 原料的选择

维生素原料的选择主要考虑原料的稳定性和生物学可利用性并兼顾价格。一般经过包被处理的维生素的稳定性优于未包被处理的。目前，大部分维生素国内都可以生产，且有许多产品已达到国际标准，更重要的是国产维生素的价格明显低于进口产品，所以建议尽量选用国产的优质维生素原料。

微量元素化合物有无机物和有机螯合物两大类。选择原料时，应处理好微量元素的生物学利用率、稳定性和生产成本三者关系。尽管微量元素的有机螯合物的生物学利用率和稳定性高于无机物，但其成本也远高于无机物，所以目前仍以使用无机物为主或两者结合使用。国内普遍使用铁、铜、锌、锰的硫酸盐，亚硒酸钠，碘化物或碘酸盐等，对于某些特殊的微量元素，如铬、硒等，多用其有机螯合物。此外，也有的用适量微量元素的有机物，以发挥其特殊功能，如铁、铜等的氨基酸螯合物等。

2. 载体的选择

（1）维生素预混料载体的选择。载体种类比较多，宜选择含水量少，容重与维生素原料接近，黏着性较好，酸碱度近中性，化学性质稳定的载体。以有机载体为宜，常选用的有淀粉、乳糖、脱脂米糠和麸皮等。其中脱脂米糠含水量低，容重适中，不易分级，表面多孔，承载能力较好，是维生素预混料的首选载体；麸皮的承载能力仅次于脱脂米糠，且稳定性好，来源广，价格合理，也常用作载体。

（2）微量元素预混料载体的选择。微量元素预混料的载体要求不能与微量元素活性成分发生化学反应，且其化学性质稳定，不易变质，流动性好。适宜的无机载体有：轻质碳酸钙、白陶土粉、沸石粉、硅藻土粉、石粉等。国内主要以轻质碳酸钙作为载体。若生产用量在 0.1%~0.2% 的预混料时，其中轻质碳酸钙中钙的含量一般可以忽略不计，若预混料用量再提高时，则要注明其中轻质碳酸钙的用量或钙的含量，以保证全价配合饲料配方设计时钙、磷平衡。

（3）综合预混料载体的选择。综合预混料的载体应对维生素、微量元素等成分都有很好的承载能力，对那些用量少、容易在加工过程中丢失的微量成分也能很好承载。在实际生产中往往根据维生素、微量元素和药物等分别选用不同的载体或稀释剂，分别预混合后再混合在一起。

二、微量元素预混料的配制

（一）微量元素预混料配方设计步骤

（1）根据饲养标准和考虑各种因素后，确定实际用量。

（2）选择适宜的微量元素原料。综合原料的生物学效价、价格和加工工艺的要求来选择微量元素原料。此外，还应考虑原料中杂质及其他元素含量，严防原料中有毒物质超标。

（3）根据原料中微量元素的含量以及微量元素预混料在全价配合饲料中的用量，通过计算设计出微量元素预混料配方。

（二）微量元素预混料配方设计示例

设计肉仔鸡微量元素预混料配方（以需要量作为添加量），预混料在全价配方饲料中的添加量为 0.2%。该混料配方计算见表 5-20。

表 5-20　肉仔鸡微量元素预混料配方

微量元素种类	每千克饲料中含量/mg	每 100 kg 饲料中含量/g	微量元素原料	微量元素原料中元素的含量/%	微量元素原料的纯度/%	100 kg 预混料（0.2%）中各种微量元素原料及载体的用量/kg
铜	8.00	0.800	五水硫酸铜	25.50	98	1.600
铁	80.00	8.000	七水硫酸亚铁	20.10	98	8.950
锌	40.00	4.000	七水硫酸锌	22.75	98	20.300
锰	60.00	6.000	一水硫酸锰	32.50	98	9.400
碘	0.35	0.035	碘化钾	76.45	98	0.024
硒	0.20	0.020	亚硒酸钠	45.60	98	0.023
载体						59.700
合计						100.000

三、维生素预混料的配制

（一）维生素预混料的设计步骤

（1）查饲养标准，并依据动物自身的生理特点、养殖环境与应激、基础饲料中其他营养物质的影响、产品加工和贮藏过程的损失以及价格等因素，合理地确定在全价配合饲料中各种维生素的添加量。

（2）选择适宜的维生素原料、产品规格及载体。

（3）确定维生素预混料在全价配合饲料配方中的添加量，通过计算设计出维生素预混料配方。

（二）维生素预混料配方示例

肉鸡维生素预混料，一般在全价配合饲料中的添加量为 200~300 g/t，本例为 200 g/t，配方设计过程见表 5-21。

计算说明：每吨全价配合饲料中加入维生素预混料 200 g，即维生素预混料的占比为 0.02%。每千克维生素预混料中各种维生素的用量等于设计值除以 0.02%。每千克维生素预混料中载体的用量等于 1 kg 减去各种维生素原料用量之和。

表 5-21　肉鸡维生素添加剂预混料配方计算示例

维生素种类	每千克饲料中含量		每千克维生素预混料中的含量（200 g/t）	维生素原料中有效成分	每千克预混料中维生素原料量	100 kg 预混料中维生素原料量
	NRC 标准（1994）	设计值				
维生素 A	1 500 IU	6 000IU	3 000 万 IU	50 万 IU/g	60 g	6 kg

维生素种类	每千克饲料中含量		每千克维生素预混料中的含量（200 g/t）	维生素原料中有效成分	每千克预混料中维生素原料量	100 kg 预混料中维生素原料量
	NRC 标准（1994）	设计值				
维生素 D	200 IU	1000 IU	500 万 IU	50 万 IU/g	10 g	1 kg
维生素 E	10 mg	10 mg	50 g	50%	100 g	10 kg
维生素 K_3	0.5 mg	0.84 mg	4.2 g	50%	8.4 g	0.84 kg
维生素 B_1	1.8 mg	0.8 mg	4.0 g	98%	4.1 g	0.41 kg
维生素 B_2	3.6 mg	5 mg	25 g	96%	26 g	2.6 kg
维生素 B_6	3 mg	0.92 mg	4.6 g	98%	4.7 g	0.47 kg
维生素 B_{12}	0.009 mg	0.009 mg	0.045 g	1%	4.5 g	0.45 kg
泛酸钙	10 mg	9 mg	45 g	98%	45.9 g	4.59 kg
烟酸	27 mg	28 mg	140 g	98%	143 g	14.3 kg
维生素 B_9	0.55 mg	0.5 mg	2.5 g	98%	2.6 g	0.26 kg
维生素 B_7	0.15 mg	0.03 mg	0.15 g	1%	15 g	1.5 kg
BHT*			4 g	50%	8 g	0.8 kg
载体					567.8 g	56.78 kg
合计					1000 g	100 kg

注：* 为抗氧化剂二丁基羟基甲苯。

四、复合预混料的配方案例

首先根据前述方法分别设计出维生素、微量元素预混料配方，生产出专用的相应预混合饲料；然后根据维生素预混料、微量元素预混料及其他组分在全价配合饲料中添加量，以及复合预混料在全价配合饲料中的用量，计算出各组分在复合预混料中比例，即得复合预混料的配方。复合预混料配方示例见表5-22。

表 5-22　复合预混料配方示例（生长育肥猪）

原料	有效成分含量	添加量（每千克全价料）	有效成分含量（每千克预混料）	百分比	原料批次用量（批量 1 000 kg）
维生素部分					
维生素 A 醋酸酯	50 万 IU/g	5 000 U	50 万 IU	0.1%	1 000.0 g
维生素 D_3	50 万 IU/g	1 000 U	10 万 IU	0.02%	200.0 g
维生素 E 醋酸酯	50%	10.00 mg	1 000 mg	0.2%	2 000.0 g
维生素 K_3	50%	2.00 mg	200 mg	0.04%	400.0 g
维生素 B_1	98%	1.00 mg	100 mg	0.010 2%	102.0 g
维生素 B_2	96%	2.00 mg	200 mg	0.020 8%	208.0 g

原料	有效成分含量	添加量（每千克全价料）	有效成分含量（每千克预混料）	百分比	原料批次用量（批量1 000 kg）
维生素 B_{12}	1%	0.01 mg	1 mg	0.01%	100.0 g
维生素 B_9	80%	0.10 mg	10 mg	0.001 3%	12.5 g
烟酸	98%	20.00 mg	2 000 mg	0.204%	2 040.0 g
泛酸钙	98%	10.00 mg	1 000 mg	0.102%	1 020.0 g
小计				0.708%	7 082.5 g
在上述原料加入一定量的载体，先进行预混合，再与下面的原料混合					
微量元素部分					
七水硫酸亚铁	20.1%×98%	100.0 mg	10 000 mg	5.07%	50.70 kg
五水硫酸锰	22.8%×98%	69.0 mg	6 000 mg	2.686%	26.86 kg
五水硫酸铜	25.5%×98%	6.0 mg	600 mg	0.24%	2.40 kg
七水硫酸锌	22.7%×99%	145.0 mg	14 500 mg	6.52%	65.20 kg
1%碘化钾	1%×76.4%	0.5 mg	50 mg	0.654%	6.54 kg
1%亚硒酸钠	1%×45.65%	0.3 mg	30 mg	0.659%	6.59 kg
氯化胆碱	50%	250.0 mg	25 000 mg	5%	50.00 kg
复合酶				0.05%	0.50 kg
赖氨酸	78%	700.0 mg	70 000 mg	8.88%	88.80 kg
二丁基羟基甲苯	50%		250 mg	0.05%	0.50 kg
载体				67.482%	674.82 kg
油脂				2%	20.00 kg
总计				100%	1 000.00 kg

 任务实施

4~6周龄肉用仔鸡微量元素预混料配方设计

1. 目的和要求

熟悉鸡的饲料标准，掌握微量元素预混料配方设计的方法，并在规定时间内为4~6周龄肉用仔鸡设计出较为理想的微量元素预混料配方。

2. 材料设备

鸡的饲料标准、鸡常见饲料成分及营养价值表、计算器。

3. 方法步骤

见教材微量元素预混料配方设计示例，选用本地区常用的饲料原料，利用计算器为4~6周龄肉用仔鸡配制微量元素预混料配方。

4. 学习效果评价

4~6 周龄肉用仔鸡微量元素预混料配方设计的学习效果评价如表 5-23 所示。

表 5-23　4~6 周龄肉用仔鸡微量元素预混料配方设计的学习效果评价

序号	评价内容	评价标准	分数/分	评价方式
1	合作意识	有团队合作精神，积极与小组成员协作，共同完成学习任务	10	小组自评 20% 组间互评 40% 教师评价 40%
2	沟通精神	小组成员之间能沟通解决问题的思路	30	
3	正确快速完成	能在规定时间内完成配方设计	40	
4	记录与总结	能完成全部任务，配方设计合理，计算正确	20	
合计			100	100%

任务反思

（1）什么是载体和稀释剂？如何选择载体和稀释剂？

（2）简述确定预混料中活性成分添加量的原则。

（3）如何设计预混料配方？

（4）试为 8~25 kg 瘦肉型仔猪的微量元素预混料设计配方（添加量为 1%）。

项 目 小 结 ▶ ▶ ▶

本项目主要学习了配合饲料的相关概念及种类、全价配合饲料配方设计、浓缩饲料配方设计及预混料配方设计技术，为饲养实践中配合饲料配制奠定了基础。

本项目采用多媒体课件结合案例教学，首先让学生明确学习目标，然后引导学生自主学习、小组合作学习，并在课堂教学中注重培养学生分析问题、解决畜禽生产实际问题的能力。本项目的知识点琐碎又重复，记忆的内容较多，建议老师课下进行辅导讲解，逐步培养学生的实践能力、操作能力和自学能力。

------------------ 项 目 测 试 ------------------

一、单项选择题

1. 浓缩饲料中有蛋白质饲料，钙、磷饲料，食盐和 （　　）

   A. 能量饲料 　　　　　　　　　　B. 粗饲料

   C. 矿物质饲料 　　　　　　　　　D. 添加剂预混料．

2. 石粉作为稀释剂时，一般只适于稀释 （　　）

   A. 维生素 　　　　　　　　　　　B. 微量元素

   C. 有机物 　　　　　　　　　　　D. 氨基酸

3. 在产蛋的日粮中含钙矿物质原料的添加量是 （　　）

   A. 2%~3%　　　　B. 4%~5%　　　　C. 8%~9%　　　　D. 12%~15%

4. 在饲养标准中，维生素 A、维生素 D、维生素 E 的单位是　　　　　　　　（　　）

 A. mg   B. g   C. %   D. IU

5. 配合猪、禽饲粮时，粗蛋白质单位用（　　）表示

 A. g   B. g/kg   C. %   D. mg

6. 满足一头（只）动物一昼夜所需各种营养物质而提供的各种饲料总量称为　（　　）

 A. 配合饲料   B. 饲料   C. 日粮   D. 饲粮

7. 添加剂预混料是全价配合饲料的核心部分，一般占全价配合饲料的　　　（　　）

 A. 0.5%~10%   B. 15%~40%   C. 50%~60%   D. 20%~30%

二、多项选择题

1. 不能直接单独饲喂畜禽的配合饲料有　　　　　　　　　　　　　　　（　　）

 A. 全价配合饲料   B. 浓缩饲料

 C. 添加剂预混料   D. 精料混合料

2. 下列属于配伍禁忌的有　　　　　　　　　　　　　　　　　　　　　（　　）

 A. 烟酸与泛酸钙   B. 微量元素与维生素

 C. 氯化胆碱与维生素 A   D. 氯化胆碱与维生素 B_2

3. 下列能用作载体与稀释剂原料的有　　　　　　　　　　　　　　　　（　　）

 A. 脱脂米糠   B. 玉米   C. 石粉   D. 次粉

4. 可以补充微量元素的矿物质饲料有　　　　　　　　　　　　　　　　（　　）

 A. 五水硫酸铜   B. 七水硫酸亚铁

 C. 一水硫酸亚铁   D. 磷酸氢钙

5. 脂溶性维生素的预处理方法有　　　　　　　　　　　　　　　　　　（　　）

 A. 酯化处理   B. 吸附处理

 C. 固化   D. 包被处理

三、判断题

（　　）1. 试差法是最常用的一种手工计算饲料配方的方法。

（　　）2. 预混料的载体与稀释剂的含水量一般不应超过 15%。

（　　）3. 维生素的最适需要量是指取得最佳生产性能和饲料利用率时的维生素需要量。

项|目|链|接 ▶▶▶

（1）GB/T 39235—2020 猪营养需要量。

（2）T/CFIAS 8002—2022 肉鸡低蛋白低豆粕多元化日粮生产技术规范。

（3）T/ESL 22004—2023 肉鸡低蛋白质日粮配制指南。

（4）T/ESL 22001—2023 仔猪及生长肥育猪低蛋白质日粮配制指南。

（5）T/CFIAS 8001—2022 生猪低蛋白低豆粕多元化日粮生产技术规范。

（6）T/ESL 22003—2023 蛋鸡低蛋白质日粮配制指南。

（7）NY/T 3645—2020 黄羽肉鸡营养需要量。

（8）GB/T 41189—2021 蛋鸭营养需要量。

项目六
饲料营养成分的分析

项目导入

　　饲料营养成分分析的常见方法包括化学分析法、光谱分析法、色谱分析法等。其中，化学分析法是最常用的方法之一，它主要包括饲料样品的前处理、化学试剂的配制、测定步骤的制定等步骤。饲料营养成分分析主要是对饲料中的水分、粗蛋白质、粗脂肪、粗纤维、粗灰分和无氮浸出物等营养成分的含量进行测定。这些营养成分对畜禽的生长和健康有着重要的影响。通过对饲料营养成分的分析，可以评估饲料的营养价值和安全性，开发和利用非常规饲料资源，检测商品饲料的产品质量，为畜禽的健康养殖提供基础数据支持。

　　饲料营养成分分析的意义主要有以下几点。①帮助饲料企业、养殖场正确使用饲料。对饲料中的营养成分进行检测，可以了解其营养价值及含量，从而判断该饲料是否适用于自己养殖的品种和阶段，以及是否需要补充其他营养物质，这对非常规饲料资源的开发利用尤为重要。②指导饲料配方。通过分析饲料营养成分，可以获得更科学的饲料配方，从而改善原有饲料配方的缺点，例如营养缺陷或成本过高等问题。③判断饲料的新鲜程度。饲料存放时间过长，其中的营养成分会发生改变，尤其是蛋白质和脂肪。通过检测饲料中的营养成分、霉菌毒素含量，可以判断饲料的品质，从而确定其是否适合使用。④判断饲料的等级。不同等级的饲料在营养成分上存在差异，例如蛋白质含量、矿物质含量等。通过检测饲料营养成分，可以判断其等级，从而为饲料企业、养殖场提供参考。⑤预防疾病。了解饲料中的营养成分，可以针对性地预防和治疗某些疾病。例如，维生素 E 和硒可以预防鸡的渗出性素质病。⑥降低养殖成本。通过对饲料营养成分的分析，可以发现哪些饲料具有更高的营养价值或更适合自己的养殖品种，为降低饲料的采购成本提供决策。总的来说，饲料营养成分分析对于饲料生产企业、养殖场来说具有重要的实践意义，可以帮助他们更好地检测饲料产品质量、管理养殖过程，从而提高经济效益。

　　本项目有 2 个学习任务：（1）了解饲料样本的采集与制备。

　　　　　　　　　　　　（2）了解饲料中粗蛋白质、粗脂肪、粗纤维的测定方法。

任务1　饲料样本的采集与制备

任务目标

知识目标
（1）理解有关采样和制样等常用术语的含义。
（2）了解样品采集的基本要求。
（3）掌握各类饲料样品采集的方法。
（4）掌握各类饲料样品制备和保存的方法。

能力目标
（1）在不同情况下能熟练进行分析试样的采集和样品的制备。
（2）能够妥善做好样品的登记与保管。

素质目标
（1）培养严谨、求实的工作态度，为将来从事饲料品控相关工作奠定基础。
（2）培养良好的团队协作精神，能与团队成员有效沟通、协作共事。

任务准备

一、分析试样的采集

1. 饲料采样的基本概念

（1）采样。从待测饲料原料或产品中抽取一定数量、具有代表性的部分作为样品的过程称为采样。

（2）样品制备。将样品经过干燥、磨碎和混合处理，以便进行理化分析的过程称为样品制备。

（3）原始样品。原始样品也叫初级样品，是从生产现场如田间、牧地、仓库、青贮窖、试验场等地的一批受检饲料或原料中最初采取的样品。原始样品一般不少于 2 kg。

（4）平均样品。平均样品也叫次级样品，是将原始样品混合均匀或简单地剪碎混匀后从中取出的样品。平均样品一般不少于 1 kg。

（5）风干样品。风干样品指自然含水量不高的样品，一般自然含水量在15%以下。

（6）半干样品。半干样品指新鲜饲料原料及产品样品经风干、晾晒或在 65 ℃恒温下烘干后，在室内回潮，使其水分达到相对平衡的样品。

2. 采样的要求

（1）具有足够的代表性。样品的代表性直接影响分析结果的正确性，其组成成分必须能代表整个分析对象的平均组分，如果样品不能代表整批分析物料，即使一系列分析工作非常精密、准确，那么无论分析多少个样品的数据，其意义都不大，有时甚至会得出错误结论。

（2）采用正确的采样方法。正确的采样应该从具有不同代表性的区域性选取多个采样点采集样品，然后将这些样品充分混合，形成能代表整个饲料的综合样品，然后再从中分出一小部分作为分析样品用。采样过程中，要做到随机、客观，避免人为和主观因素的影响。

（3）新鲜性。测定维生素、氨基酸的样品应用新鲜样，即鲜草用刚刈割采样的，青贮饲料用刚出窖的，谷实糠麸类用未经加工处理的。

（4）保持样品的稳定性。分析前，应保持样品的稳定性。严防样品变质，避免水分含量的变化及强烈光照等影响。避免样品受虫蛀、霉菌或细菌的污染、自身呼吸等影响。因此，采样后应立即称重，将样品置于密封的容器里或塑料袋中，并尽快测定干物质和水分含量。

（5）采样记录。采样后要及时记录样品名称、采样地点、规格型号、批号、产地、采样部位、采样人、采样日期、生产厂家名称及详细通信地址等内容。

（6）采样人员。采样人员应有高度责任心和熟练的采样技能，熟悉各种饲料原料、加工工艺等，按国家标准严格进行采样操作。

3. 采样的工具与设备

采样工具的种类很多，但必须符合以下两个要求。一是能够采集饲料中任何粒度的颗粒，无选择性，二是对饲料样品无污染，如不增加样品中微量元素的含量或引入外来生物或霉菌毒素。目前使用的采样工具主要有以下几种。

（1）探针采样器。探针采样器也叫探管或探枪，是最常用的干物料采样工具（图6-1）。其规格有多种，有带槽的单管或双管。其具有锐利的尖端。

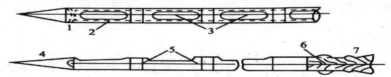

1.外层套管；2.内层套管；3.分隔小室；4.尖顶端；5.小室间隔；
6.锁扣；7.固定木柄。

图6-1　探针采样器示意图

（2）锥形取样器。该种取样器是用不锈钢制作的，呈锥体形，具有一个尖头和一个开启的进料口。

（3）液体采样器。该种取样器用空心探针取样，空心探针实际上是一个镀镍或不锈钢的金属管，直径为25 mm，长度为750 mm，管壁有长度为715 mm，宽度为18 mm的孔，孔边缘圆滑，管下皆为圆锥形，与内壁呈15°，管上端装有把柄。常用于桶和小型容器的采样。

（4）自动采样器。自动采样器可安装在饲料厂的输送管道、分级筛或打包机等处，其能够定时、定量采集样品。自动采样器适合于大型饲料企业，其种类很多，根据物料类型和特性、输送设备等进行选择。

（5）其他采样器。剪刀（或切草机）、刀、铲、短柄或长柄勺等也是常用的采样器具。

4. 采样方法

一般来说，采样的方法主要有两种。

（1）几何法。几何法是指把一堆物品看成一种规则的几何立体，如立方体、圆柱体、圆锥体等。取样时首先把这个几何立体分成若干体积相等的部分（虽然不便实际去做，但至少可以在想象中将其分开），这些部分必须分布均匀。从这些部分中取出体积相等的样品，这些部分的样品称为支样，再把这些支样混合即得样品。几何法常用于采集原始样品和大批量的原料。

（2）四分法。四分法是指将样品平铺在一张平坦而光滑的方形纸塑料布或帆布等上面（大小视样品的多少而定），提起一角，使饲料流向对角，随即提起对角使其流回，用此法将四角轮流反复提起，使饲料反复移动混合均匀，然后将饲料堆成等厚的正四方体或圆锥体，用铲、刀子、分样板或其他适当器具，在饲料样品上画一个"十"字，将样品分成4等份，任意弃去对角的2份，将剩余的2份混合，继续按前述方法混合均匀、缩分，直至剩余样品数量与测定所需要的用量相接近时为止。

四分法常用于小批量样品和均匀样品的采样或从原始样品中获取次级样品和分析样品，如图6-2所示。

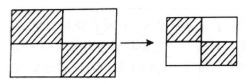

图6-2　四分法缩样示意图

5. 不同饲料样品的采集

不同饲料样品的采集因饲料原料或产品的性质、状态、颗粒大小或包装方式不同而异。具体内容如下。

1）粉状和颗粒饲料

（1）散装。散装的原料应在机械运输过程中的不同场所（如滑运道、传送带等处）取样。如果在机械运输过程中未能取样则可用探管取样，但应避免因饲料原料不匀而造成的错误取样。取样时，用探针从距边缘0.5 m的不同部位分别取样，然后混合即得原始样品。取样点的分布和数目取决于批次产品的质量，见表6-1。也可在卸车时用长柄勺或自动采样器，间隔相等时间，截断落下的料流取样，然后混合即得原始样品。

表6-1　散装产品随机选取最小份样数

批次产品的质量（m）/t	最小份样数
≤2.5	7
>2.5	$\sqrt{20m}$，不超过100

（2）袋装。用抽样锥随意从不同袋中分别取样，然后混合得原始样品。每批采样的袋数取决于总袋数、颗粒大小和均匀度，有不同的方案。如果袋装质量（m）小于1 kg，采集方案见表6-2；如果袋装质量大于1 kg，采集方案见表6-3。

表6-2 随机选取最小份样数 ($m<1$ kg)

批内包装袋数 (n)	最小份样数
1~6	每袋取样
7~24	6
>24	$\sqrt{2n}$，不超过100

表6-3 随机选取最小份样数 ($m>1$ kg)

批次的包装袋数 (n)	份样的最小数量
1~4	每袋取样
5~16	4
>16	$\sqrt{2n}$，不超过100

取样的操作方法如下。①编织袋包装。用抽样锥从口袋上、下两个部位选取，平放袋从料袋上下到底斜对角插入取样器。插抽样锥前用软刷刷净选定的位置，插入时使槽向下，然后转180°至槽口向上，再抽出将柄下端对着样品容器倒出样品。取完样品把插口封好。②聚乙烯衬里纸袋或编织袋包装。用短柄抽样锥从拆开的口袋上、中、下三部位选取。将分点分袋采集的样品置于采样容器中混合。③对于袋装大颗粒料，可采取倒袋和拆袋相结合的方法取样，倒袋和拆袋的比例为1∶4。倒袋时，先将取样袋放在洁净的样布或地面上，拆去袋口缝线，缓慢地放倒，双手紧捏袋底两角，提起约50 cm高，边拖边倒，至1.5 m处全部倒出，用取样铲从相当于袋的中部和底部取样，每袋各点取样数量应一致，然后混匀。拆袋时，将袋口缝线拆开3~5针，用取样铲从上部取出所需样品，每袋取样数量一致。将倒袋和拆袋采集的样品混合即得原始样品。

（3）仓装。一种方法是原始样品在饲料进入包装车间或成品库的流水线上、传送带上、贮塔下、料斗下、秤上或工艺设备上采集，具体方法用长柄勺或自动采样器，间隔时间相同，切断落下的饲料流。间隔时间应根据产品移动的速度来确定，同时要考虑到每批选取的原始样品的总量。对于饲料级硫酸盐、动物性饲料的粉料和鱼粉应不少于2 kg，而其他饲料产品则不低于4 kg。另一种方法是用于采集贮藏在饲料库中散状产品的原始样品，按高度分层采样。采样前将层表面划分为6个等份，在每一部分四方形对角线的四角和交叉点5个不同地方采样。料层厚度在0.75 m以下时，从两层中选取样品，即从用料层表面10~15 cm深处的上层和靠近地面的下层选取；当料层厚度在0.75 m以上时，从3层中选取，即除了从距料层表面10~15 cm深处的上层和靠近地面的下层选取外，还需在中层选取，采集时从上而下进行。料堆边缘的点应距边缘50 cm处，底层距底部20 cm，见图6-3。

圆仓可按高度分层，每层分内（中心）、中（半径的一半处）、外（距仓边30 cm左右）3圈，圆仓直径在8 m以下时，每层按内、中、外分别采1、2、4个点，共7个点，直径在8 m以上时，每层按内、中、外分别采1、4、8个点，共13个点，见图6-4。将各点样品混匀即得原始样品。

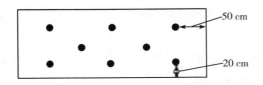

图 6-3　仓装料取样示意图

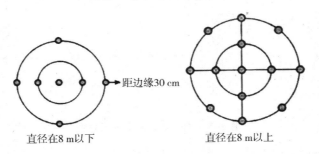

直径在8 m以下　　　　直径在8 m以上

图 6-4　圆仓装料取样示意图

2）液体或半固体饲料

（1）液体饲料。桶装或瓶装的植物油等液体饲料应从不同的包装容器中分别取样，然后混合。如果桶装或瓶装的液体饲料的总体积（V）不超过 1L，则最小抽取容器数参见表 6-4；如果液体饲料的总体积超过 1L，最小抽取容器数参见表 6-5。

表 6-4　最小抽取容器数（$V<1L$）

批次内含的容器数（n）	最小抽取容器数
≤16	4
>16	$\sqrt{2n}$，不超过 50

表 6-5　最小抽取容器数（$V>1L$）

批次内含的容器数（n）	最小的抽取容器数
1~4	逐个
5~16	4
>16	$\sqrt{n}$，不超过 50

取样时，将桶或瓶内的饲料搅拌均匀（或摇匀），然后将空心探针缓慢地自桶口插至桶底，然后压紧上口提出探针，将液体饲料注入样品瓶内混匀。

对散装（大池或大桶）的液体饲料按散装液体高度分上、中、下 3 层，分层布点取样。上层距液面约 40 cm 处，中层设在液体中间，下层距池底 40 cm 处，3 层采样数量的比例为 1∶3∶1。采样时，用液体取样器在不同部位采样，并将各部位采集的样进行混合，即得原始样品。原始样品的数量取决于总量，总量为 500 t 以下，原始样品的数量应不少于 1.5 kg，质量为 501~1 000 t，原始样品的数量不少于 2.0 kg；质量为 1 001 t 以上，原始样品的数量不少于 4.0 kg。原始样品混匀后，再采集 1.0 kg 做次级样品备用。

（2）固体油脂饲料。对在常温下呈固体的动物性油脂的采样，可参照固体饲料采样方法，但原始样品应通过加热熔化混匀后，才能采集次级样品。

（3）黏性液体饲料。黏性浓稠饲料如糖蜜，可在卸料过程中采用抓取法，定时用勺等器具随机采样。

（4）块饼类。块饼类饲料的采样依块饼的大小而异。大块状饲料从不同的堆积部位选取不少于 5 大块，然后从每块中切取对角的小三角（见图 6-5），将全部小三角形块捶碎混合后得到原始样品，然后再用四分法取分析样品 500 g 左右。

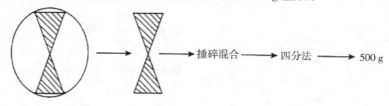

图 6-5　块饼类饲料采样示意图

3）副食及酿造加工副产品

此类饲料包括酒糟、醋糟、粉糟和豆渣等。取样方法是：在贮藏池、木桶或贮堆中分上、中、下 3 层取样。视池、桶或堆的大小每层取 5~10 个点，每点取 100 g 放入瓷桶内，充分混合得原始样品，然后从中随机取分析样品约 1 500 g，取 200 g 测定初水分，其余放入大瓷盘中，在 60~65 ℃恒温干燥箱中干燥供制风干样品用。

对豆渣和粉渣等含水较多的样品，在采样过程中应注意避免汁液损失。

4）块根、块茎和瓜果类饲料

这类饲料的特点是含水量大，由不均匀的大体积单位组成。采样时，通过采集多个单独样品来消除个体间的差异。样品个数的多少，根据样品的种类和成熟的均匀与否，以及所测定的营养成分而定，见表 6-6。

表 6-6　块根、块茎和瓜果类取样数量

种类	取样数量	种类	取样数量
一般块根、块茎饲料	10~20	胡萝卜	20
马铃薯	50	南瓜	10

采样时，从田间或贮藏窖内随机分点采集原始样品 15 kg，按大、中、小分堆称重求出比例，按比例取 5 kg 次级样品。先用水洗干净样品，洗涤时注意勿损伤样品的外皮，洗涤后用布拭去样品表面的水分。然后，从各个块根、块茎或瓜果的顶端至根部纵切具有代表性的对角 1/4、1/8、1/6……直至适量的分析样品，迅速切碎后混合均匀，取 300 g 左右测定初水分，其余样品平铺于洁净的瓷盘内或用线串联置于阴凉通风处风干 2~3 d，然后在 60~65 ℃的恒温干燥箱中烘干备用。

5）新鲜青绿饲料及水生饲料

新鲜青绿饲料包括天然牧草、蔬菜类、作物的茎叶和藤蔓等。其一般是在天然牧地或田间取样，在大面积的牧地上应根据牧地类型划区分点采样（图 6-6）。每区选 5 个以上的点，每点为 1 m² 的范围，在此范围内离地面 3~4 cm 处割取牧草，除去不可食草，将各点原始样品剪碎，混合均匀得原始样品。然后，按四分法取分析样品 500~1 000 g，取 300~500 g 用于测定初水分，一部分立即用于测定胡萝卜素等，其余在 60~65 ℃的恒温干燥箱中烘干备用。

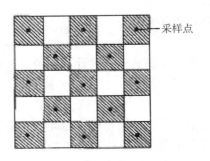

图 6-6　天然牧地及田间采样示意图

栽培的青绿饲料应视田块的大小，按上述方法等距离分点，每点采一至数株，切碎混合后取分析样品。该方法也适用于水生饲料，但注意采样后应晾干样品外表游离水分，然后再切碎取分析样品。

6) 青贮饲料

青贮饲料的样品一般在圆形窖、青贮塔或长形青贮壕内采样。取样前应除去覆盖的泥土、秸秆以及发霉变质的青贮饲料。原始样品质量为 500~1 000 g。长形青贮壕的采样点视青贮壕长度大小分为若干段，每段设采样点分层取样（图 6-7）。圆形青贮窖采样示意图见图 6-8。

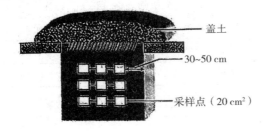

图 6-7　长形青贮壕采样示意图　　　图 6-8　圆形青贮窖采样部位示意图

7) 粗饲料

这类饲料包括秸秆及干草类。取样方法为在存放秸秆或干草的堆垛中选取 5 个以上不同部位的点采样（即采用几何法取样），每点采样 200 g 左右。采样时应注意由于干草的叶子极易脱落，这影响其营养成分的含量，故应尽量采取完整或具有代表性的样品，保持原料中茎叶的比例。将采取的原始样品放在纸或塑料布上，剪成 1~2 cm 长度，充分混合后取分析样品约 300 g，粉碎过筛。少量难粉碎的秸秆渣应尽量剪碎弄细，并混入全部分析样品中，充分混合均匀后装入样品瓶中，切记不能丢弃。

二、样品的制备

样品的制备是指把采集到的样品进行分取、粉碎及混匀的过程。其目的在于保证样品的均匀性，从而使样品具有代表性。最终制备成的样品可分为风干样品和半干样品。

1. 风干样品的制备

风干样品是指自然含水量不高的饲料，一般含水量在 15% 以下，如玉米、小麦等作物的干籽实，糠麸，青干草，配合饲料等。

风干样品的制备过程包括以下步骤。

1）样品的缩分

对不均匀的总份样经过一定处理如剪碎或捶碎等混匀，按四分法进行缩分。对均匀的样品如玉米等，可直接用四分法进行缩分。

2）样品的粉碎

常用的粉碎设备有高速样品粉碎机、植物样本粉碎机、旋风磨、咖啡磨和滚筒式样品粉碎机。其中最常用的是高速样品粉碎机。植物样本粉碎机易清洗，不会过热及使水分发生明显变化，能使样品经研磨后完全通过适当筛孔的筛。旋风磨粉碎效率较高，但在粉碎过程中水分有损失，需注意校正。

3）样品过筛

粉碎后的样品通过孔径为 1.00~0.25 mm 孔筛后即得分析样品。主要分析指标样品粉碎粒度的要求见表6-7。注意不易粉碎的粗饲料如秸秆渣等在粉碎机中会剩余极少量难以通过筛孔的，这部分绝不可抛弃，应尽力粉碎，如用剪刀仔细剪碎后一并均匀混入样品中避免引起分析误差。将粉碎完毕的样品 200~500 g 装入磨口广口瓶内保存备用，并注明样品名称、制样日期和制样人等。

表6-7　主要分析指标样品粉碎粒度的要求

指标	分析筛规格/目	筛孔直径/mm
水、粗蛋白质、粗脂肪、粗灰分、钙、磷、盐	40	0.42
粗纤维、体外胃蛋白酶消化率	18	1.00
氨基酸、微量元素、维生素、脲酶活性、蛋白质溶解度	60	0.25

2. 半干样品的制备

1）半干样品的制备过程

半干样品由新鲜的青绿饲料、青贮饲料等制备而成。这些新鲜样品含水量高，占样品质量的 70%~90%，不易粉碎和保存。除少数指标如胡萝卜素的测定可直接使用新鲜样品外，一般在测定完饲料的初水含量后将新鲜样品制成半干样品，以便保存与供其余指标分析备用。去掉初水分之后的样品称为半干样品。半干样品的制备包括烘干、回潮和恒重 3 个过程。半干样品经粉碎机磨细，通过 1.00~0.25 mm 孔筛后即得分析样品。将分析样品装入磨口广口瓶中，在瓶上贴上标签，注明样品名称、采样地点、采样日期、制样日期、分析日期和制样人，然后保存备用。

2）初水分的测定步骤

（1）瓷盘称重。在普通天平上称取瓷盘的质量。

（2）称样品重。用已知质量的瓷盘在普通天平上称取新鲜样品 200~300 g。

（3）灭酶。将装有新鲜样品的瓷盘放入 120 ℃烘箱中烘 10~15 min。目的是使新鲜饲料中存在的各种酶失活，以减少其对饲料养分分解而造成的损失。

（4）烘干。将瓷盘迅速放在 60~70 ℃烘箱中烘一定时间，直到样品干燥至容易磨碎为止。烘干时间一般为 8~12 h，这取决于样品含水量和样品数量。含水量低、数量少的样品也可能只需 5~6 h 即可烘干。

（5）回潮和称重。取出瓷盘，将其放置在室内自然条件下冷却 24 h，然后用普通天平称重。

（6）再烘干。将瓷盘再次放入 60~70 ℃烘箱中烘 2 h。

（7）再回潮和称重。取出瓷盘，同样在室内自然条件下冷却 24 h，然后用普通天平称重。

如果两次质量之差超过 0.5 g，则将瓷盘再放入烘箱，重复（6）和（7）步骤，直至两次称重之差不过 0.5 g 为止。样品称重的最低质量即为半干样品的质量。半干样品粉碎至一定细度后即为分析样品。

（8）计算公式。

饲料中初水分含量的计算公式如下。

$$初水分含量 = \frac{新鲜样品质量 - 半干样品质量}{新鲜样品质量} \times 100\%$$

三、样品的登记与保管

1. 样品的登记

制备好的风干样品或半干样品均应装在洁净、干燥的磨口广口瓶内作为分析样品备用。瓶外贴有标签，标明样品名称、采样和制样时间、采样和制样人等。此外，分析实验室应有专门的样品登记本，系统地详细记录与样品相关的资料，要求登记的内容如下。

（1）样品名称（一般名称、学名和俗名）和种类（必要时须注明品种、质量等级）。

（2）生长期（成熟程度）、收获期、茬次。

（3）调制和加工方法及贮存条件。

（4）外观性状及混杂度。

（5）采样地点和采集部位。

（6）生产厂家批次和出厂日期。

（7）等级、质量。

（8）采样、制样人和分析人的姓名。

2. 样品的保管

采集的样品最好立即进行分析，以防其中水分或挥发性物质的散失及其他待测物质含量的变化而引起分析误差。若不能马上分析，则必须加以妥善保存和管理。

1）保存条件

样品应在干燥处、避光及密封保存，尽可能低温保存，并做好防虫措施。具体可根据不同饲料样品的情况来确定适宜的保存方法。

2）保存时间

样品保存时间的长短应有严格规定，这主要取决于原料更换的快慢。此外，某些饲料在饲喂后可能出现问题，故该饲料样品应长期保存，备做复检用。但一般条件下原料样品应保留 2 周，成品样品应保留 1 个月（与对客户的保险期相同）。有时为了特殊目的饲料样品需保管 1~2 年。对需长期保存的样品可用锡铝纸软包装，经抽真空充氮气后（高纯氮气）密封，在冷库中保存备用。饲料质量检验监督机构的样品保存期一般为 3~6 个月。

饲料样品应由专人采集、登记、制备与保管。

任务实施

饲料样品的采集与制备

一、教具准备

1. 仪器设备

（1）采样工具：采样工具的实物或展示图片。

（2）瓷盘：40 cm×60 cm 的大瓷盘，20 cm×30 cm 的小瓷盘。

（3）分样板及塑料布。

（4）剪刀（或切草机）、刀、铲、短柄或长柄药匙。

（5）粉碎设备：能将样品粉碎，使其能完全通过筛孔为 1mm 的筛。

（6）分样筛：40 目（具盖和底盒）。

（7）天平：精度 0.1 g。

（8）广口瓶或自封袋：自封袋 6#~10#，广口瓶 500 mL。

（9）不干胶标签。

2. 饲料准备

粒状饲料或粉状饲料，散装或袋装，20 kg，备用。

二、教学过程

采用讲授法、演示法、分组试验法完成本任务。

教师多媒体课件展示问题：如果你是一名饲料厂的原料接收员，现在供货商送来一批玉米，应如何鉴定玉米的质量是否合格？多媒体课件逐步展示。

1. 分析试样的采集

教师提出问题：①采样的概念。②常见的饲料如：粉料和颗粒料，青绿饲料，块根、块茎及瓜果类饲料，青贮饲料，秸秆饲料，块饼类饲料，液体或半固体饲料是如何采样的？

把学生分成若干组，指导学生观看多媒体及教材，引导学生初步总结答案。教师强调主要知识点及需要注意的问题。

（1）粉状和颗粒料试样的采集。

（2）液体或半固体饲料试样的采集。

（3）块饼类饲料试样的采集。

（4）副食及酿造加工副产品试样的采集。

（5）块根、块茎和瓜果类饲料试样的采集。

（6）新鲜青绿饲料及水生饲料试样的采集。

（7）粗饲料试样的采集。

（知识应用：每组推荐一名同学现场进行散装及袋装分析试样的采集操作。）

过渡：我们已经采来了原始样品，是不是可以直接用来分析了呢？学生回答，导入制样。

2. 样品的制备

教师提出问题：①怎样进行风干样品的制样？②如何进行半干样品的制样？③如何测定初水分？

让学生带着问题进行自学，教师指导学生带着问题观看多媒体及教材，最后要求学生复述风干样品制备的操作步骤及初水分测定的步骤及公式。教师强调主要知识点及需要注意的问题。主要知识点如下。

（1）风干样品的制备。

（2）半干样品的制备。

（3）初水分的测定。

（知识应用：每组推荐一名同学现场进行风干样品制备的操作。）

3. 样品的登记与保管

教师提出问题：分析后的样品是否丢弃？引入样品的登记与保管。

指导学生观看多媒体及教材，引导学生初步总结答案。教师强调主要知识点及需要注意的问题。

（1）样品的登记。

（2）样品的保管。

六、学习效果评价

饲料样本的采集与制备的学习效果评价如表 6-8 所示。

表 6-8　饲料样本的采集与制备的学习效果评价

序号	评价内容	评价标准	分数/分	评价方式
1	合作意识	有团队合作精神，积极与小组成员协作，共同完成学习任务	10	小组自评 30% 组间互评 30% 教师评价 40%
2	散装及袋装分析试样的采集	操作正确，能根据饲料存在形式选择正确的采样方法	20	
3	风干样品的制备	操作正确，能对样品进行正确的缩分和粉碎处理	20	
4	初水分的测定	能正确复述出初水分的测定步骤，初水分计算公式表述正确	10	
5	样品登记与保管	能表述出主要知识点及注意事项	10	
6	安全意识	有安全意识，未出现不安全操作	10	
7	记录与总结	能完成全部任务，记录详细、清晰，总结报告及时上交	20	
		合计	100	100%

（1）名词解释：采样、样品、样品的制备。
（2）根据实际操作简述袋装饲料的取样方法。
（3）风干样品的制备步骤。

任务 2　　饲料中粗蛋白质的测定

 任务目标

▼ **知识目标** （1）掌握饲料中粗蛋白质测定的目的、原理、方法、步骤。
（2）了解实验的注意事项，并能熟练地进行相关的实验操作。
（3）能根据实验数据，正确地计算出实验结果。

▼ **能力目标** （1）能较熟练地使用和操作测定粗蛋白质的仪器设备。
（2）能分析实验误差的产生因素，结果符合要求。
（3）能规范地记录实验数据。

▼ **素质目标** （1）强化实验室操作的安全意识，严格遵守操作规范。
（2）养成耐心、细心和一丝不苟的工作态度。
（3）培养良好的团队协作精神，能与团队成员有效沟通，协作共事。

任务准备

一、目的

学会饲料中粗蛋白质含量的测定方法，能够在规定的时间内测定某饲料中粗蛋白质的含量。

二、适用范围

本方法适用于饲料原料、配合饲料、浓缩饲料、精料补充料和添加剂预混料中粗蛋白质的测定。

三、测定原理

试样在催化剂作用下，经硫酸消解，含氮化合物转化成硫酸铵，加碱蒸馏使氨逸出，用硼酸吸收后，再用盐酸标准滴定溶液滴定，测出氮含量，乘以 6.25，计算出粗蛋白含量。

四、仪器设备

（1）分析天平：感量 0.000 1 g。

（2）消煮炉或电炉。

（3）凯氏烧瓶：250 mL。

（4）消煮管：250 mL。

（5）凯氏蒸馏装置：常量直接蒸馏式或半微量水蒸气蒸馏式。

（6）定氮仪：以凯氏原理制造的各类型半自动、全自动定氮仪。

五、试剂或材料

除非另有说明，仅使用分析纯试剂。

（1）水：GB/T6682，三级。

（2）硼酸：化学纯。

（3）氢氧化钠：化学纯。

（4）硫酸：化学纯。

（5）硫酸铵。

（6）蔗糖。

（7）混合催化剂：称取 0.4 g 五水硫酸铜、6.0 g 硫酸钾或硫酸钠，研磨混匀；或购买商品化的凯氏定氮催化剂片。

（8）硼酸吸收液 I：称取 20 g 硼酸，用水溶解并稀释至 1 000 mL。

（9）硼酸吸收液 II：1%硼酸水溶液 1 000 mL，加入 0.1%溴甲酚绿乙醇溶液 10 mL，0.1%甲基红乙醇溶液 7 mL，4%氢氧化钠水溶液 0.5 mL，混匀，室温保存期为 1 个月（全自动程序用）。

（10）氢氧化钠溶液：称取 40 g 氢氧化钠，用水溶解，待冷却至室温后，用水稀释至 100 mL。

（11）盐酸标准滴定溶液：c（HCl）= 0.1 mol/L 或 0.02 mol/L，按 GB/T601 配制和标定。

（12）甲基红乙醇溶液：称取 0.1 g 甲基红，用乙醇溶解并稀释至 100 mL。

（13）溴甲酚绿乙醇溶液：称取 0.5 g 溴甲酚绿，用乙醇溶解并稀释至 100 mL。

（14）混合指示剂溶液：将甲基红乙醇溶液和溴甲酚绿乙醇溶液等体积混合。该溶液室温避光保存，有效期 3 个月。

六、样品

按照 GB/T14699.1 抽取有代表性的饲料样品，用四分法缩减取样。按照 GB/T20195 制备试样，粉碎，全部通过 0.42mm 试验筛，混匀，装入密闭容器中备用。

七、测定步骤

（一）半微量法（仲裁法）

1. 试样消煮

（1）凯氏烧瓶消煮。

平行做两份试验。称取试样 0.5~2.0 g（含氮量 5~80 mg，准确至 0.000 1g），置于凯氏烧瓶中，加入 6.4 g 混合催化剂，混匀，加入 12mL 硫酸和 2 粒玻璃珠，将凯氏烧瓶置于电炉上，开始于约 200 ℃下加热，待试样焦化、泡沫消失后，再提高温度至约 400 ℃，直至呈透明的蓝绿色，然后继续加热至少 2 h。取出，冷却至室温。

（2）消煮管消煮。

平行做两份试验。称取试样 0.5~2.0 g（含氮量 5~80 mg，准确至 0.000 1 g），放入消煮管中，加入 2 片凯氏定氮催化剂片或 6.4 g 混合催化剂，12 mL 硫酸，于 420 ℃消煮炉上消化 1 h。取出，冷却至室温。

2. 氨的蒸馏

待试样消煮液冷却，加入 20 mL 水，转入 100 mL 容量瓶中，冷却后用水稀释至刻度，摇匀，作为试样分解液。将半微量蒸馏装置的冷凝管末端浸入装有 20 mL 硼酸吸收液 I 和 2 滴混合指示剂的锥形瓶中。蒸汽发生器的水中应加入甲基红指示剂数滴，硫酸数滴，在蒸馏过程中保持此液为橙红色，否则需补加硫酸。准确移取试样分解液 10~20 mL 注入蒸馏装置的反应室中，用少量水冲洗进样入口，塞好入口玻璃塞，再加 10 mL 氢氧化钠溶液，小心提起玻璃塞使之流入反应室，将玻璃塞塞好，且在入口处加水密封，防止漏气。蒸馏 4 min 降下锥形瓶使冷凝管末端离开吸收液面，再蒸馏 1 min，至流出液 pH 值为中性。用水冲洗冷凝管末端，洗液均需流入锥形瓶内，然后停止蒸馏。

3. 滴定

将氨的蒸馏后的吸收液立即用 0.1 mol/L 或 0.02 mol/L 盐酸标准滴定溶液滴定，溶液由蓝绿色变成灰红色为滴定终点。

（二）全量法

1. 试样消煮

按半微量法的试样消煮步骤进行。

2. 氨的蒸馏

（1）待试样消煮液冷却，加入 60~100 mL 蒸馏水，摇匀，冷却。将蒸馏装置的冷凝管末端浸入装有 25 mL 硼酸吸收液 1 和 2 滴混合指示剂的锥形瓶中。然后小心地向凯氏烧瓶中加入 50 mL 氢氧化钠溶液，摇匀后加热蒸馏，直至馏出液体积约为 100 mL。降下锥形瓶，使冷凝管末端离开液面，继续蒸馏 1~2 min，至流出液 pH 值为中性。用水冲洗冷凝管末端，洗液均需流入锥形瓶内，然后停止蒸馏。

（2）采用半自动凯氏定氮仪时，将带消煮液的消煮管插在蒸馏装置上，以 25 mL 硼酸吸收液 I 为吸收液，加入 2 滴混合指示剂，蒸馏装置的冷凝管末端要浸入装有吸收液的锥形瓶内，然后向消煮管中加入 50 mL 氢氧化钠溶液进行蒸馏，至流出液 pH 值为中性。蒸馏时间以吸收液体积达到约 100 mL 时为宜。降下锥形瓶，用水冲洗冷凝管末端，洗液均需流入锥形瓶内。

（3）采用全自动凯氏定氮仪时，按仪器操作说明书进行测定。

3. 滴定

用 0.1 mol/L 盐酸标准滴定溶液滴定吸收液，溶液由蓝绿色变成灰红色为终点。

（三）蒸馏步骤查验

精确称取 0.2 g 硫酸铵（精确至 0.000 1 g），代替试样，按半微量法或全量法的步骤进行操作，测得硫酸铵含氮量应为（21.19±0.2)%，否则应检查加碱、蒸馏和滴定各步骤是否正确。

（四）空白测定

精确称取 0.5 g 蔗糖（精确至 0.000 1 g)，代替试样，按半微量法或全量法进行空白测定，消耗 0.1 mol/L 盐酸标准滴定溶液的体积不得超过 0.2 mL，消耗 0.02 mol/L 盐酸标准滴定溶液体积不得超过 0.3 mL。

八、试验数据处理

试样中粗蛋白质含量以质量分数 w 计，数值以质量分数（%）表示，按下列公式计算。

$$w = \frac{(v_2 - v_1) \times c \times \frac{14}{1000} \times 6.25}{m \times \frac{v'}{v}} \times 100$$

式中：

v_2——滴定试样所消耗盐酸标准滴定溶液的体积，mL；

v_1——滴定空白所消耗盐酸标准滴定溶液的体积，mL；

c——盐酸标准滴定溶液的浓度，mol/L；

m——试样质量，g；

v——试样消煮液总体积，mL；

v'——蒸馏用消煮液体积，mL；

14——氮的摩尔质量，g/mol；

6.25——氮换算成粗蛋白的平均系数。

每个试样取两个平行样进行测定，以其算术平均值为测定结果，计算结果表示至小数点后两位。

九、精密度

在重复性条件下，两次独立测定结果与其算术平均值的绝对差值与该平均值的比值应符合以下要求。

（1）粗蛋白质含量大于 25%时，不超过 1%。

（2）粗蛋白质含量在 10%~25%时，不超过 2%。

（3）粗蛋白质含量小于 10%时，不超过 3%。

任务实施

一、教具准备

1. 仪器设备及试剂

实验所需的仪器设备及试剂由实验教师准备。

2. 饲料准备

每组一份饲料样品，不低于 200 g，装于磨口瓶或样品袋中。

二、教学过程

采用讲授法、演示法、分组实验法完成本任务。

教师多媒体课件展示问题：蛋白质是生物体的重要组成部分，是维持生命活动的重要物质基础。生物体内一切最基本的生命活动都与蛋白质有关。饲料中蛋白质含量不足将限制畜禽的生长。因此饲料生产中粗蛋白质的测定是必不可少的。那么如何测定呢？多媒体课件逐步展示。

多媒体课件逐步展示饲料中粗蛋白质的测定方法，同时展示实验目的、适用范围、实验原理及实验步骤。教师讲解演示实验步骤，明确注意事项。各组学生跟随教师一起完成每一个实验环节。

1. 试样称量

采用差减法称样，将称样纸卷成筒状，小心无损地将试样转移入凯氏烧瓶或消化管中。

2. 试样的消煮

使用消煮炉加热凯氏烧瓶或消化管时，应从低温开始分阶段升温，消化液按黑色→黄绿色→绿色→蓝色或浅绿色变化，一般样品消化液呈现绿色后，再消化 30 min 即可；消煮中应防止管内液体过度沸腾喷溅上冲到瓶颈或管壁上，使得部分样品消化不完全，造成系统误差过大，消化管内液体泡沫过多时可适当降温；在凯氏烧瓶或消化管上加一个小漏斗，可使酸雾冷凝成酸液，回滴冲洗管壁。

为了节约时间，学生把凯氏烧瓶或消化管置于消煮炉上加热消煮后，教师提供消煮好的样品让学生继续操作。

3. 转移定容

消化完成后，向容量瓶转移，用蒸馏水反复冲洗凯氏烧瓶/消化管数次，冲洗液需全部无损注入容量瓶中，向凯氏烧瓶/消化管中滴加 0.2% 甲基红指示剂检验，若呈红色，表明有残余酸，未洗净，需继续用蒸馏水冲洗，将冲洗液全部移入容量瓶中；若呈橙色，表明洗净，无须再冲洗。不要立即定容，因为此时浓硫酸加水释放出大量热，立即定容会造成容积不正确。

4. 氨的蒸馏。

要控制蒸汽量或火力大小，蒸汽量太大会将反应液喷进冷凝管中，火力太小，蒸馏速度慢，且易发生倒流。冲洗冷凝管末端出口外壁的蒸馏水需加入甲基红-溴甲酚绿指示剂 2 滴，并调节使其呈灰色，冲洗液需均流入锥形瓶。

5. 滴定

溶液由蓝绿色变成灰红色为终点。

6. 空白测定

在测定饲料样本中含氮量的同时，应做一空白对照，即各种试剂的用量及操作步骤完全相同，但不加样本，这样可以校正因试剂不纯发生的误差。

7. 计算结果

将实验数据代入公式计算，明确公式中各符号的指代。

实验结束后，师生讨论分析实验结果，反思实验中出现的问题，教师指导验证。

师生讨论：

（1）不同组实验结果出现偏差的原因是什么？

（2）对于发霉变质饲料，测定值会有什么变化？（由于其亚硝酸盐含量偏高，可直接引起测定值偏低）

（3）在消化时加入硫酸钠、硫酸铜有什么作用？（消化液中加入硫酸钠，其目的是用于提高消化温度。加硫酸铜等试剂为催化剂，进一步加速试样的消化分解，也作为蒸馏时加碱量的显色指示剂）

（4）消化时，如果消化液不易澄清怎么办？（可将凯氏烧瓶或消化管冷却后，缓缓加入30%过氧化氢2~3 mL，促进氧化）

三、学习效果评价

饲料中粗蛋白质的测定的学习效果评价如表6-9所示。

表6-9　饲料中粗蛋白质的测定的学习效果评价

序号	评价内容	评价标准	分数/分	评价方式
1	合作意识	有团队合作精神，积极与小组成员协作，共同完成学习任务	10	小组自评30% 组间互评30% 教师评价40%
2	试样称量	凯氏烧瓶或消化管编号清晰，样品称重、转移及加浓硫酸操作正确，天平台及天平在称样完成后无样品残渣余留，天平回零	10	
3	试样的消煮	样品消煮操作正确	10	
4	转移定容	容量瓶编号清晰正确；消化液无损转移，检验无误；冷却后定容	20	
5	氨的蒸馏	凯氏定氮仪清洗操作正确；移液管取消化液放入反应室的操作正确；加碱操作正确	20	
6	安全意识	有安全意识，未出现不安全操作	10	
7	记录与总结	能完成全部任务，记录详细、清晰，总结报告及时上交	20	
合计			100	100%

任务反思

（1）测定饲料中粗蛋白质含量时应注意哪些问题？

（2）试解释粗蛋白质含量的计算公式。

任务3 饲料中粗脂肪的测定

任务目标

知识目标 （1）掌握饲料中粗脂肪测定的目的、原理、方法、步骤。

（2）了解实验的注意事项，并能熟练地进行相关实验操作。

（3）能根据实验数据，正确地计算出实验结果。

能力目标 （1）能较熟练地使用和操作粗脂肪测定的仪器设备。

（2）能分析实验误差的产生因素。

（3）能规范地记录实验数据。

素质目标 （1）强化实验室使用易燃、易爆化学品的安全意识，严格遵守操作规范。

（2）养成耐心、细心和一丝不苟的工作态度。

（3）培养良好的团队协作精神，能与团队成员有效沟通，协作共事。

任务实施

一、目的要求

掌握饲料中粗脂肪的测定方法，学会索式脂肪提取器的使用。

二、适用范围

本方法适用于测定各种单一饲料、浓缩饲料、配合饲料和预混料中除油籽和油籽残渣外的粗脂肪。

三、测定原理

根据脂肪不溶于水而溶于有机溶剂的特点，使用索氏脂肪提取器，用无水乙醚反复浸提一定质量的试样中的脂肪，被浸提出的脂肪收集于已知质量的脂肪接收瓶中。根据浸提前后脂肪接收瓶质量之差，计算脂肪的含量。

饲料被乙醚溶解的物质，除去真脂肪外，还包含部分麦角固醇、胆固醇、脂溶性维生素叶绿素及其他有机物质，故称为粗脂肪或乙醚浸出物。

四、仪器设备

（1）实验室用样品粉碎机或研钵。

（2）分样筛：40目。

（3）分析天平：感量0.0001 g。

（4）电热恒温水浴锅：室温至100 ℃。

（5）电热真空干燥箱：50~200 ℃。

（6）索氏脂肪提取器（带球形冷凝管）：100 mL 或 150 mL。

（7）干燥器：用氯化钙或变色硅胶为干燥剂。

（8）载玻片：干燥无油渍。

（9）称量瓶：直径 70 mm，高 35 mm。

（10）长柄镊子。

五、试剂

无水乙醚：分析纯。

六、试样的选取和制备

选取有代表性的试样，用四分法将试样缩减至 500 g，粉碎至 40 目，再用四分法缩减至 200 g 于密封容器中保存。

如试样不易粉碎，或因脂肪含量高（超过 200 g/kg）而不易获得均质的缩减的试样，需预先提取。

七、测定步骤

1. 准备索氏脂肪提取器。

索氏脂肪提取器系由 3 部分组成（见图 6-9），上部为冷凝器，中间为抽提管，下部为萃取瓶。将整套仪器洗净烘干。萃取瓶在（105±2）℃烘箱中烘干 1 h 后，在干燥器中冷却干燥 30 min，称其质量。再烘干 30 min，同样冷却称重，两次质量之差小于 0.000 8 g 为恒重，同时记下萃取瓶的质量。然后将整套索氏脂肪提取器安装在水浴锅上，冷凝管上端加脱脂棉花塞，以防乙醚逸失。

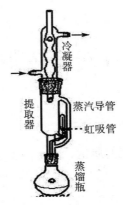

图 6-9　索氏脂肪提取器

2. 称样

准确称取风干样品 2~5 g（准确至 0.000 1 g）于脱脂滤纸筒中或用脱脂滤纸和棉线包扎好滤纸包，用铅笔编号，放到（105±2）℃烘箱中烘干 2 h，置干燥器中冷却。脱脂滤纸筒或脱脂滤纸包的高度不能超过虹吸管的高度。

3. 浸提

（1）用长柄镊子将烘干的滤纸包或滤纸筒放入浸提管中。

（2）严密结合浸提管和萃取瓶，向浸提管中加入无水乙醚至虹吸管顶端，使其流入萃取瓶中，再加无水乙醚将滤纸包或滤纸筒淹没。向浸提管中加入无水乙醚，总量 60～100 mL。

（3）严密结合冷凝管与抽取管，接通冷凝水，在 60～70 ℃的水浴上加热，使乙醚回流浸提。盛醚瓶中的乙醚蒸发至冷凝管处凝结为纯净的乙醚液体滴到抽取管中，其中样品受到乙醚的浸渍，样品中的脂肪溶解于乙醚。当抽取管中含有脂肪的乙醚聚集到虹吸管的高度时，乙醚液重新回流到萃取瓶中，这样反复使乙醚回流，次数为每小时约 10 次，共回流 5～7 h，然后检查浸提管下端虹吸管流出的乙醚液，将其滴在洁净的载玻片上，待乙醚挥发后不留油迹即为抽提干净。

4. 回收乙醚

取出滤纸包或滤纸筒，使乙醚再回流 1～2 次，以冲洗浸提管中残留的脂肪。然后继续使萃取瓶中的乙醚蒸发，当浸提管中的乙醚聚集到虹吸管高度的 2/3 时，打开浸提管与萃取瓶连接处回收乙醚。如此反复操作，直至盛醚瓶中的乙醚几乎全部被回收完为止。此时萃取瓶中只有粗脂肪和少量的乙醚。

5. 烘干盛醚瓶

（1）取下盛醚瓶，在 60～70 ℃水浴上蒸干剩余的乙醚。

（2）用蒸馏水洗净萃取瓶外壁（必要时可在稀盐酸中浸泡 1 min，再分别用自来水和蒸馏水冲洗外壁），然后用滤纸擦净萃取瓶外壁，将其置入（105±2）℃烘箱中烘干 2 h，移至干燥器中冷却 30 min，称重。再烘干 30 min，同样冷却、称重，两次质量之差小于 0.001 g 为恒重。

八、结果计算

测定结果按下式计算。

$$粗脂肪含量（\%）=\frac{m_2-m_1}{m}\times100\%$$

式中：

m——风干试样的质量，g；

m_1——恒重的萃取瓶的质量，g；

m_2——恒重的盛有脂肪的萃取瓶的质量，g。

九、重复性

每个试样取两个平行样进行测定，以其算术平均值为结果。粗脂肪含量≥10%时，允许相对偏差为3%；粗脂肪含量<10%时，允许相对偏差为5%。

十、注意事项

（1）由于乙醚为易燃品，全部操作应远离明火，更不能用明火加热。

（2）保持室内通风，防止乙醚过热。

（3）滤纸包的高度不应超过虹吸管高度，以试样全部浸泡于乙醚中为宜。

（4）盛有脂肪的萃取瓶烘干时间不能过长，防止脂肪氧化。

（5）萃取瓶称重时不能用手直接接触，可用坩埚钳或干净的纸条取放，以免手上的汗、油等污渍污染脂肪接收瓶，影响测定结果。

（6）肉类中的脂肪测定前应将其中的水分烘干。具体方法为：称取磨碎鲜肉 10 g，将其放在铺有少量石棉的滤纸筒或滤纸上，用小玻璃棒混匀，将装有样品的滤纸筒或滤纸放入磁盘中，在 100~120 ℃烘箱中烘干 6 h，取出冷却后，用棉线将滤纸包扎好，按照以上饲料中粗脂肪的测定方法进行测定。

任务实施

一、教具准备

1. 仪器设备及试剂

实验所需的仪器设备及试剂由实验教师准备。

2. 饲料准备

每组一份饲料样品，样品质量不低于 200 g，样品装于磨口瓶或样品袋中。

二、教学过程

采用讲授法、演示法、分组试验法完成本任务。

教师多媒体课件展示问题：通过理论知识的学习，我们已经知道脂肪广泛存在于动、植物体中，占动物细胞膜干物质的 50%以上，是构成动、植物体的重要成分。测定的饲料中的粗脂肪含量，可以作为鉴别饲料品质优劣的一个指标。

投影展示饲料中粗脂肪的测定，同时展示实验目的、适用范围、实验原理及实验步骤。教师讲解演示实验步骤，明确注意事项。各组学生跟随教师一起完成每一个实验环节。

1. 准备索氏脂肪提取器

索氏脂肪提取器洗净、烘干，萃取瓶称恒重；冷凝管上端加脱脂棉花塞，以防乙醚逸失。

2. 称样

采用脱脂滤纸，用铅笔编号；脱脂滤纸筒或脱脂滤纸包的高度不能超过抽提管中虹吸管的高度；用（105±2）℃的烘箱中烘干 2 h，置干燥器中冷却。

3. 浸提

在 60~70 ℃的水浴上加热，使乙醚回流浸提；向浸提管中加入无水乙醚至虹吸管顶端，使其流入萃取瓶中，再加无水乙醚将滤纸包或滤纸筒淹没；检查浸提管下端虹吸管流出的乙醚液，将其滴在洁净的载玻片上，待乙醚挥发后且不留油迹即为抽提干净。

为了节约时间，教师提供浸提干净的样品让学生继续操作。

4. 回收乙醚

取出滤纸包或滤纸筒，使乙醚再回流 1~2 次，当浸提管中的乙醚聚集到虹吸管高度的2/3时，打开浸提管与萃取瓶连接处回收乙醚；将萃取瓶中的乙醚几乎全部回收完为止。

5. 烘干萃取瓶

取下萃取瓶，在60~70 ℃水浴上蒸干剩余的乙醚后将其置入（105±2）℃烘箱中，微开烘箱门烘10 min，然后关烘箱门烘干2 h；冷却，称恒重。

实验中重点注意事项如下。

（1）测定的样品、抽提器、抽提用的有机溶剂都需要进行脱水处理。这是因为：第一，抽提体系中有水，会使样品中的水溶性物质溶出，导致测定结果偏高；第二，抽提体系中有水，则抽提溶剂易被水饱和（尤其是乙醚，可饱和约2%的水），从而影响抽提效率；第三，样品中有水，抽提溶剂不易渗入细胞组织内部，不易将脂肪抽提干净。

（2）试样的粗细度要适宜。试样粉末过粗，脂肪不易抽提干净；试样粉末过细，则有可能透过滤纸孔隙随回流溶剂流失，影响测定结果。

（3）索氏抽提法测定脂肪最大的不足是耗时过长，如能将样品先回流1~2次，然后浸泡在溶剂中过夜，次日再继续抽提，则可明显缩短抽提时间。

6. 计算结果

将实验数据代入公式计算，明确公式中各符号的指代。

实验结束后，师生讨论分析实验结果，反思实验中出现的问题，教师指导验证。

三、学习效果评价

饲料中粗脂肪的测定的学习效果评价如表6-10所示。

表6-10　饲料中粗脂肪的测定的学习效果评价

序号	评价内容	评价标准	分数/分	评价方式
1	合作意识	有团队合作精神，积极与小组成员协作，共同完成学习任务	10	小组自评30% 组间互评30% 教师评价40%
2	准备索氏脂肪提取器	整套仪器洗净烘干；萃取瓶称恒重；冷凝管上端加脱脂棉花塞	10	
3	称样	天平台及天平在称样完成后无饲料残渣余留，天平回零	10	
4	浸提	向浸提管中加入无水乙醚至虹吸管顶端，使其流入萃取瓶中，再加无水乙醚将滤纸包或滤纸筒淹没；60~70 ℃下水浴加热；脂肪浸提干净	20	
5	回收乙醚	乙醚回收掌握要点，操作正确。	10	
6	烘干萃取瓶	萃取瓶中残余少量乙醚挥发处理正确；烘干、称恒重操作正确	10	
7	安全意识	有安全意识，未出现不安全操作	10	
8	记录与总结	能完成全部任务，记录详细、清晰，总结报告及时上交	20	
	合计		100	100%

（1）测定过程中为什么需要对样品、抽提器、抽提用的有机溶剂进行脱水处理？

（2）在实验过程中使用乙醚应注意哪些问题？

（3）对被测定样品的粗细度有什么要求？

任务4　饲料中粗纤维含量的测定

任务目标

知识目标　（1）了解饲料中粗纤维含量测定的原理。

　　　　　　（2）掌握饲料中粗纤维含量的测定方法。

能力目标　（1）能够在规定的时间内测定某饲料中粗纤维的含量。

　　　　　　（2）能正确使用相关仪器设备。

　　　　　　（3）能规范填写实验报告。

素质目标　（1）严格操作规程，培养学生科学严谨的工作态度。

　　　　　　（2）严格遵守实验室安全管理规定，培养安全生产意识。

　　　　　　（3）培养良好的环保意识和团队合作意识。

任务准备

一、仪器设备

（1）粉碎设备：能将样品粉碎，使其能完全通过筛孔为 1 mm 的筛。

（2）分样筛：40 目。

（3）天平：精度 0.01 g 和 0.000 1 g。

（4）滤埚：材质为石英、陶瓷或硬质玻璃，带有烧结玻璃的滤板，滤板孔径 40 ~ 100 μm。

（5）陶瓷筛板。

（6）灰化皿：方舟灰化皿或大小合适的瓷坩埚。

（7）烧杯或锥形瓶：600 mL，带冷凝装置。

（8）干燥剂：以氯化钙或变色硅胶为干燥剂。

（9）干燥箱：控温精度±2 ℃。

（10）马弗炉：控温精度±25 ℃ 。

（11）冷提取装置：附有一个滤埚支架；一个装有至真空和液体排出孔旋塞的排放管；连接滤埚的连接环。

（12）加热装置：带有一个适当的冷却装置，在沸腾时能保持体积恒定。

二、化学试剂准备

除非另有说明，使用的试剂均为分析纯，水应为符合 GB/T 6682—2008 的三级水。

（1）盐酸溶液Ⅰ（0.5 mol/L）：量取 41.7 mL 盐酸，用水稀释并定容至 1 000 mL，混匀。

（2）盐酸溶液Ⅱ（4 mol/L）：量取 333 mL 盐酸，用水稀释并定容至 1 000 mL，混匀。

（3）硫酸溶液〔（0.13±0.005）mol/L〕：量取 7.2 mL 硫酸，缓慢注入 1 000 mL 水中，混匀，按照 GB/T 601—2016 标定。

（4）氢氧化钾溶液〔（0.23±0.005）mol/L〕：称取 15.18g 氢氧化钾，用水溶解，定容至 1 000 mL，混匀，按照 GB/T 601—2016 标定。

（5）助滤剂：海沙、硅藻土或性能相当的其他材料。使用前，海沙用盐酸溶液Ⅱ浸没，煮沸处理后，用水洗至中性，在（500±25）℃下灼烧 2 h，取出，冷却后放入干燥器中备用。

（6）消泡剂：正辛醇或硅油。

（7）石油醚：沸点范围 30～60 ℃。

（8）丙酮。

三、试样准备

按要求采样至少 200 g，粉碎使其全部通过 1mm 孔径的分析筛，充分混匀，装入密闭容器内，备用。

任务实施

一、操作步骤

1. 称样

平行做两份实验。称取约 1g 制备好的试样，精确至 0.1 mg。若试样脂肪含量超过 10%、碳酸盐含量超过 5%，将其置于滤埚，从"预先脱脂"开始处理；若试样脂肪含量超过 10%、碳酸盐含量低于 5%，将其置于滤埚，按"预先脱脂"处理后，再按"酸消煮"继续处理；若试样脂肪含量低于 10%、碳酸盐含量超过 5%，将其置于烧杯中，从"除去碳酸盐"开始处理；若试样脂肪含量低于 10%、碳酸盐含量低于 5%；将其置于烧杯中，从"酸消煮"开始处理。

注：碳酸盐的含量以碳酸钙计。

2. 预先脱脂

将装有试样的滤埚连接冷提取装置，加入 30 mL 石油醚，浸泡 5 min，真空抽干，重复 3 次，将滤渣全部转移至烧杯中。

3. 除去碳酸盐

加入 100 mL 盐酸溶液Ⅰ，连续搅拌 5 min，小心将此混合物转移至底部预先覆盖一薄层助滤剂（助滤剂厚度约为滤埚高度的 1/5）的滤埚中，真空抽干。用 100 mL 水洗涤烧杯，一并转入滤埚中，抽干，重复用水洗涤 1 次。将试样和助滤剂全部转移至原烧杯中。

4. 酸消煮

加入150 mL硫酸溶液，加热，尽快使其沸腾，并保持沸腾状态（30±1）min。沸腾开始后，每隔5 min转动1次烧杯。必要时加数滴消泡剂。沸腾期间开启冷却装置，保持消煮液体积恒定。

5. 第一次过滤

在滤埚中铺一层助滤剂（助滤剂厚度约为滤埚高度的1/5），在助滤剂上加盖一个筛板以防溅起。消煮结束后，将消煮液转移至滤埚，真空抽滤，尽量抽干。滤渣用热水洗涤5次，每次约10 mL，真空抽滤。停止抽真空后，加30 mL丙酮使之覆盖滤渣，静置5 min，抽干。

注：确保过滤板始终有助滤剂覆盖，使粗纤维不直接接触滤板。

6. 脱脂

将装有试样滤渣的滤埚连接在冷提取装置上，加入30 mL石油醚，浸泡5 min，真空抽干，重复3次。

7. 碱消煮

将滤渣全部转移至酸消煮用的同一烧杯中，加入150 mL氢氧化钾溶液，加热，尽快使其沸腾，保持沸腾状态（30±1）min。沸腾开始后，每隔5 min转动1次烧杯。沸腾期间开启冷却装置，保持消煮液体积恒定。

8. 第二次过滤

试样消煮液通过滤埚过滤，坩埚内铺有一层助滤剂（助滤剂厚度约为滤埚高度1/5），在助滤剂上加盖一个筛板以防溅起。消煮结束后，将消煮液转移至滤埚，真空抽滤，尽量抽干。滤渣用热水洗至中性。将装有试样滤渣的滤埚连接在冷提取装置上，加入30 mL丙酮，浸泡5 min，真空抽干，重复3次。

9. 干燥

将滤埚置于灰化皿中，（130±2）℃下干燥2 h。取出，置于干燥器中，冷却至室温迅速称量，精确至0.000 1 g。

10. 灰化

将滤埚和灰化皿于（500±25）℃灰化30 min，取出，滤埚和灰化皿初步冷却后，置于干燥器中，冷却30 min，称量，精确至0.000 1 g。直至连续2次称重的差值不超过2 mg。

11. 空白测定

用相同质量的助滤剂，不加试样，按上述步骤4至步骤11进行空白测定，灰化引起的质量损失不应超过2 mg。

二、实验数据处理

1. 计算

试样中粗纤维的含量以质量分数 ω_1 计，数值以质量分数（%）表示，按下式计算。

$$\omega_1 = \frac{m_2 - m_3}{m_1} \times 100\%$$

式中：

m_2——灰化皿、滤埚、试样滤渣及助滤剂干燥后的质量，g；

m_3——灰化皿、滤埚、试样滤渣及助滤剂灰化后的质量，g；

m_1——试样质量，g。

测定结果以平行测定的算术平均值表示，保留至小数点后 1 位。

2. 精密度

在重复性条件下获得的 2 次独立测定结果应符合以下要求。

（1）粗纤维含量小于 5% 时，其绝对差值不大于 0.6%。

（2）粗纤维含量在 5%~10% 时，其绝对差值不大于其算术平均值的 10%。

（3）粗纤维含量大于 10% 时，其绝对差值不大于其算术平均值的 6%。

三、记录与总结

记录实验数据，总结实验中出现的问题，并书写实验报告。

四、学习效果评价

饲料中粗纤维含量的测定的学习效果评价如表 6-11 所示。

表 6-11　饲料中粗纤维含量的测定的学习效果评价

序号	评价内容	评价标准	分数/分	评价方式
1	合作意识	有团队合作精神，积极与小组成员协作，共同完成学习任务	10	小组自评30% 组间互评30% 教师评价40%
2	试样预处理	操作正确，能根据脂肪及碳酸钙的含量正确选择处理方法	10	
3	消煮	操作正确，消煮过程中溶液体积不变	10	
4	抽滤	正确使用抽滤装置	10	
5	干燥	操作正确，干燥至恒重	10	
6	灰化	操作正确，灰化彻底	10	
7	结果计算	结果计算正确	10	
8	安全意识	有安全意识，未出现不安全操作	10	
9	记录与总结	能完成全部任务，记录详细、清晰，总结报告及时上交	20	
合计			100	100%

任务反思

（1）为什么要做空白测定？

（2）两次平行测定的结果差值是怎么产生的？差值过大说明什么？

（3）简述粗纤维含量测定的方法步骤。